JN336719

新版
生物学と人間

赤坂 甲治 編

赤坂甲治・丹羽太貫・渡辺一雄 著

裳 華 房

Biology for Human Being

new edition

edited by

KOJI AKASAKA Ph. D

SHOKABO

TOKYO

はじめに

　生命とは何でしょう．人間が知能を持ちはじめて以来，問い続けられている大きな命題です．生物は自らを複製し，進化します．体内を見れば，神業とも思える微小な精度と効率で細胞や機構を動かし，巨大な化学プラントを整然と動かしています．脳を見れば，最新テクノロジーでもはるかに及ばない複雑な情報処理を，瞬時に的確に行っており，しかもきわめて低い消費エネルギーでまかなっているのです．

　生物は物質からできています．物質の基本は原子です．この宇宙に存在する原子はビッグバン以来，エネルギー的に低く安定な方向に向かって絶え間なく変化しています．言い換えれば，でたらめで無秩序の方向へ進み続けているともいえるわけです．生物は物質から構成されているのですから，われわれ人間を含めた生物も，宇宙のこの大きな流れの中にいるのはまちがいありません．ところが，生物が営む活動を見てみますと，生物はこの流れとはまったく逆の方向に向かって進んでいるように見えます．

　エネルギー的に低く安定な方向に向かっている宇宙の大きな流れの中では，その過程でエネルギーが放たれています．このエネルギーを吸収し，利用して無秩序へ向かう流れと逆行しているのが生物なのです．大河の奔流の周辺にできる渦巻．生物は，渦巻きの中で上流に向かって流れている部分とたとえることができるでしょう．

　この教科書では，生物学にあまり馴染みがなかった生物学初心者の方々を対象としています．第一に，この宇宙の中では，生物は宇宙の流れに逆らうことができず，生命はいかにもろいものか，命を連続させて行くことがいかに難しいことか，を実感していただきたく思います．人間はこの宇宙で奢りたかぶることなく謙虚であるべきであると思います．次に，この宇宙の流れに逆らって，

はじめに

実に巧妙に命をつなげている生命の機構，生物の戦略を感じとっていただきたいと思います．生命とは何かという哲学的なテーマの他にも，がん，免疫と臓器移植，遺伝子治療や品種改良などのバイオテクノロジー，あるいは環境問題を知るためにも，生物学の基本を学んでおく必要があると思います．現代社会を生き抜くためにも，われわれ人類や地球の生命の明かりを灯し続けるためにも，生物学なくしては語れない時代に来ているのです．現代の生物学は昔と違って，現象を記述するだけではありません．物理学や化学と同じように，理詰めの学問になってきています．

前著『生物学と人間』が出版されて 10 年以上経過しました．その間，生物学は飛躍的に進歩し，生命の理解がさらに深まりました．本書『新版 生物学と人間』では，前著のよいところを残しつつも，最新のデータと考え方を盛り込みました．特に，免疫と最近目覚ましい進歩を遂げた遺伝子とゲノム，発生，進化の研究の解説を充実させました．この本では，著者らが日々体験している生命に対する感動を，筋道をたててわかりやすく解説するとともに，人間を特別な存在としてではなく，宇宙，地球の中の一つの生命体としてとらえることにより，環境や他の生物とのかかわり合いや進化を考えていきたいと思います．

最後に，本書の出版にあたってねばり強くご尽力下さった編集部の野田昌宏氏に，執筆者一同とともに深く感謝いたします．

2010 年 9 月

編者　赤坂 甲治

目　次

1章　生物は物質からできている

1·1　水 ── 生命の母 ── ……………………………………………… 1
1·1·1　水分子の性質…1 ／ 1·1·2　水素イオン濃度…2

1·2　糖　質 ── 貯蔵物質・情報媒体 ── ……………………………… 3
1·2·1　単糖類…3 ／ 1·2·2　オリゴ糖…4 ／ 1·2·3　多糖類…5

1·3　脂　質 ── 貯蔵物質・生体膜 ── ………………………………… 6
1·3·1　中性脂質…6 ／ 1·3·2　ステロイド…7 ／ 1·3·3　リン脂質…7 ／ 1·3·4　糖脂質…8 ／ 1·3·5　その他の脂質…8

1·4　アミノ酸とタンパク質 ── 生命を操る分子 ── ………………… 8
1·4·1　アミノ酸側鎖の構造と性質…9 ／ 1·4·2　タンパク質の構造を決めるアミノ酸…9 ／ 1·4·3　水素イオン濃度の影響…9 ／ 1·4·4　ジスルフィド結合…13 ／ 1·4·5　機能を分担するサブユニット…13 ／ 1·4·6　変化するタンパク質の立体構造…15

1·5　核　酸 ── 遺伝情報 ── ……………………………………………15

2章　生命の基本構造

2·1　細胞膜 ── 外界との境界・窓口 ── ………………………………18
2·1·1　脂質二重層…18 ／ 2·1·2　能動輸送とイオンチャネル…20 ／ 2·1·3　受容体…21 ／ 2·1·4　接着因子…21

2·2　核 ── 遺伝情報の貯蔵庫 ── ………………………………………21
2·2·1　染色体…22 ／ 2·2·2　核小体…23 ／ 2·2·3　核膜孔…23

2·3　小胞体 …………………………………………………………………23

2·4　ゴルジ体 ………………………………………………………………24

目次

2・5　リソソーム ……………………………………………………… 24
2・6　ミトコンドリア ………………………………………………… 25

3章　生命活動は化学反応

3・1　酵　素 …………………………………………………………… 26
　3・1・1　酵素は活性化エネルギーを減少させる…26／3・1・2　高エネルギーレベルの物質の合成…27／3・1・3　酵素の基質特異性…27／3・1・4　酵素活性の最適条件…29

3・2　食物からエネルギーを取り出すしくみ ……………………… 29
　3・2・1　生物のエネルギー通貨 ATP…29／3・2・2　糖類からの ATP の産生…30／3・2・3　エネルギー源の蓄積…35

3・3　太陽エネルギーが食物をつくり出す ── 光 合 成 ── …………… 37

3・4　体を構成するための食物 ……………………………………… 42
　3・4・1　植物は硝酸からアミノ酸を合成する…42／3・4・2　窒素の循環…43

4章　遺 伝 子

4・1　遺伝子本体の発見の歴史 ……………………………………… 46
　4・1・1　メンデルの法則…47／4・1・2　遺伝子と染色体…48／4・1・3　遺伝子の本体の発見…49／4・1・4　遺伝子と DNA…50／4・1・5　発展する遺伝子研究…50

4・2　遺伝情報の複製 ………………………………………………… 50
　4・2・1　遺伝情報の複製…51／4・2・2　複製点の移動と DNA 鎖の合成…53／4・2・3　DNA のねじれの解消…54

4・3　遺伝子の構成と発現 …………………………………………… 54
　4・3・1　遺伝子の配列構成…55／4・3・2　真核細胞遺伝子の転写とプロモーター・エンハンサー…56／4・3・3　RNA の修飾とエキソンとイントロン…57／4・3・4　mRNA の翻訳…58／4・3・5　タンパク質の行き先…60

5 章　細胞から個体へ

5・1　細胞分裂とその調節 …………………………………………… 63
5・1・1　染 色 体…63 ／ 5・1・2　染色体の分配と核分裂…64 ／ 5・1・3　細胞質分裂…65 ／ 5・1・4　細胞周期の運行とその管理…66

5・2　生殖細胞 ………………………………………………………… 68
5・2・1　減数分裂と配偶子形成…68 ／ 5・2・2　性の決定と第 1 次性徴…71 ／ 5・2・3　受　精…73

5・3　細胞間相互作用 ………………………………………………… 74
5・3・1　細胞表面とシグナル伝達…74 ／ 5・3・2　細胞骨格…76 ／ 5・3・3　遺伝情報の多量化…77

5・4　初期発生 ………………………………………………………… 78
5・4・1　卵割と胞胚形成…78 ／ 5・4・2　胚膜と胎盤…80 ／ 5・4・3　三胚葉の形成…82

5・5　体づくりの機構 ………………………………………………… 84
5・5・1　極性をつくり出す空間情報…85 ／ 5・5・2　ショウジョウバエの発生機構…85 ／ 5・5・3　ホメオティック遺伝子…87 ／ 5・5・4　カエルの体軸形成と原腸陥入…89 ／ 5・5・5　カエルの中胚葉誘導と神経誘導…91 ／ 5・5・6　誘導因子…92 ／ 5・5・7　オーガナイザーの移植による二次胚の誘導…93

5・6　細胞の組織化と分化 …………………………………………… 95
5・6・1　上皮組織化と間充織…96 ／ 5・6・2　細胞の選別と組織化…97 ／ 5・6・3　細胞突起のまさぐり運動と神経ネットワーク…99

6 章　遺伝子の損傷と修復

6・1　遺伝子の損傷 …………………………………………………… 101
6・2　遺伝子の修復 …………………………………………………… 102
6・3　遺伝子の突然変異 ……………………………………………… 105
6・4　遺伝子と健康 …………………………………………………… 105
6・4・1　体細胞突然変異とがん…105 ／ 6・4・2　生殖細胞変異と遺伝病…106

目 次

7章　遺伝子操作
7・1　遺伝情報の編集 …………………………………………… 109
7・2　遺伝子の増幅 ……………………………………………… 110
7・3　遺伝子のクローニング …………………………………… 112
7・4　塩基配列の決定 …………………………………………… 114
7・5　遺伝子導入 ………………………………………………… 116
7・6　PCR ………………………………………………………… 118

8章　体の代謝の維持と活動の調節
8・1　体液の塩濃度の調節 ……………………………………… 121
8・1・1　半透膜…121 ／ 8・1・2　ホルモンによる体液の塩濃度調節…122
8・2　体温の調節 ………………………………………………… 123
8・3　血糖の調節 ………………………………………………… 126
8・4　神経系 ……………………………………………………… 128
8・4・1　神経の伝達機構…128 ／ 8・4・2　神経のネットワーク…131
8・5　運　動 ……………………………………………………… 135
8・5・1　アクチンとミオシン…136 ／ 8・5・2　筋肉の収縮…139 ／ 8・5・3　非筋細胞の運動…142 ／ 8・5・4　収縮装置の力を細胞の外に伝える…143 ／ 8・5・5　微小管…144 ／ 8・5・6　繊毛と鞭毛…145

9章　生体防御
9・1　防御の基本戦略とその階層性 …………………………… 147
9・1・1　分子レベルの生体防御…148 ／ 9・1・2　細胞の自殺――アポトーシス――…150
9・2　細胞・組織レベルの生体防御 …………………………… 150
9・2・1　上皮組織の修復と再生…150 ／ 9・2・2　炎症と食細胞…151 ／ 9・2・3　抗菌物質…152
9・3　免疫系による生体防御 …………………………………… 152
9・3・1　自然免疫…152 ／ 9・3・2　獲得免疫…153

9・4　獲得免疫の働き ……………………………………………………… 154
9・4・1　細胞性免疫と液性免疫…154 ／ 9・4・2　抗原の提示…156 ／ 9・4・3　クローン選択による自己・非自己の確立…158 ／ 9・4・4　B細胞の分化成熟と抗体遺伝子のDNA再編成…158 ／ 9・4・5　免疫記憶…163

9・5　生体防御と疾病 ……………………………………………………… 163
9・5・1　生体防御の破綻とがん…164 ／ 9・5・2　プリオン…166

10章　生物の多様性と進化

10・1　生物仲間の親戚関係 ……………………………………………… 168
10・1・1　動物と植物…168 ／ 10・1・2　微小な生物…171 ／ 10・1・3　生物の分類と学名…173

10・2　化石が語る進化 …………………………………………………… 175
10・2・1　カンブリアの大爆発…175 ／ 10・2・2　アゴの発明と捕食…176 ／ 10・2・3　生物たちの上陸…176

10・3　ヒトの発祥と進化 ………………………………………………… 177
10・3・1　二本足のサル…177 ／ 10・3・2　アウストラロピテクスの時代…180 ／ 10・3・3　ヒト属の成立…181 ／ 10・3・4　現生人類の発祥とネアンデルタール人…183

10・4　進化の原動力 ……………………………………………………… 184
10・4・1　遺伝子の変異と進化…184 ／ 10・4・2　遺伝子変異を緩衝する体細胞適応…188 ／ 10・4・3　遺伝子重複による新機能の獲得…189 ／ 10・4・4　種の安定性と種分化…190 ／ 10・4・5　種の多様性の成立…191

10・5　ダーウィンのジレンマを解く発生生物学 ……………………… 191
10・5・1　進化とセレクター遺伝子…194 ／ 10・5・2　Hoxクラスターの再編成と進化…194

11章　人間と環境

11・1　食物連鎖と物質の循環 …………………………………………… 198

11・2　生態系 ……………………………………………………………… 199
11・2・1　生態系の自己修復能力…200 ／ 11・2・2　遷移と極相…200

目 次

11・3　追いつめられた地球環境 ……………………………………………… 201
11・3・1　オゾン層の破壊と紫外線直射…201／11・3・2　エネルギーと地球温暖化…202／11・3・3　環境ホルモン（内分泌撹乱物質）…204／11・3・4　遺伝子改変生物…207

参考書案内 ……………………………………………………………… 208
索　引 …………………………………………………………………… 210

コラム一覧

牛乳でお腹をこわすのは？　砂糖で虫歯になるのは？……………… 5
タンパク質は変性すると白くなる……………………………………… 13
酸素利用に成功した原始ミトコンドリアと真核生物の進化………… 25
酵素活性中心を標的とする薬・タミフル……………………………… 28
脂肪を消費すると水ができる…………………………………………… 36
光合成に成功した原始葉緑体と植物の進化…………………………… 39
光合成生物の功罪：活性酸素・酸素・CO_2 …………………………… 41
生物が利用できる窒素は限られている………………………………… 45
校正機能をもつ DNA ポリメラーゼ …………………………………… 52
活躍する海洋生物：ウニと細胞分裂機構……………………………… 66
活躍する海洋生物：ウニと細胞周期の機構…………………………… 68
性を決めるのは遺伝子か環境か？……………………………………… 72
細胞分化の可塑性とクローン生物……………………………………… 94
細胞選別と自律的組織形成……………………………………………… 97
再生医療に活躍する発生細胞工学………………………………………100
遺伝子の多型と病気・遺伝子診断・遺伝子治療………………………107
活躍する海洋生物：クラゲと目印タンパク質 GFP　 …………………117
熱中症対策には塩と水が必要……………………………………………125
活躍する海洋生物：イカと神経伝達機構………………………………130
後天的につくられる神経ネットワーク…………………………………133
活躍する海洋生物：アメフラシと記憶のメカニズム…………………133
神経回路は試行錯誤でつくられる………………………………………135
活躍する海洋生物：ヒトデと白血球の食作用…………………………156
遺伝子で規定されない形態形成——タンパク質・細胞の自律性——…192

1 生物は物質からできている

　地球上でこれまでに発見されている元素の数は100を越えるが，生体を構成する基本的な物質（アミノ酸，糖質，核酸，脂質）は，炭素（C），水素（H），酸素（O），窒素（N），リン（P），イオウ（S）の，わずか6種類の元素から構成されている．

　生物を構成する物質はそれぞれ機能をもっている．その物質が機能をもつということは，形があるということに他ならない．原子が結合してできている分子には形があり，分子の形が別の分子の形を認識する．これが生命活動の基本であり，この基本的性質によって細胞内の化学反応をスムーズに行わせたり，情報を認識している．その結果，代謝，生命の恒常性の維持，遺伝子の複製，そして遺伝情報の具現化などの生命活動を営むことができるのである．

1・1　水 —— 生命の母 ——

　陸地に棲むヒトですら，体の70％は水である．地球の誕生後，生命は水の中で生まれた．それ以来，細胞膜で外界と一線を画した後も，現在に至るまで生命活動を営むための化学反応はすべて水の中で行われている．したがって，生物を構成する物質は，水の中での形が重要な意味をもってくる．

1・1・1　水分子の性質

　水分子は水素原子2個と酸素原子1個からなる小さな分子であるが，小さな分子に似合わない高比熱，高融点，高融解熱，高沸点，高蒸発熱という，特徴的な性質をもつ．それは，水分子の構造による（図1・1）．

　水分子の酸素は水素原子の電子を強く引きつけるため負の電荷を帯び，逆に水素原子は正電荷を帯び，分極して磁石のような性質をもつ**双極子**となっている．この性質で，周囲の水分子と緩やかな結合が生まれる．この結合は水素原

1

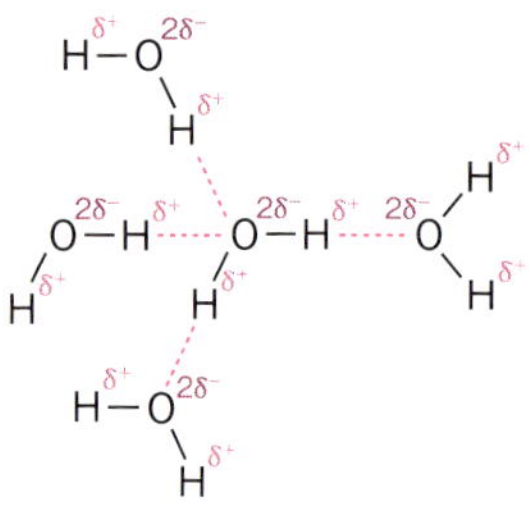

子を介した結合なので**水素結合**とよばれる．水分子の特徴は水素結合のためである．高い比熱は，一定の温度環境を保ち，高い蒸発熱は体温の上昇を抑制し，高融解熱は水が凍りにくく低温条件でも細胞が氷で破壊されにくい特徴をもたらす．さらに，双極子の性質は，水が優れた溶媒であることを意味している．正負どちらの電荷をもった物質も水和して溶解することができ，スムーズな化学反応を保証している．地球以外の宇宙に存在する生物の探索が行われているが，水が生物が存在するための必要条件とされるゆえんである．

図 1・1　水分子と水素結合

なお，電気的に極性をもつ分子は極性をもつ水に良く溶けるので**親水性**といい，脂を構成する分子のように極性がない（非極性）分子は水になじまず，溶けないために**疎水性**という．水に浮かべた小さな油滴が徐々に集まって大きくなるのを見た経験があると思う．同じように疎水性分子は疎水性分子どうし集まる性質がある（図 1・1）．

1・1・2　水素イオン濃度

生体の化学反応は，溶液が酸性であるか塩基性（アルカリ性）であるかによって著しく影響を受ける．純水は中性であり，ほとんどは H_2O 分子の状態でいるが，ごく微量の分子が水素イオン（H^+）と水酸化イオン（OH^-）に解離している．H^+ が OH^- より多ければ酸性となり，逆であれば塩基性となる．酸性度を水素イオン濃度（$[H^+]$）で表し，その単位として pH を用いる．pH は 1 から 14 までであり，水素イオン濃度の対数（$pH = -\log[H^+]$）で表される．中性は 7 で，それより低い値は酸性，高い値は塩基性である．

生物の体は pH7.2～7.3 に保たれており，これから少しでもはずれると生きていくことができない．環境に存在する酸やアルカリで容易に pH が変わってしまいそうであるが，生体が蓄えている水にはアミノ酸，糖質などの多くの弱電解質が溶けていて，これらが pH の緩衝作用をもっており，水素イオン濃度を一定に保つ働きをしている．また，呼吸によって生じる二酸化炭素も pH の

緩衝作用の重要な要因である．

1・2 糖 質 ── 貯蔵物質・情報媒体 ──

糖質は炭水化物ともよばれ，基本的には炭素の水和物 $C_x(H_2O)_y$ と表すことができる．化学エネルギーの貯蔵，細胞壁などの構造体の他，さまざまな修飾を受けた糖鎖は細胞間コミュニケーションの情報媒体，タンパク質や脂質の機能調節も担う．

糖質は**単糖類**，**オリゴ糖類**，**多糖類**に大別される．単糖はそれ以上加水分解されない糖の基本単位で，オリゴ糖は単糖が数個，多糖は多数の単糖が連結したものである．糖類にはさまざまな構造があるが，生体の重要な部分を占める．

1・2・1 単糖類

単糖類は炭素が5個からなるペントース，6個からなるヘキソースなどがあり，これらは通常それぞれ，五員環構造（フラノース），六員環構造（ピラノース）をとっている．フラノースの代表は果物の甘味成分であるフルクトース（果糖），遺伝情報を担うDNA鎖のバックボーンを構成するD-リボースなどがある．ピラノースの代表はエネルギー源として最もよく使われるグルコースや，ラクトース（乳糖）の構成成分であるガラクトースなどがある（図1・2）．

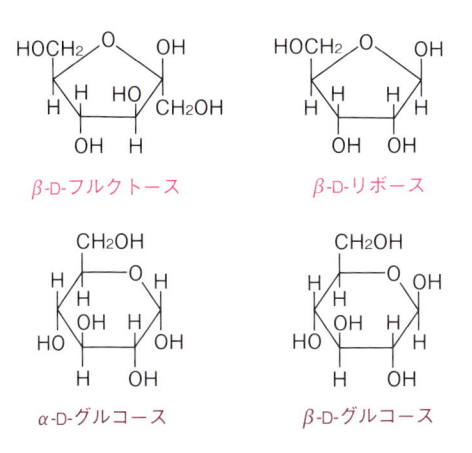

図1・2 単糖類

1章　生物は物質からできている

1・2・2　オリゴ糖

オリゴ糖の代表は，砂糖の主要成分であるショ糖，牛乳などに含まれるラクトースなどがある．ショ糖はグルコースとフルクトースが結合した二糖である．フルクトースは糖類の中で最も甘みが強いので，ショ糖を加水分解して甘味料（転化糖）として使用される．このほか，認識物質としてのオリゴ糖があり，細胞間のコミュニケーションに介在する細胞膜糖タンパク質，細胞間基質において位置情報を担う糖タンパク質，**血液型**抗原決定基としての糖脂質および糖タンパク質などがある（図1・3）．

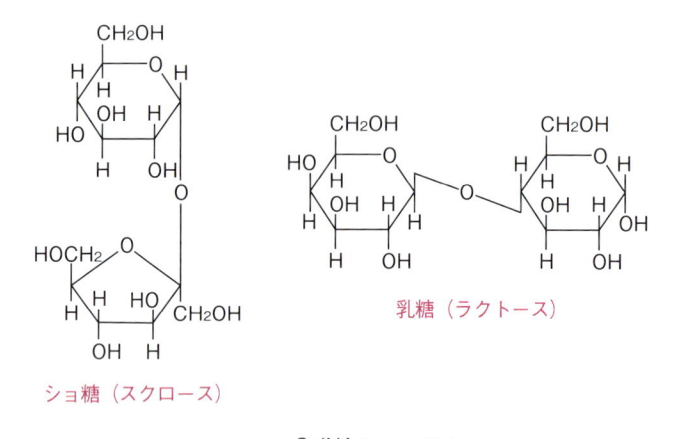

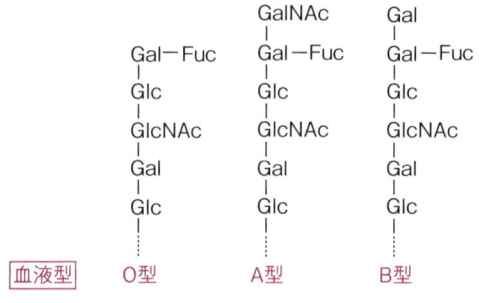

ショ糖（スクロース）

乳糖（ラクトース）

血液型	O型	A型	B型
	Gal−Fuc	GalNAc | Gal−Fuc	Gal | Gal−Fuc
	Glc	Glc	Glc
	GlcNAc	GlcNAc	GlcNAc
	Gal	Gal	Gal
	Glc	Glc	Glc

Gal：ガラクトース，Fuc：フコース，Glc：グルコース，
GalNAc：*N*-アセチルガラクトサミン，GlcNAc：*N*-アセチルグルコサミン

図1・3　オリゴ糖

> **牛乳でお腹をこわすのは？　砂糖で虫歯になるのは？**
> 　日本人には，牛乳に含まれるラクトースを分解する酵素を先天的にもっていない人が相当の割合でいる．そのような人は牛乳を飲むとしばしば下痢をすることになる．発酵させたヨーグルトは，微生物の働きでラクトースが分解されているので腸に優しいといえるであろう．砂糖は口内細菌によりフルクトースとグルコースに分解され，さらにフルクトースは酸性の乳酸に変えられる．これが歯のカルシウムを溶かす原因となる．また，細菌は住みやすい環境をつくり出すために粘性の高い多糖体を分泌するが，グルコースはその原料にもなる．したがって，砂糖をとるということは虫歯になる大きなきっかけを与えるようなものである．

1・2・3　多糖類

　多糖類の代表としては植物が合成し蓄えている**デンプン**，動物のエネルギー貯蔵物質である**グリコーゲン**がある．どちらもグルコースのポリマー（重合体）で，構造もグリコーゲンの方が鎖の短い点を除けば基本的には同じである．

　細胞壁などの構造体として機能する**セルロース**も植物が合成するグルコース

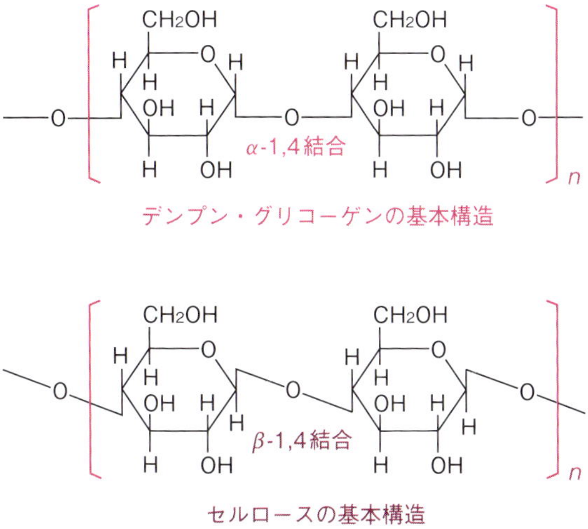

デンプン・グリコーゲンの基本構造 (α-1,4 結合)

セルロースの基本構造 (β-1,4 結合)

図 1・4　多糖類

のポリマーであるが，鎖のつながり方が違う（図1・4）．それゆえ動物はセルロースを消化することができない．ウシやウマなどの草食動物や，シロアリなどの植物繊維を栄養源とする生物の場合は，腸内に細菌が共生していて，これらが産生するセルロース分解酵素によってグルコースを得ている（3・3参照）．

多細胞生物の細胞外マトリックスにあり，細胞や組織の形態の維持，細胞運動の足場として機能するコンドロイチン硫酸，ヘパラン硫酸などのプロテオグリカンの糖鎖も多糖類である．

1・3　脂　質 —— 貯蔵物質・生体膜 ——

脂質は有機溶媒に溶け，水になじまない（疎水性）脂肪酸エステルの総称である．構造と性質の違いから**中性脂質**，**リン脂質**，**糖脂質**，**ステロイド**，**ロウ**に分類される．エネルギー貯蔵物質，生体膜の基本構成成分であるほか，ビタミンやホルモンとしての機能をもつものもある．

1・3・1　中性脂質

中性脂質（アシルグリセロール）は動植物の脂肪細胞に蓄積される脂肪の主要成分である．グリセロールのヒドロキシ（水酸）基が3個とも脂肪酸でエステル化されている場合をトリアシルグリセロールとよぶ．中性脂肪の大部分がこれであり，肥満の原因である（図1・5）．

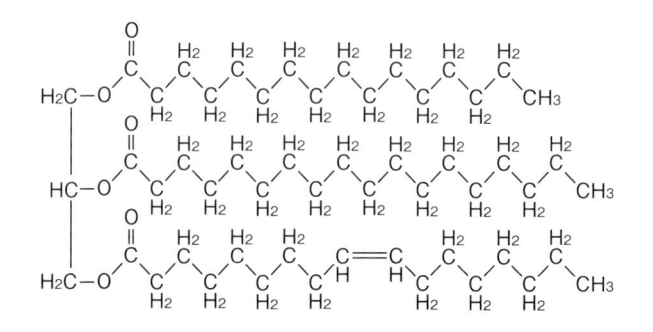

トリアシルグリセロール

図1・5　中性脂質

1·3·2 ステロイド

ステロイドは構造的に脂肪酸と大きく異なるが，疎水性のため脂質に分類される．ビタミンDや，動物細胞膜の主要な構成成分の**コレステロール**，女性ホルモンの一種の**エストロゲン**，副腎皮質ホルモンの**グルココルチコイド**（8·2参照）はステロイド誘導体である（図1·6）．

1·3·3 リン脂質

リン脂質はグリセロールのヒドロキシ基の一つが脂肪酸ではなくリン酸にエステル化されている．分子の片側に電荷をもち，反対側が疎水性の典型的な両親媒性の分子である．その性質のため，リン脂質分子が水中で集まると，電荷をもつ親水性部分を外側，疎水性部分を内側にして**ミセル**を形成する．これは生体膜系の脂質二重層の主要構成要素となっている．洗剤が脂汚れを水に溶けるようにする働きも，ミセルの原理による（図1·7）．

図1·6 コレステロール，エストロゲン 炭素と水素の大部分を省略して描いている．

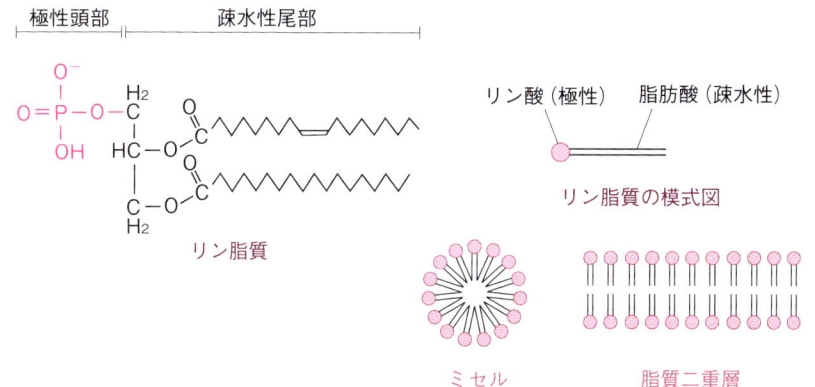

図1·7 リン脂質とミセル

1章 生物は物質からできている

1・3・4 糖脂質
糖脂質はジアシルグリセロールに糖が結合したもので，脳や神経細胞の膜に多く見られる．複雑なオリゴ糖が結合したものを特にガングリオシドといい，神経細胞膜に見られる．

1・3・5 その他の脂質
ビタミンA，E，Kも脂質に分類される．なお，緑黄色野菜に含まれる**β-カロテン**は，消化の過程で分子の中央で切断されビタミンAとなる（図1・8）．

ビタミンA　　　図1・8　ビタミンA

1・4　アミノ酸とタンパク質 ── 生命を操る分子 ──
アミノ酸はアミノ基（-NH$_2$）とカルボキシ基（-COOH）が一つの炭素原子に結合した分子である（図1・9）．タンパク質を構成するアミノ酸は20種類あり，これらがペプチド結合により連結されて，タンパク質となる．ペプチド結合でつながったアミノ酸の鎖をペプチド鎖といい，長いペプチド鎖をポリペプチド，その分子全体をタンパク質という．

ペプチド結合はアミノ酸のカルボキシ基に別のアミノ酸のアミノ基が脱水結合することにより形成される．その結果，合成されたポリペプチドの1番目の

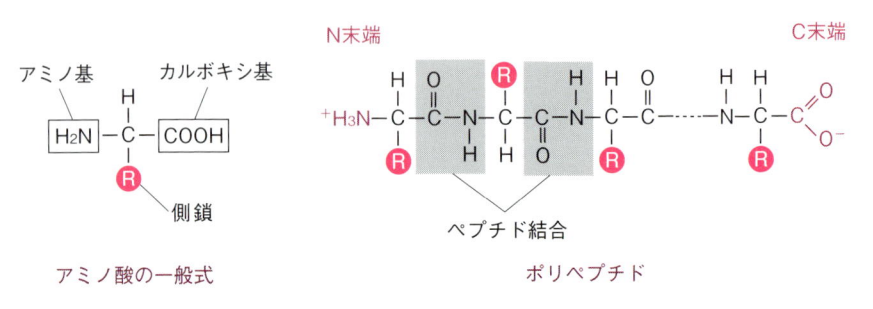

図1・9　アミノ酸とペプチド結合

アミノ酸にはアミノ基，最後のアミノ酸にはカルボキシ基が残ることになる．そこでポリペプチドの方向を示す際には，最初のアミノ酸のある端を N 末端，その反対側の端を C 末端と表す約束になっている．生体内でもタンパク質は N 末端から C 末端に向けて合成される（図 1・9）．

1・4・1　アミノ酸側鎖の構造と性質

タンパク質の種類はヒトでは 10 万以上にも及び，それぞれ機能が異なる．タンパク質が機能するには，一定の立体構造をとる必要がある．立体構造は基本的にアミノ酸の並び順（一次構造）で決まり，アミノ酸の側鎖の形と性質が立体構造に大きな影響を与える．アミノ酸は側鎖の性質により塩基性アミノ酸，酸性アミノ酸，中性極性アミノ酸，非極性アミノ酸に分類される（図 1・10）．

1・4・2　タンパク質の構造を決めるアミノ酸

アラニンのように側鎖が比較的小さく極性をもたないアミノ酸が連続しているところでは，それぞれのペプチド結合の N-H の水素原子（H）と，そこから 4 番目のアミノ酸のカルボニル基の酸素原子（O）との間で分子内水素結合が生じ，その結果，右巻きに 1 回転 3.6 アミノ酸のピッチでらせん構造が形成される．同一らせん分子内でアミノ酸ごとに水素結合ができるので，比較的しっかりしたスプリング様の立体構造ができる．自律的にこのような構造ができるのは，エネルギー的に最も安定だからである．これを **α-ヘリックス** という．プロリンは特異な構造をしたアミノ酸なので，プロリンがあると α-ヘリックスがそこで中断され，ペプチド鎖がねじれたり折れ曲がったりする．

平行に並んだポリペプチド鎖間に規則的な水素結合を生じると，比較的硬い構造ができる．これを **β-シート** といい，多くは球状タンパク質の中央部分に位置し，タンパク質の骨格として働く．α-ヘリックスや β-シートをタンパク質の二次構造という．大規模な平行 β-シートは，絹糸のフィブリンや毛髪のケラチンなどがある．二次構造をとらない領域は，一定の構造をとらないランダムコイルとなる（図 1・11）．

1・4・3　水素イオン濃度の影響

タンパク質の一次構造は遺伝子上の遺伝情報（遺伝暗号）により決められて

1章　生物は物質からできている

酸性アミノ酸

アスパラギン酸（AspまたはD）

グルタミン酸（GluまたはE）

塩基性アミノ酸

リシン（LysまたはK）

アルギニン（ArgまたはR）

ヒスチジン（HisまたはH）

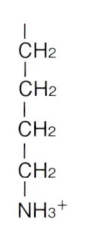

中性極性アミノ酸

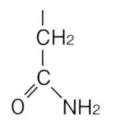

アスパラギン（AsnまたはN）

グルタミン（GlnまたはQ）

セリン（SerまたはS）

トレオニン（ThrまたはT）

チロシン（TyrまたはY）

1·4 アミノ酸とタンパク質 ── 生命を操る分子 ──

非極性アミノ酸

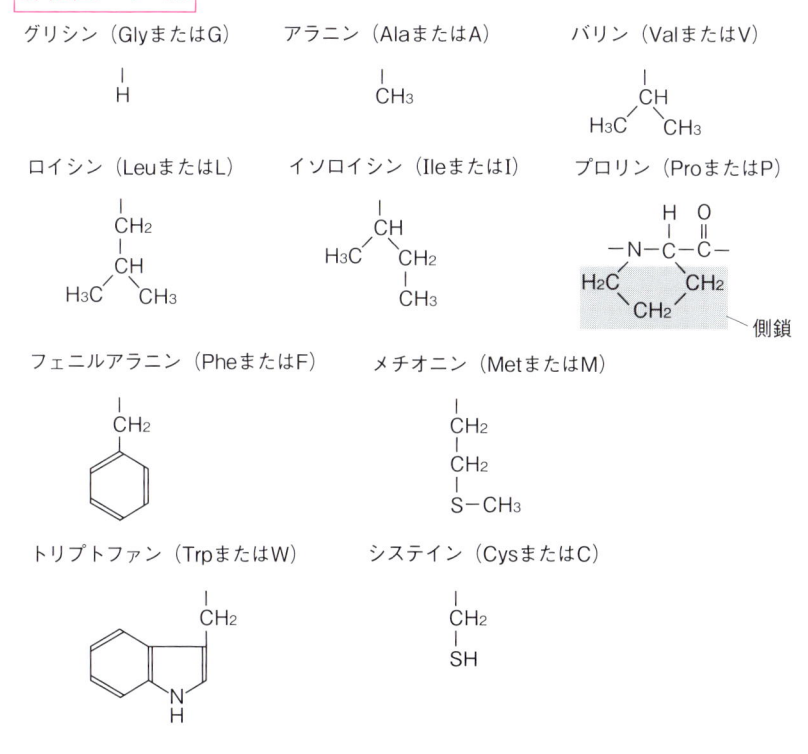

グリシン（GlyまたはG）　アラニン（AlaまたはA）　バリン（ValまたはV）

ロイシン（LeuまたはL）　イソロイシン（IleまたはI）　プロリン（ProまたはP）　──側鎖

フェニルアラニン（PheまたはF）　メチオニン（MetまたはM）

トリプトファン（TrpまたはW）　システイン（CysまたはC）

図1·10　アミノ酸の構造
それぞれの側鎖を表す．

いる．したがって，あるタンパク質の遺伝子からは，まったく同じアミノ酸配列をもつタンパク質が合成される．疎水性の非極性アミノ酸が連なっている部分は，水を避けタンパク質分子の内側に入り込み，親水性の塩基性アミノ酸，酸性アミノ酸や中性極性アミノ酸が連続しているか，その割合が多い部分は周囲の水と接するように，タンパク質分子の表面に位置する．

　生命活動を正常に行うには厳密な水素イオン濃度の条件（pH7.2〜7.3）が必要である．それは，電荷をもったアミノ酸の電離度（電離して電荷を有する

1章 生物は物質からできている

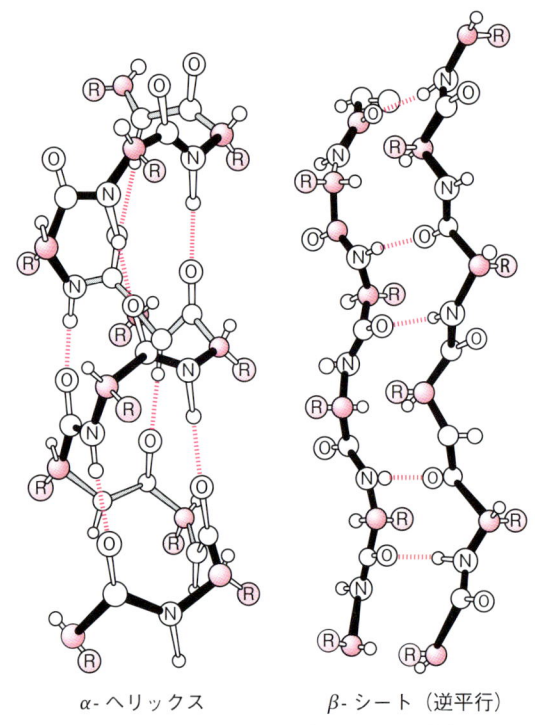

α-ヘリックス　　　　β-シート（逆平行）

図 1・11 ① タンパク質の二次構造

免疫グロブリン　　　乳酸脱水素酵素
L鎖可変ドメイン　　NAD結合ドメイン

ランダムコイル
α-ヘリックス

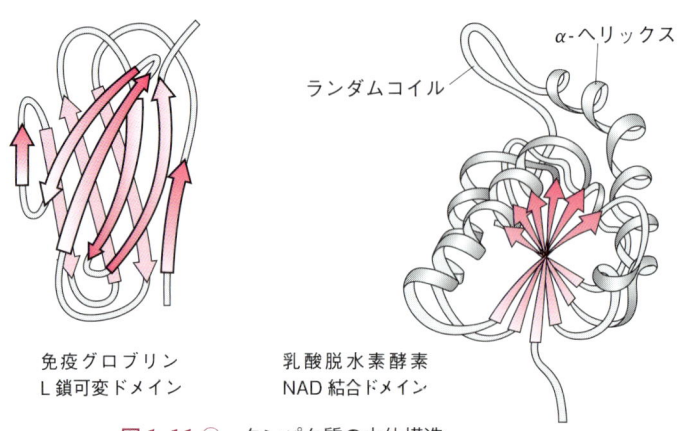

図 1・11 ② タンパク質の立体構造
赤矢印はβ-シートを表す.

分子と，全分子数との比）は水素イオン濃度に大きな影響を受けるからである．各アミノ酸の電離度が変化すれば，タンパク質の立体構造も変化して，正常な機能を果たせなくなる．タンパク質の立体構造が変化し，タンパク質の性質が変わることを**変性**という．

> **タンパク質は変性すると白くなる**
> 　水に溶けているタンパク質の大きさは光の波長より小さいため，光が透過し透明に見える．タンパク質のアミノ酸組成を調べると，疎水性アミノ酸が意外と多く，本来は水に対して不溶性である．そのため，熱を加えると，熱運動エネルギーによりタンパク質の立体構造が乱され，疎水性部分がタンパク質表面に露出し，疎水性部分でタンパク質どうしが結合して，大きな固まりをつくる．タンパク質の凝集体は光の波長より大きくなり，光を透過せず乱反射して白く濁る．タンパク質（蛋白質）の「白」の由来である．

1・4・4　ジスルフィド結合

　システインは分子内の他のシステインと**ジスルフィド（S-S）結合**により分子内架橋をつくる．ただし，どのシステインとも架橋できるわけではない．タンパク質が安定な立体構造をとった後，近くに来る特定のシステインと結合し，立体構造をさらに安定化させている．

1・4・5　機能を分担するサブユニット

　タンパク質は単一分子として機能するだけではなく，しばしば同一タンパク質あるいはいくつかの他のタンパク質と結合して複合体を形成する．複合体を形成する個々のタンパク質分子を**サブユニット**という．数十種類のタンパク質が複合体を形成してはじめて機能する例もある．別々の遺伝子から合成されたタンパク質が，細胞の中で自律的に組み合わさり，正確に複雑な装置を形成していく様は想像するだけで驚きを禁じ得ない．

　サブユニットを機能のスペシャリストにたとえると，さまざまなスペシャリストからなる複合体を形成することにより，複雑な作業を効率よく行うことが

できるようになり，スペシャリストの組合せを変えることにより，限られた数の遺伝子（タンパク質）の種類で，さまざまな機能をもたせることができるようになったということができる．また，一つのサブユニットは特定の複合体ばかりでなく，さまざまな種類の複合体の構成要素にもなることができる．

　一本のポリペプチドで複数の機能をまかなうためには，長大な分子になってしまい，合成過程で変異が入る危険性が増して，多数の機能しない分子ができる可能性がある．サブユニットとして機能を分担すれば，たとえ欠陥サブユニットができたとしても，組立の工程で削除することができる．生物は，自動車の組立工場にも似た経営戦略を，進化の過程でしたたかに獲得している（図1・12）．

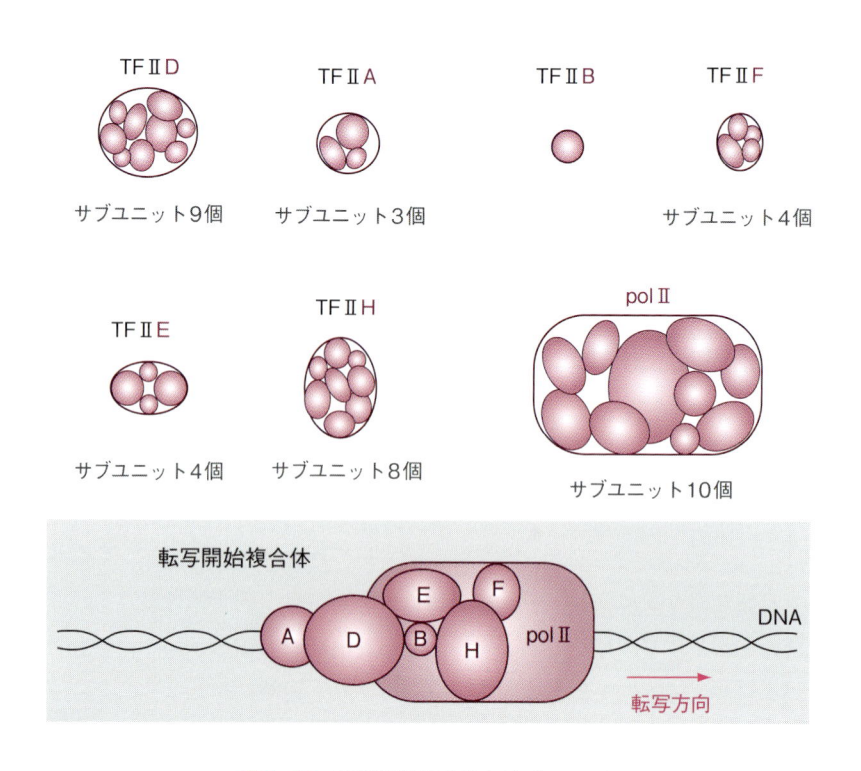

図1・12　転写開始複合体のサブユニット

1・4・6 変化するタンパク質の立体構造

多くのタンパク質は複数の立体構造をとることができる．いずれの構造も比較的安定であり，特定の分子が結合したり，リン酸などで修飾されたりすると変化する．たとえば，筋肉を構成するミオシンは **ATP**（エネルギー通貨とよばれる分子：図 3・5 参照）が結合すると，立体構造が大きく変化し，物理的な力を発生する（8・5・1 参照）．受容体などの情報伝達系のタンパク質は情報伝達分子が結合すると，特定の分子と結合できるように立体構造が変化したり，特定のタンパク質を修飾する酵素活性をもつように構造が変化したりする．この連鎖反応がシグナル伝達の基本機構である（5・3・1 参照）．

1・5 核 酸 ── 遺伝情報 ──

核酸は遺伝情報を担う分子であり，タンパク質は核酸という文字で書かれた遺伝情報にしたがって合成される．核酸は**デオキシリボ核酸（DNA）**と**リボ核酸（RNA）**の 2 種類があり，糖（DNA は 2-デオキシ-D-リボース，RNA は D-リボース）とリン酸が交互に連結した長い鎖状の分子である（図 1・13）．リボースの 1′ の炭素に**プリン**（アデニン（A），グアニン（G））または**ピリミジン**（シトシン（C），チミン（T），ウラシル（U））**塩基**が結合しており，これらの塩基の配列が遺伝情報そのものである．遺伝情報（塩基配列）を表すときには，糖の 5′ 末端が左に，3′ 末端が右になるように並べる習慣になっている．

染色体の DNA は，2 本の DNA の鎖からなる二重らせん構造をしている．2 本の DNA 鎖を結合させている力は塩基間の水素結合である．塩基間の対合は特異的で，必ず A は T と，G は C と組み合わさっている．それ以外の組合せはない．A と G の塩基は環が二つのプリン，T と C は環が一つのピリミジンであり，相補する塩基は必ずプリン：ピリミジンとなっている．したがって，DNA 2 本鎖はどの部分も太さが一定である（図 1・13）．

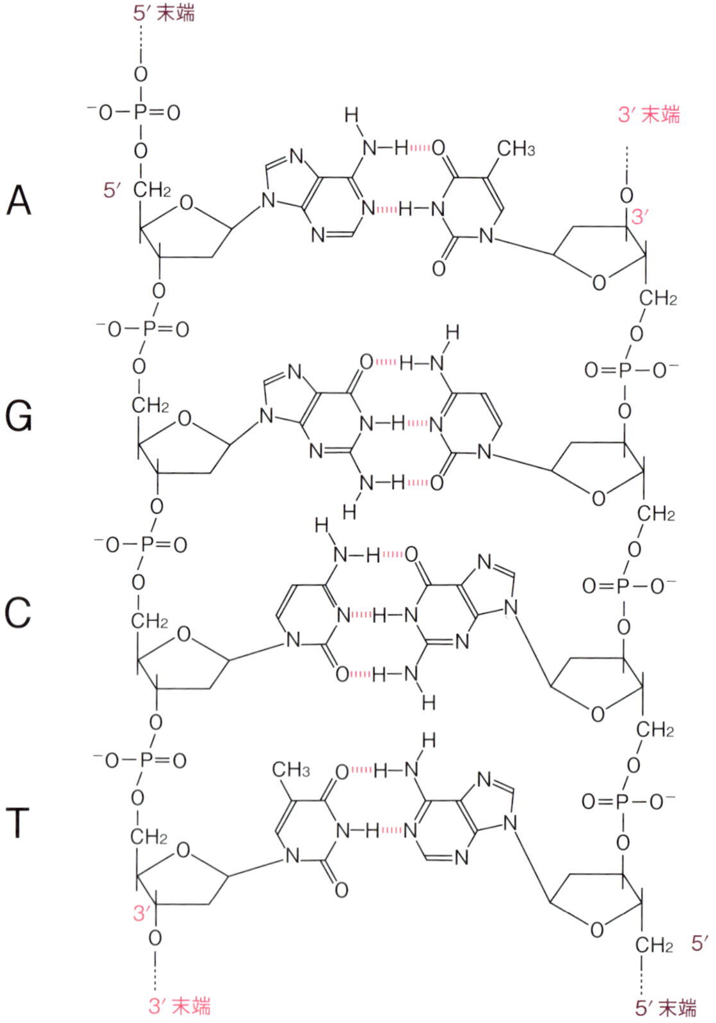

1章　生物は物質からできている

DNA

図 1・13 ①　DNA の構造

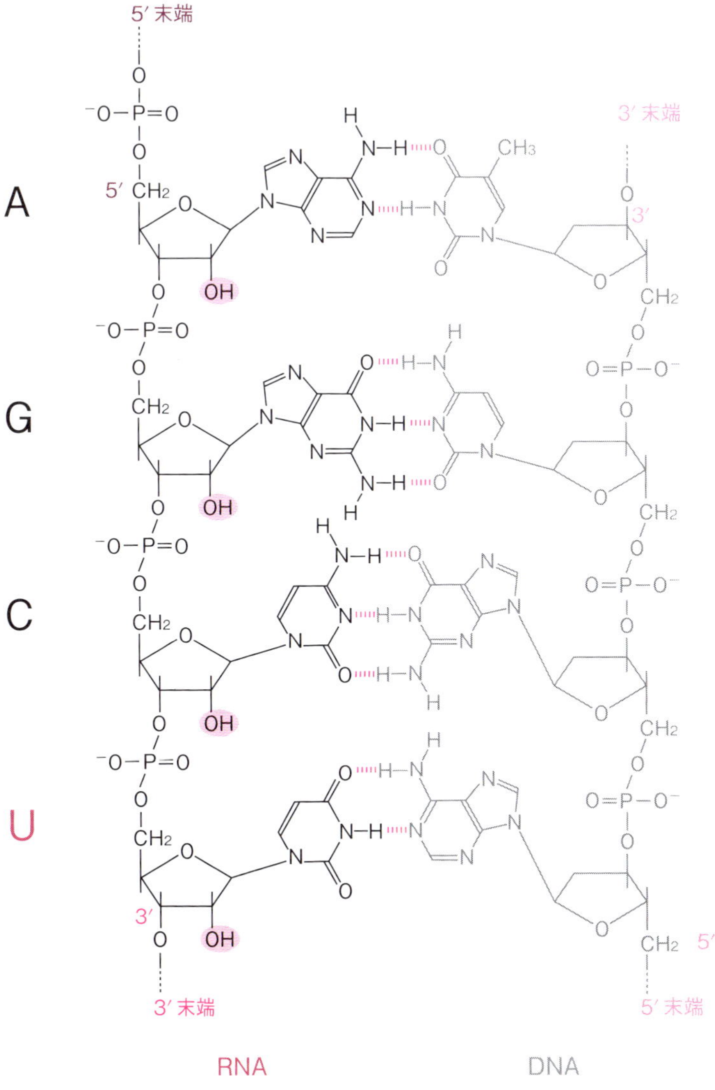

1・5 核酸——遺伝情報——

図1・13 ② RNAの構造

2　生命の基本構造

　生命の基本は，まず無秩序に向かう外界から一線を画し，整然とした秩序のある空間を築くことにある．地球上に初めて生命体が出現したとき，それは外界と区別され自らを複製できる存在であった．細菌などが属する原核生物に，その当時のシンプルな生命体のなごりを見ることができる．

　われわれ人間は真核生物に属している．真核生物の細胞は，一つの細胞の中が生体膜でいくつもの部屋に仕切られており，それぞれ専門の工程を担当している（図2・1）．それらを**細胞小器官**といい，それ以外の細胞内の領域を**細胞質ゾル**（サイトゾル）という．原核生物の細胞（約1μm）に比べ，真核生物の細胞（10〜100μm：細胞の種類によって異なる）は大きく，細胞の機能が高度になり，細胞の形態や機能の多様化を可能にしている．多細胞生物の多くは，さまざまな形や機能をもつ細胞から構成されている．

2・1　細 胞 膜 —— 外界との境界・窓口 ——

　細胞膜は外界との境界でもあり外界への窓口でもある．生命体を外界と区別すると同時に，外界からエネルギーや情報を取り入れ，細胞内からは老廃物を排出したり，情報を発信する役割をもつ．

2・1・1　脂質二重層

　外界も生命体も，構成成分の大部分は水である．外界と生命体とを空間的に隔てる膜には，水に溶ける物質を使うわけにはいかない．ところが強固な障壁では外界との窓口にはなれず，多細胞生物では動くこともできない．

　脂質は柔軟でもあり疎水性でもあるので，細胞の外と内を分ける境界に適当である．しかし，単に疎水性だけの性質をもつ脂質では水の中で油滴となってしまい，安定な膜をつくることはできない．そこで，生物は親水性，疎水性の

2・1 細胞膜──外界との境界・窓口──

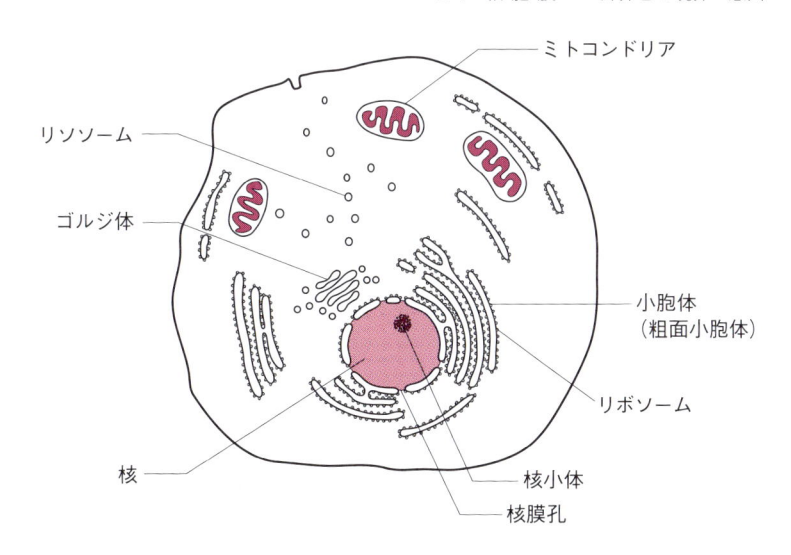

図2・1 動物細胞の構造

両性質をもつ脂質を膜の構成分子として使っている．生物がつくる脂質の膜を**生体膜**という．細胞膜の脂質は主にリン脂質，コレステロールである．これらの脂質分子の親水性部が外界や細胞内の水に接するように，また疎水性部分が互いの疎水性部分と接するように並んでいる．その結果，水の中で安定な脂質二重層からなる膜が形成され，外界との境界の役割を果たしている．

外界との物質や情報の交換にはさまざまなタンパク質が働いている．タンパク質に，脂質二重層の厚み（約8nm）に相当する長さ（20〜30アミノ酸）の**疎水性領域**があると，その部分は脂質二重層の中に入り込むことができる．その疎水性領域の両側に親水性領域があると，その部分は脂質二重層の外に位置し，タンパク質は脂質二重層を貫通することになる．このような膜貫通型のタンパク質が外界との窓口になっている．このほか，膜に一部入り込み一部は外にでているタンパク質もある．脂質二重層は流動的であるので，細胞膜のタンパク質は膜の中を動くことができる．これらのさまざまな種類のタンパク質が複合体を形成し，あるいは相互作用することにより，物質の出入りの調節や，

19

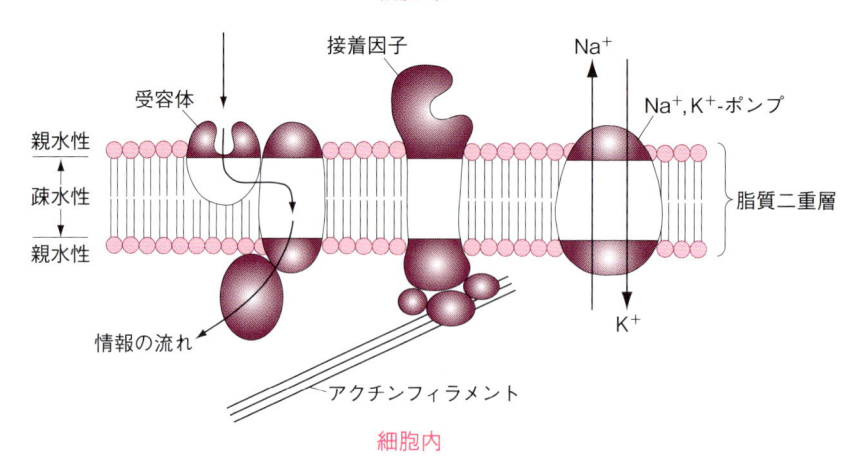

図 2・2 細 胞 膜

情報の取り込み・発信を行っている（図2・2）．

2・1・2 能動輸送とイオンチャネル

細胞膜の最も大きな特徴の一つは，**能動輸送**である．細胞膜で隔てられた細胞内外の物質の濃度は，物質によってさまざまに違う．たとえば細胞外のNa^+濃度は 150 mM で細胞内は 15 mM であり，K^+濃度はそれぞれ 5 mM と 100 mM である．物質は高濃度から低濃度に向けて拡散するので，時間がたてば細胞内外の濃度差がなくなるはずである．濃度差を保つためにはエネルギーを消費して濃度の低いところから高いところに積極的に物質を運ばなくてはならない．Na^+とK^+の濃度差を保つのは，**Na^+, K^+-ポンプ**で，エネルギー源として ATP を使う．このほか，特定のイオンだけを高濃度から低濃度に流れさせるタンパク質もあり，これを**イオンチャネル**という．タンパク質の立体構造がそれぞれのイオンの形や特性を認識して，選択的に輸送しているのである．では，何のために細胞は細胞の内外でNa^+とK^+の濃度差をつくるのかは，後の章で述べることにする（8・4・1 参照）．

2·1·3 受容体

　膜貫通型のタンパク質のあるものは，細胞の外の情報を受け取り，細胞内にその情報を伝える役割を果たす．それを**受容体**といい，受け取った情報を細胞内の別のタンパク質に伝える働きをもつ．この章では詳しく述べないが，多くの場合は，ある特定の細胞内情報伝達タンパク質をリン酸化することで，最終的に核に情報を伝え，核の遺伝情報を働かせる．こうして細胞はさまざまな状況に対応している．

2·1·4 接着因子

　ヒトは約200種類の細胞から構成されているといわれている．肝細胞は肝臓にあり，脳神経の細胞は脳にある．筋細胞は脳や肝臓にはない．違う種類の細胞は混じり合わず，同じ種類の細胞と結合する性質がある．この機能を果たすのが細胞膜の**接着因子**であり，その一つがカドヘリンとよばれるタンパク質である．細胞の種類によってカドヘリンの型が異なっており，同じ型のカドヘリン同士が結合する性質がある．その結果，同じ種類の細胞が集まり，**組織**が形成される（5·6·2 参照）．

2·2　核 —— 遺伝情報の貯蔵庫 ——

　二重の脂質二重層で囲まれた球状の構造で遺伝情報を担うDNAが貯蔵されている．ヒトの大人の体は，約200種類，60兆個の細胞からなるが，それらすべての細胞は，受精卵として父親と母親から譲り受けた最初の遺伝情報のすべてを引き継いでいる．それぞれの細胞は，その膨大な遺伝情報の中から必要な情報だけを選び出し，状況に対応しているのである．

　遺伝情報には傷が付いてはならない．遺伝情報の傷はしばしば細胞や個体の異常や死を引き起こすからである．その遺伝情報を大切に貯蔵しているのが**核**で，遺伝情報の原本であるDNAは核から外に出されることはない．必要な情報は常にコピー（RNA）として，細胞質に移送され，そこで情報がタンパク質として具現化される（図4·16 参照）．DNA分子は核の中では安定で，分解されることはないが，RNAは分解されやすく，多くは合成され細胞質に移

動してから数時間で分解される．細胞は刻々と変化する環境や外から来るシグナルに応答して，適切な遺伝子を働かせなければならない．古い情報をもったRNAが存在していては新しい環境に対して応答できない．RNAが分解されやすいのは理にかなっている．

2・2・1　染色体

　DNAは核の中ではタンパク質と結合しており，このタンパク質とDNAの複合体を**クロマチン**という．光学顕微鏡で観察される染色体は各々のクロマチンが凝縮したものである．ヒトの染色体の数は核あたり46本ある．ヒトの細胞核の直径は約10μmであるが，細胞あたりのDNAの長さは46本の染色体DNAをつなぎあわせると2mにも達する．DNAは100万分の1の長さに，折りたたまれて核の中に蓄えられている．

　真核生物のDNAは**ヒストン**とよばれるタンパク質が結合している．ヒストンにはH1，H2A，H2B，H3，H4の5種類ある．H2A，H2B，H3，H4がそれ

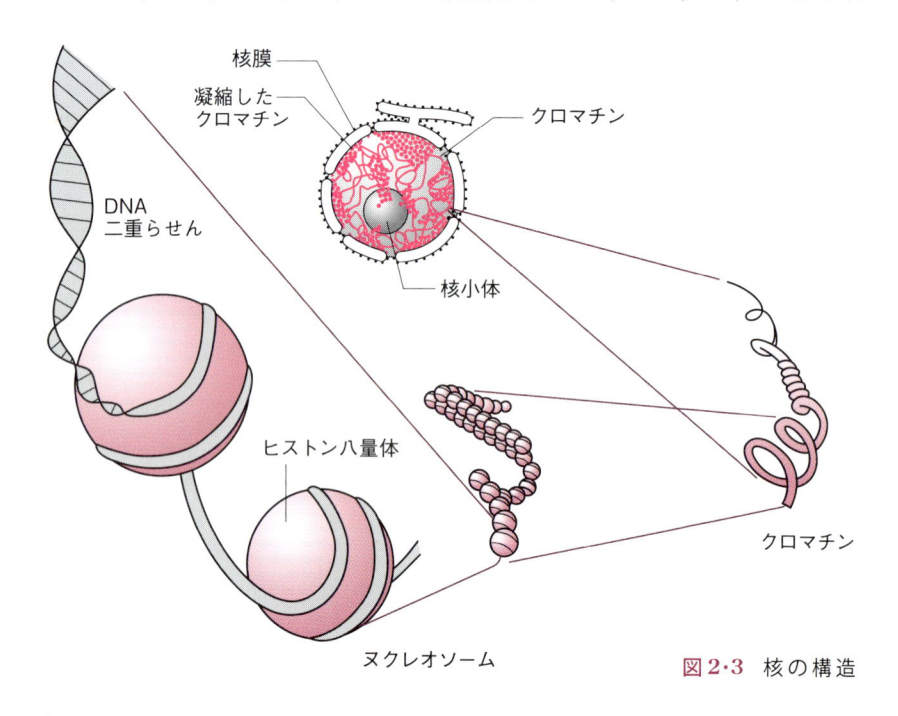

図2・3　核の構造

それ2個ずつ集まった8個のサブユニットからなる球状のヒストン八量体にDNAが巻き付き，**ヌクレオソーム**という構造をとる．これがらせんをつくって，それがさらに幾重ものらせん構造をとることにより，DNAの長さが圧縮されている．H1はヒストン八量体とDNAに結合し，このらせん構造をコンパクトにする働きがある．こうして長いDNAは，もつれないように核に収まっている．遺伝情報が読み取られる際には，染色体がほどけ，DNAがむき出しとなって情報が写し取られる（図2・3）．

2・2・2 核 小 体

核の中には，膜で囲まれているわけではないが，**核小体**とよばれる構造がある．普通の遺伝子は，父親と母親の両方から譲り受けているので核あたり2コピーあるが，**リボソーム**の構成要素である**リボソームRNA** (rRNA) の遺伝子は，数百コピーにも達する．リボソームはタンパク質合成に必須であり，急なタンパク質の大量合成にも対応できるように，コピー数を増やしているのであろう．この遺伝子が存在する部分が核小体である．核小体には細胞質から移送されてきた70種類ものリボソームタンパク質が集まり，ここでこれらタンパク質とrRNAが組み合わされて，大小2種類のリボソームサブユニット（40Sと60S）が合成される．

2・2・3 核 膜 孔

核にはDNAの複製や，転写に必要な酵素，転写を調節する転写因子などのタンパク質が局在している．これらのタンパク質は，DNAの情報をもとに細胞質で合成される．核の中でDNAの情報がRNAに転写され，これが直径約100 nmの**核膜孔**を通って細胞質に輸送され，リボソームで翻訳されてタンパク質となる．核膜孔は核あたり3000〜4000個あり，物質を選択的に通過させる機能をもつ．

2・3 小 胞 体

小胞体は脂質二重層でできている袋状の構造で，核膜とつながっており，脂質とタンパク質合成の機能をもつ．リボソームが表面に付着している**小胞体**を

粗面小胞体，付着していないものを滑面小胞体という．リボソームでは，伝令RNA（mRNA）の情報をもとにタンパク質合成を行っている．粗面小胞体で合成されるタンパク質は，**分泌性タンパク質**か**膜貫通型タンパク質**であり，分泌性タンパク質は合成された後，小胞（分泌小胞）に包まれた状態で，また膜貫通型タンパク質は小胞の脂質二重層に入り込んだ状態で細胞膜に向かって移送される．小胞が細胞膜と融合すると内容物が細胞外に分泌され，膜貫通型タンパク質は細胞膜タンパク質の一員となる．

　細胞質ゾルや小胞体，核，葉緑体で働くタンパク質は遊離リボソームによって合成される．

　リボソームが付着していない小胞体を滑面小胞体という．脂質の合成が盛んな細胞や，ステロイドホルモン分泌細胞にあり，脂質合成と蓄積の機能をもつ．

2・4　ゴルジ体

　ゴルジ体は脂質二重層からなる扁平な袋がいくつも積み重なった構造をもつ．粗面小胞体で合成されたタンパク質は小胞に包まれ，ゴルジ体へ運ばれる．ゴルジ体ではタンパク質はさらに糖鎖の修飾が行われ，その修飾のされ方の違いによって，細胞膜，分泌小胞（ペプチドホルモンなど分泌性タンパク質を運搬する小胞），リソソーム（加水分解酵素の貯蔵小胞）など細胞内の行き先が決まる．

2・5　リソソーム

　リソソームは膜に囲まれた袋状の構造であり，中に約40種類の**加水分解酵素**を蓄えている．リソソームは細胞の外から取り込まれた物質や，細胞自身にとって不要になった物質を細胞内で消化する機能をもつ．加水分解酵素は細胞の構造や機能を破壊する危険性があるが，リソソームに閉じこめることによりこれを回避している．さらに，リソソームの加水分解酵素活性の最適pHは5と低く設定してあり，万一漏れだしても細胞質のpH7.2では機能しないように二重の安全策がとられている．

2·6 ミトコンドリア

二重の脂質二重層からなる細胞小器官で，酸化反応により細胞のエネルギー通貨である **ATP** を合成する（3章を参照）．内膜にはATP合成にかかわる酵素群がある．内膜はひだ状に内側に向けて突き出しているので表面積が大きくなり，ミトコンドリアは高密度のATP合成酵素群をもつことになる．内膜の内側をマトリックスといい，ATP合成の前段階の還元分子NADHとFADF$_2$を合成するクエン酸回路を回す酵素群や，ミトコンドリア特有のリボソームとミトコンドリア遺伝子DNAがある（図2·4）．

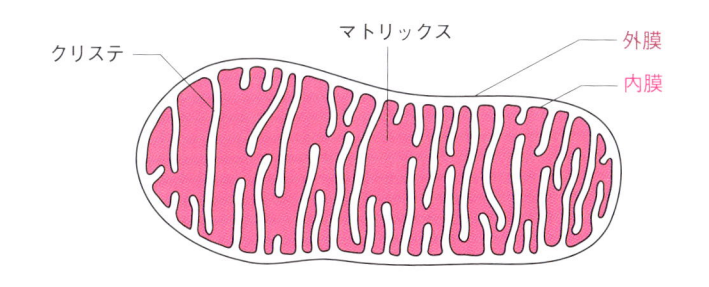

図2·4 ミトコンドリア

酸素利用に成功した原始ミトコンドリアと真核生物の進化

ミトコンドリアは形態が細菌と似ており，ミトコンドリア自身の遺伝情報をもち，タンパク質合成を行い，分裂して増える．原始の地球はほとんど無酸素状態だったが，太陽の光を利用して光合成が行われるようになると，大量の酸素が廃棄物として蓄積されてきた．酸素は生物にとって有毒であったが，これを逆手にとってエネルギーを効率よく取り出す手段として用いる生物が現れた．それが原始ミトコンドリアである．真核生物は効率よくエネルギーをつくり出すミトコンドリアを細胞内に共生させたと考えられている．ミトコンドリアは真核生物の細胞がつくり出すタンパク質を利用するという恩恵を受けている．

3 生命活動は化学反応

　宇宙は常にでたらめな方向に向かっており（熱力学第二法則），生物もこの法則から逃れられない．死んでしまえば体は朽ち，いずれ無秩序な土となるが，生きている間は体の形や機能が保たれている．秩序を保つにはエネルギーが必要で，生物は物質をより無秩序な状態にするときに発生する化学エネルギーを使って，秩序を獲得している．

3・1　酵　素
　生物は有機物を分解して自身をつくる材料とエネルギーにし，このエネルギーと材料を使って複雑な分子を組み立て，細胞を構築し，個体を形成している．この分解・合成化学反応をスムーズに行わせるのが**酵素**である．また，筋肉の運動エネルギーや神経の電位，ホタルの発光も酵素が化学エネルギーを変換してつくり出している．

3・1・1　酵素は活性化エネルギーを減少させる
　物質はつねにエネルギーレベルの低い方向に変化しようとする．しかし，その物質があるということは，その状態である程度安定（準安定）であることも意味する．ある物質が何かに変わるとき（化学反応）には，もとの状態であることを乗り越える必要がある．この乗り越えるためのエネルギーを**活性化エネルギー**という．たとえばセルロース（グルコースのポリマー）からできている紙からエネルギーを取り出すにはどうすればよいだろうか．火をつけて燃やすとエネルギーを取り出すことができるが，何もしなければ燃え出すことはない．この場合，火の熱が活性化エネルギーとなる．炭化水素であるグルコースは火のエネルギーによって高温になると酸化され，自身のエネルギーを放出して二酸化炭素（CO_2）と水（H_2O）になる．

生体内の化学反応を純粋化学的に行おうとすると，化学工場のように高温，高圧，強酸または強アルカリなどの極端な条件が必要となる．しかし生物の体の中でグルコースからエネルギーを取り出すのに，そのようなことは行われていない．おだやかな中性・体温条件で反応が進められている．活性化エネルギーを減少させて，**反応速度**を飛躍的に速める働きをするのが酵素である（図3・1）．

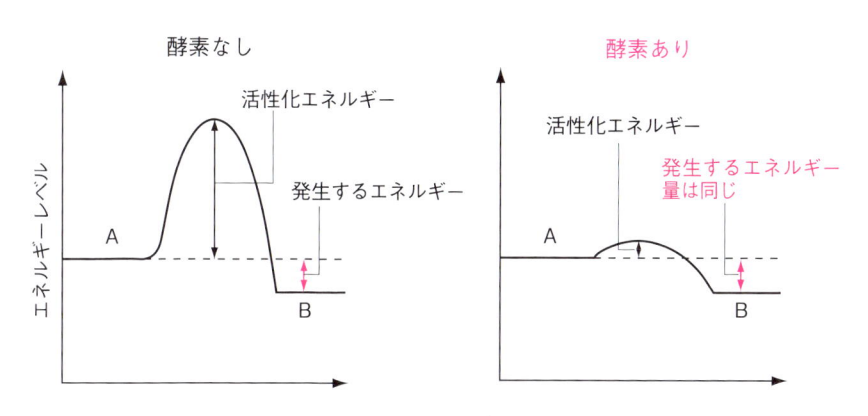

図3・1　活性化エネルギーと酵素

3・1・2　高エネルギーレベルの物質の合成
　生きているということは，無秩序な状態の物質から秩序のある高エネルギーレベルの物質を合成するということである．酵素は起こりうる化学反応速度を速めることはできるが，エネルギー的に起こり得ない反応を引き起こすことはできない．しかし生物はエネルギーレベルの低下と増加を同時に行うことによりこの問題を克服している．これを**共役**という．エネルギーレベルの低下と増加の収支全体が低下に向かっていれば反応は起こるのである（図3・2）．

3・1・3　酵素の基質特異性
　生体ではさまざまな化学反応が起きており，そのすべてに反応特異的な酵素が存在する．酵素活性をもつ部位を**活性中心**といい，酵素反応を受ける物質を**基質**という．酵素の種類ごとに立体構造が異なり，その違いによって酵素の基

3章　生命活動は化学反応

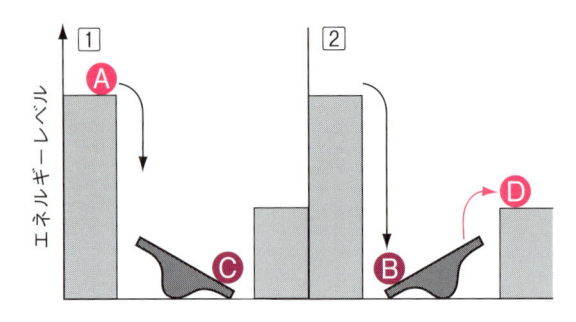

図3・2　共役
エネルギーレベルの低いCから高いDの合成は，高エネルギーのAから低エネルギーのBの反応と同時に行うことにより可能になる．

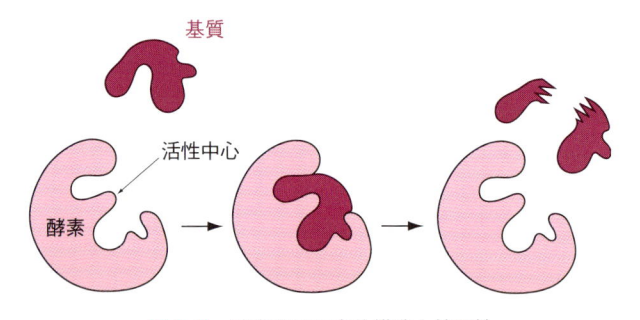

図3・3　酵素分子の立体構造と特異性

質特異性が生じる．基質は酵素によってカギとカギ穴のように厳密に認識され，触媒される（図3・3）．

酵素活性中心を標的とする薬・タミフル

　酵素の活性中心の立体構造を利用した薬の一つが，インフルエンザウイルスの特効薬タミフルである．細胞で増殖したインフルエンザウイルスが外に出るには，ウイルスが結合している細胞膜タンパク質の糖鎖を，酵素ノイラミニダーゼで断ち切る必要がある．タミフルはノイラミニダーゼの活性中心に相補的に結合するようにつくられており，酵素活性を阻害することで細胞からの遊離を妨げ感染を抑える働きがある．

3・1・4　酵素活性の最適条件

　定められた条件下で毎分 1μmol の基質を触媒する酵素量を**酵素単位**として酵素活性を表し，1mg あたりの酵素単位を**比活性**という．酵素活性はさまざまな条件により変化する．酵素反応も通常の化学反応と同様に温度が高くなると速くなるが，酵素はタンパク質なので変性するほどの高温になると活性が低下する．

　タンパク質の立体構造は塩濃度や pH で大きく変化を受ける．酵素の立体構造は活性と直結しているので，これらの条件により酵素活性や特異性が大きく変化する．細胞質で働く酵素は中性で最も活性が高くなるが，胃酸の存在下で働くペプシンの最適 pH は 2 である（図 3・4）．

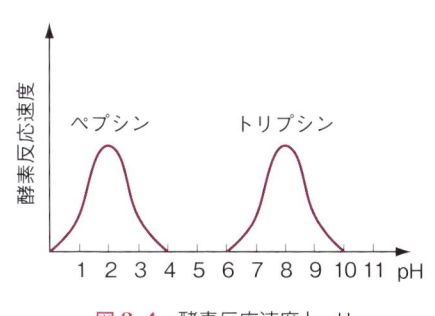

図 3・4　酵素反応速度と pH

3・2　食物からエネルギーを取り出すしくみ

　食物のエネルギーは炭水化物などの化合物として蓄えられており，エネルギーを消費し尽くすと二酸化炭素と水となる．燃焼によって食物からエネルギーを取り出すことができるが，光と熱になって放出されてしまい，効率的な合成反応は行えない．生物はどのようにして食物から利用可能な形でエネルギーを取り出しているのだろうか．

3・2・1　生物のエネルギー通貨 ATP

　物質の合成反応はエネルギーレベルを上げることになるので化学的には起こ

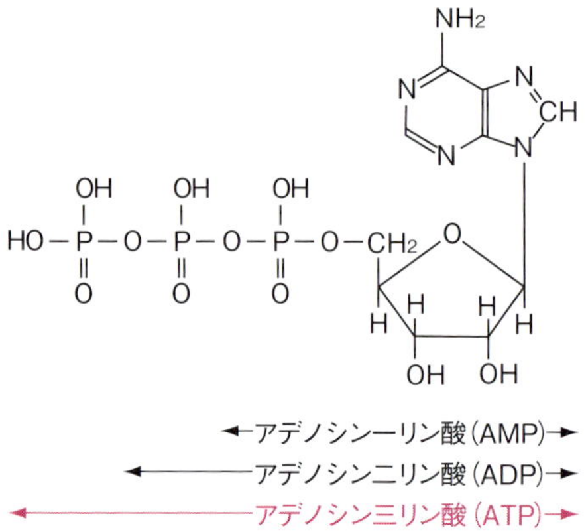

図3・5　ＡＴＰ

りにくい．一方，ATPの加水分解は起こりやすく，分解に伴って高エネルギーが放出される．さまざまな種類の酵素がATPの加水分解と合成反応を共役させることで起こりにくい反応を推進し，生命活動に必要な秩序をつくり上げている．生物はデンプンなどの糖類のほか脂質，タンパク質をエネルギー源として，生命活動のさまざまな場面で使えるエネルギー通貨のATPを産生している（図3・5）．

3・2・2　糖類からのATPの産生

米やパンはデンプン（グルコースが連なった多量体）が主な成分である．デンプンは唾液や膵液に含まれる消化酵素アミラーゼによって二糖のマルトースにまで分解され，さらに膵液と腸液に含まれるマルターゼによりグルコースにまで分解される．グルコースは小腸で吸収され，血流に乗って各細胞にまで運ばれる．

炭素原子6個からなるグルコース（$C_6H_{12}O_6$）1分子を燃やして完全に酸化すると，炭素と水素の最も安定な化合物であるCO_2とH_2Oが各6個になる．細胞でもこの化学反応が起きており，この過程で生じたエネルギーをもとに36分子のATPが産生される．しかし急な酸化は高温をもたらし，危険である．生物はいくつもの酵素を組み合わせることにより，グルコースを徐々に酸化し

3・2 食物からエネルギーを取り出すしくみ

て発熱を抑え，エネルギーを効率よく取り出している．直接的な酸素の付加だけでなく電子の除去も酸化を意味する．さまざまな酵素によって，電子とともに H^+ が別の分子に受け渡される過程が何段階も続き，最終的にグルコースは高度に酸化された二酸化炭素と水になるのである．

　細胞に取り込まれたグルコースは，細胞質ゾルでピルビン酸にまで徐々に分解される．これを**解糖**といい，その経路を**解糖系**という．解糖系では，まず2分子のATPを消費して1分子のグルコースにエネルギーを付加することにより解糖をスタートする．アルドラーゼの作用で1分子のグルコースからスタートした分子が，2分子のグリセルアルデヒド3-リン酸になる．グリセルアルデヒド3-リン酸がピルビン酸になるまでに，補酵素ニコチンアミド-アデニンジヌクレオチド（NAD^+）に電子と水素原子を渡してNADHにし，ATPを2分子産生する．その結果，解糖系では1分子のグルコースから2分子のNADHと2分子（$2 \times 2 - 2$）のATPが産生されることになる．糖，脂質，タンパク質の代謝に不可欠なビタミン B_3 はニコチンアミドの素材となる．

　解糖系で生成されたピルビン酸はミトコンドリアに入り，酸化によってATPに変わるが，酸素供給が少ない場合はラクテートデヒドロゲナーゼによって**乳酸**が蓄積され，筋肉疲労の原因となる（図3・6）．

　ミトコンドリアのマトリックスに入ったピルビン酸はまず，1分子の二酸化炭素を放出して炭素2個からなる**アセチルCoA**に変わる．このとき NAD^+ に水素を1個渡す．アセチルCoAは炭素4個からなるオキサロ酢酸と結合して炭素6個のクエン酸になる．クエン酸は図3・6で示した反応経路を通って最終的に炭素4個のオキサロ酢酸になる．オキサロ酢酸は次にやってきたアセチルCoAと結合し，同じ反応経路を繰り返し回ることになる．これを**クエン酸回路**といい，1回転ごとに，炭素原子3個からなるピルビン酸の炭素は3分子の二酸化炭素として放出され，同時に6個の水素が発生する．エネルギーは還元力のある水素に移っている．水素は4分子の NAD^+ と1分子のフラビン-アデニンジヌクレオチド（FAD）に受け渡され，NADHと $FADH_2$ として次の段階に運ばれる（図3・7）．

31

3章　生命活動は化学反応

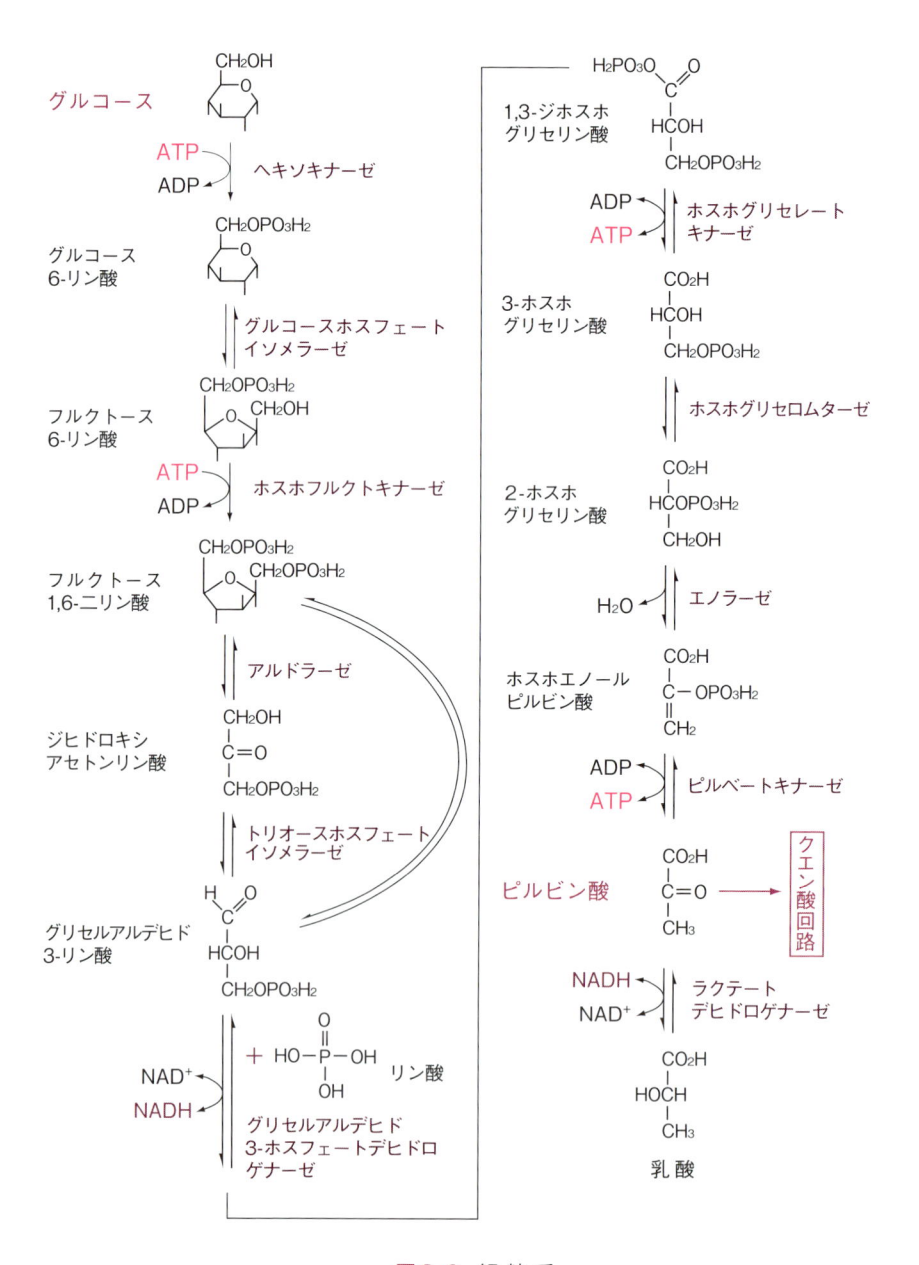

図3・6　解糖系

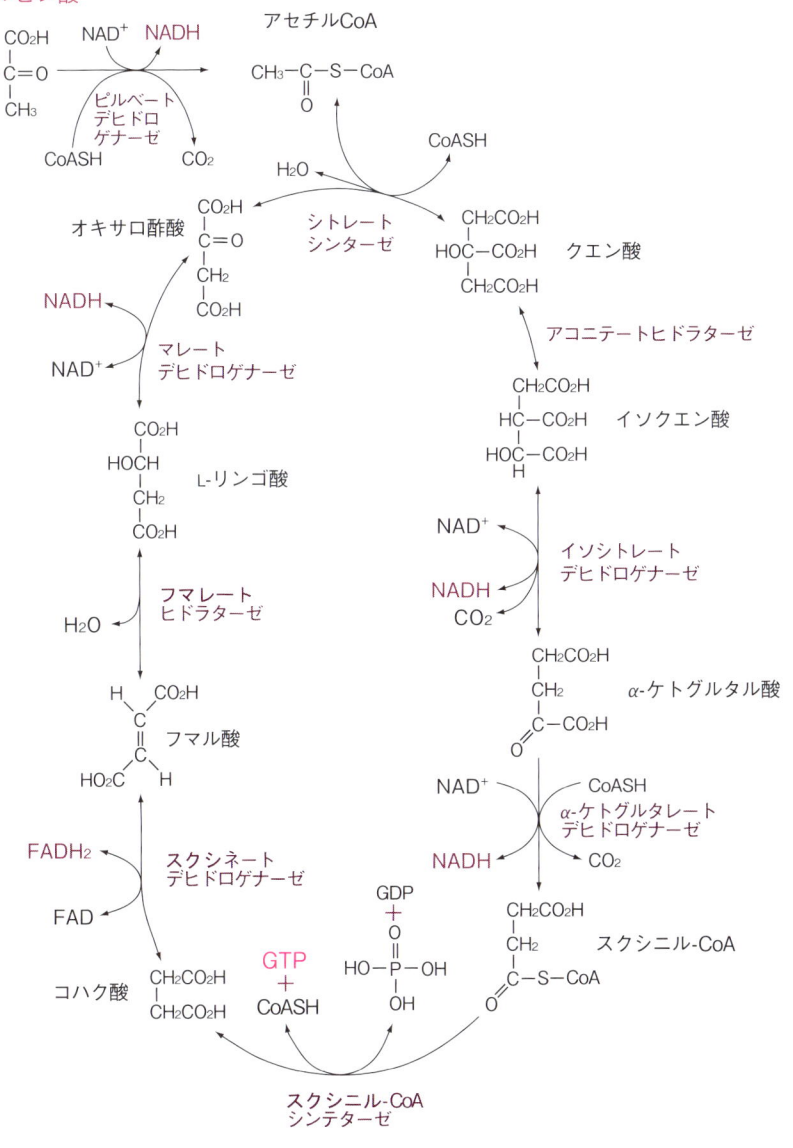

図3・7　クエン酸回路

この水素は最終的に酸素と結びついて**水**となるが，この過程を何段階もかけて行うことで，エネルギーを無駄な熱として放出せず，エネルギー通貨のATPを生産する．NADHとFADH₂の酸化は水素が酸素に直接結合するのではなく，水素原子が**電子**（e⁻）と**陽子**（H⁺）に分かれることから始まる．分離したばかりの電子は高い自由エネルギー（強い還元力）をもつ．電子の自由エネルギーは万有引力に対する位置エネルギーにたとえることができる．自由エネルギーが高い電子とは，原子核から離れた（高い）軌道を回る電子であり，軌道が低くなると自由エネルギーが低くなる．電子は3種類の呼吸酵素複合体を経る過程でエネルギーを減少させ，そのエネルギーを利用してミトコンドリアの外膜と内膜の間に3個のH⁺が運び込まれる．これが繰り返されることにより膜間部分のH⁺濃度が高まる．自由エネルギー（還元力）が低下した電子を受け止めるのは酸化力の強い酸素であり，H⁺，電子，酸素が結合して水となる．すなわち，呼吸経路の最後に酸素が消費されることになる．

グルコースに始まる長い反応経路の最終目的はミトコンドリアの外膜と内膜

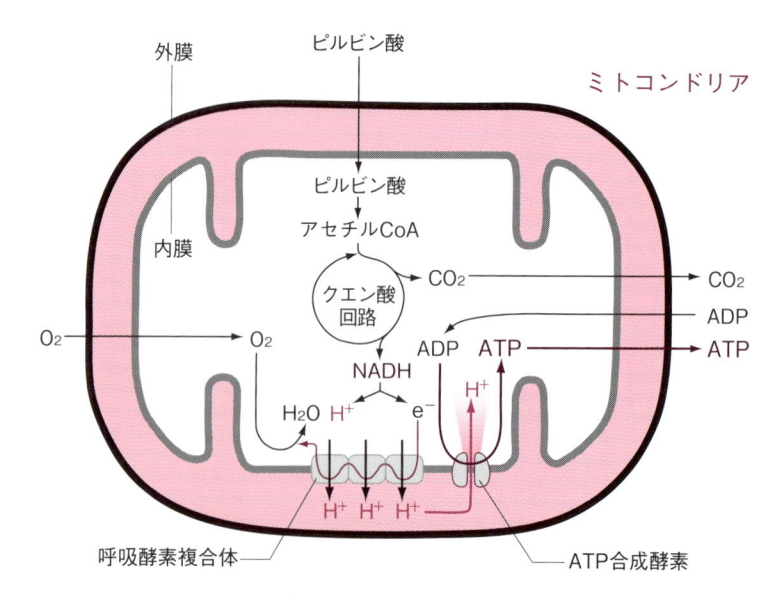

図3・8　H⁺の濃度勾配を利用したATP合成

の膜間部分のH⁺濃度を高めることということができる．高濃度の物質は低濃度のところに拡散しようとする性質がある．高濃度のH⁺が内膜で低濃度のマトリックスと隔てられているのは秩序ある状態で，高エネルギー状態にある．一方，濃度差がない状態はエネルギー的に低レベルであり，高濃度から低濃度に物質が流れる時にエネルギーを取り出すことができる．ダムにせき止められた水を放出する際に発電機を回し，電気をつくり出すのと同じ原理である．内膜のATP合成酵素の中を，H⁺が通過する際にATP合成酵素のサブユニットが回転し，その物理的エネルギーを利用して，ADPとリン酸を結合し，ATPが合成される．こうして，1分子のグルコースが6分子の二酸化炭素と6分子の水になる過程で，38分子のエネルギー通貨ATPがつくられる（図3・8）．

3・2・3　エネルギー源の蓄積

　生物が最も好んで使うエネルギー源は**グルコース**である．グルコースはエネルギー源として即効性があるが，すぐ消費されてしまう．生物はいつも食物をとり続けられるとは限らないので，どこかでエネルギーを蓄えておく必要がある．最も使いやすい状態に蓄積されたエネルギー源はグルコースの多量体の**グリコーゲン**で，肝臓や骨格筋で合成され蓄えられている．十分なグルコースを摂取しているときは，血流にのって肝臓に運ばれたグルコースは連結されてグリコーゲンとして蓄えられる．一方，食事をしていない間はグリコーゲンを少しずつ加水分解してグルコースをつくり出し，血流にのせて全身に運んでエネルギー源としている．しかしこれも，一日断食しただけでほとんど完全に消費されてしまう．

　水だけ飲んでいれば人は相当長い時間食事をとらなくても生きていける．食べ過ぎれば太り，ダイエットすればスリムになる原因は脂質で，簡単には取り出せないエネルギー源として体に蓄積している．カロリーを必要以上に取り込んで，ミトコンドリア内の**アセチルCoA**が余分になると，アセチルCoAはATP産生のためのクエン酸回路に入らず，逆にATPを消費して二酸化炭素と結合し**マロニルCoA**に変わる．この経路にはいると，次々と余分なATPを消費して二酸化炭素が連結され，**脂肪酸**が合成されていく．

3章 生命活動は化学反応

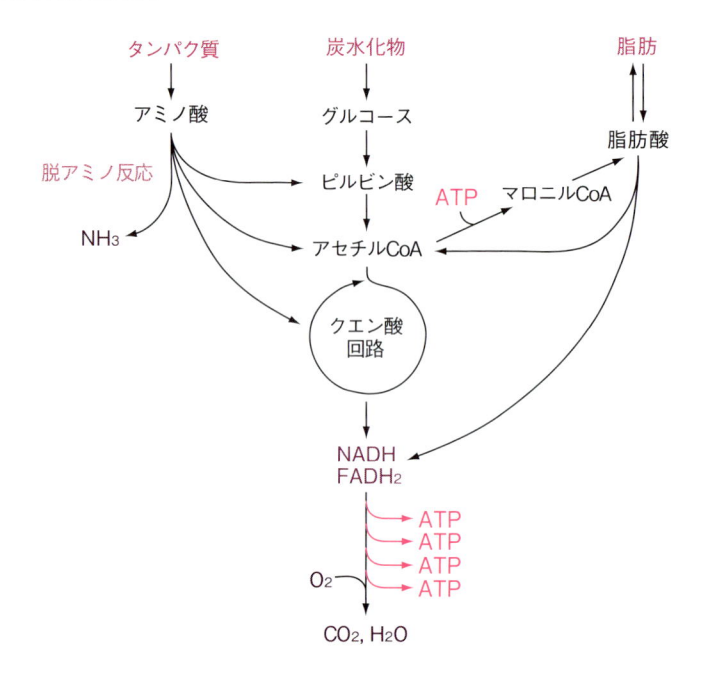

```
タンパク質         炭水化物              脂肪
   ↓                ↓                   ↕
 アミノ酸         グルコース              脂肪酸
                    ↓                     
 脱アミノ反応     ピルビン酸        ATP    マロニルCoA
   ↓                ↓             ↘      ↓
  NH₃ ←          アセチルCoA ←
                    ↓
                 クエン酸
                  回路
                    ↓
                 NADH
                 FADH₂
                  ↓ → ATP
                  ↓ → ATP
            O₂  ↘ ↓ → ATP
                  ↓ → ATP
                CO₂, H₂O
```

図3・9　代替エネルギー

脂肪を消費すると水ができる

　脂肪はエネルギーを高度に蓄えるばかりでなく，酸化によって消費されると多量の水が合成される．脂質分子は酸素1原子あたりの炭素と水素の割合が多いからである．この特徴を活かしたのが砂漠に棲息するラクダで，こぶの中には脂肪が蓄えられている．ラクダはこの脂肪を使うことにより，長時間の空腹と水のない状態に耐えることができる．

　ツタンカーメンの遺跡から発見されたエンドウ豆や，古代ハスの種が今の時代に発芽したのは記憶に新しい．生命が維持されるには多かれ少なかれ，エネルギーを消費して化学反応を進めることが必要で，その化学反応には水が不可欠である．何千年も前に実った植物の種は発芽する機会をじっと待ち，その間蓄えた脂肪を少しずつ消費し，エネルギーを取り出すとともに，水をつくって化学反応の場をつくり出していたのである．

一方，グリコーゲンが消費され，ATP 産生源として使えるアセチル CoA がなくなると脂肪酸から水素が FAD と NAD$^+$ に受け渡され FADH$_2$ と NADH になり，ATP 産生経路に入る．脂肪酸は最終的にはアセチル CoA となって，これもクエン酸回路に入って ATP が合成される．

　何も食べない状態が続くと，ついには骨と皮ばかりになってしまう．エネルギー源がないと人は生きていけない．脂肪を使い果たしてしまうと，ついには筋肉などのタンパク質を分解してエネルギー源とする．タンパク質を分解してアミノ酸とし，アミノ基をはずしてクエン酸回路に入れることができる．こうして ATP を合成して，体の活動を維持し，次の食物が得られる機会を待つのである．グルコースはいわば現金，グリコーゲンは普通預金，脂質は財形貯蓄のようにたっぷり蓄えてあるのだけれど簡単には引き出せないタイプの預金，タンパク質は土地や建物の切り売りにたとえることができるかもしれない（図 3・9）．

3・3　太陽エネルギーが食物をつくり出す ── 光 合 成 ──

　食べ物には太陽の光エネルギーが蓄えられている．太陽の光エネルギーを化学結合のエネルギーに変換することができるのは，**クロロフィル**などの光合成色素をもった生物だけで，地球上ではその役割のほとんどを植物が担っている．植物の細胞には動物にはない**葉緑体**という細胞小器官がある．葉緑体では太陽光エネルギーを利用して ATP と還元物質 NADPH を合成し，エネルギー通貨 ATP の

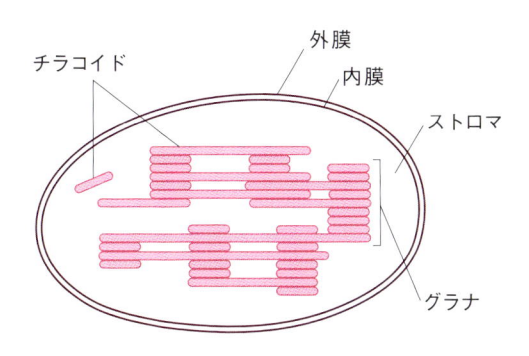

図 3・10　葉 緑 体

化学エネルギーと還元物質 NADPH を使って，高度に酸化された二酸化炭素と水を還元してグルコースを合成する．これを**光合成**という．葉緑体の内部は扁平な袋状のチラコイドとストロマからなり，チラコイドの膜には光合成色素のクロロフィルが含まれている．チラコイドが積み重なった部分をグラナという（図3・10）．

葉緑体のクロロフィルは紫・青・赤色の光を吸収する．植物が緑色をしているのは吸収されなかった光の総和が緑だからである．クロロフィル分子は光を吸収するとエネルギーレベルが高まり，分子内の電子が励起されて飛び出す．クロロフィル分子から飛び出た電子は自由エネルギー（還元力）が高く，チラコイド膜の電子伝達系の中を，エネルギーを放出しながら移動する．そのエネルギーを使って，チラコイド膜のプロトンポンプが，H^+ を内腔に運び込む．これが繰り返されるとチラコイド内腔の H^+ 濃度が高くなる．

ミトコンドリアの場合と同様に，チラコイド内腔と外側のストロマとの H^+ 濃度差を利用して **ATP** が合成される．電子は最終的にストロマの NADP（ニコチンアミドアデニンジヌクレオチドリン酸）に受け渡され，NADP は還元

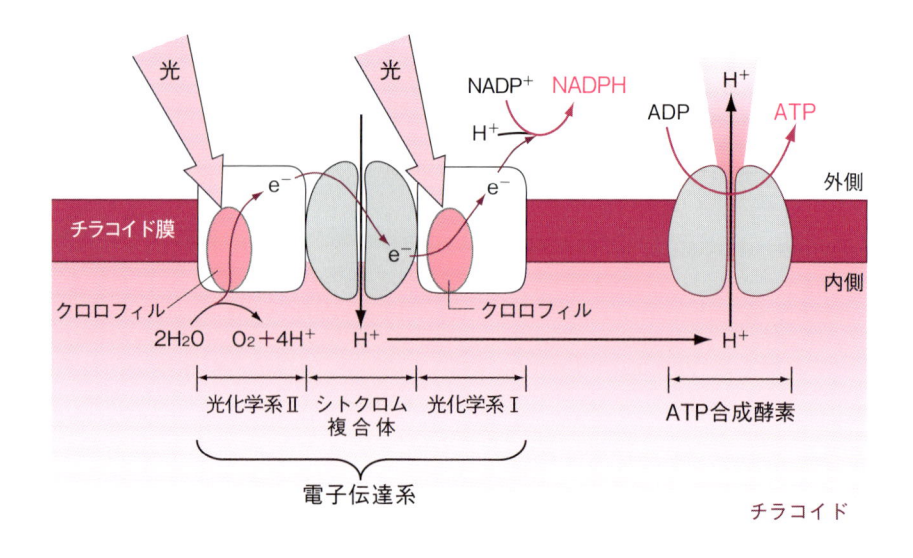

図3・11　電子伝達系と ATP 産生

型のNADPHとなる．一方，光エネルギーを吸収して電子を失ったクロロフィル分子は反応性が高くなり，電子を補充しようとして水を分解する．この反応の過程でもチラコイド内腔にH$^+$が蓄積される．また，副反応として酸素が合成される．光をエネルギー源として合成されたATPとNADPHは，引き続き起きる**炭素固定**に使われる（図3・11）．

　二酸化炭素が炭水化物として固定される反応は，ストロマで行われる．この反応経路は回路となっており，1回転で1分子の二酸化炭素が固定される．炭素原子6個からなるグルコース1分子を合成するには，エネルギー源として18分子のATPと，二酸化炭素を還元するためのNADPHを12分子消費することになる．その結果，6分子の二酸化炭素と12分子の水から，1分子のグルコース，6分子の水，そして6分子の酸素が合成される（図3・12）．

　合成されたグルコースは植物の生命活動のエネルギー源として用いられる他，グルコースが連結したデンプンとして葉や種子に蓄えられる．デンプンは動物が合成するグリコーゲンと基本的には同じ分子構造であり，動物はデンプンを栄養源として用いることができる．私たちが食べているコメや麦の主成分はデンプンである．このほか，グルコースのつなぎ方を変えて不溶性のグルコースの多量体にしたのがセルロース（1・2・3参照）で，植物の細胞壁を構成する．

光合成に成功した原始葉緑体と植物の進化

　誕生直後の地球上では高温，高圧のもと，いなずまや太陽から降り注ぐ紫外線のエネルギーによって，無機物から純粋化学的に有機物がつくられ，その化合物をもとにして生命が生まれたと考えられている．生命体は，栄養豊かな有機物のスープをエネルギー源として自己複製し増殖していった．しかし，有機物が枯渇するようになると光のエネルギーを利用して無機物から有機物を合成する生物が現れた．それが原始葉緑体である．原始葉緑体を細胞に共生させたのが植物で，エネルギー源として有機物がなくても生きられるようになった．葉緑体の形態は細菌と似ており，葉緑体自身の遺伝情報をもち，タンパク質合成を行い，分裂して増える．一方，葉緑体は真核生物の細胞がつくり出すタンパク質を利用する恩恵を受けている．

3章　生命活動は化学反応

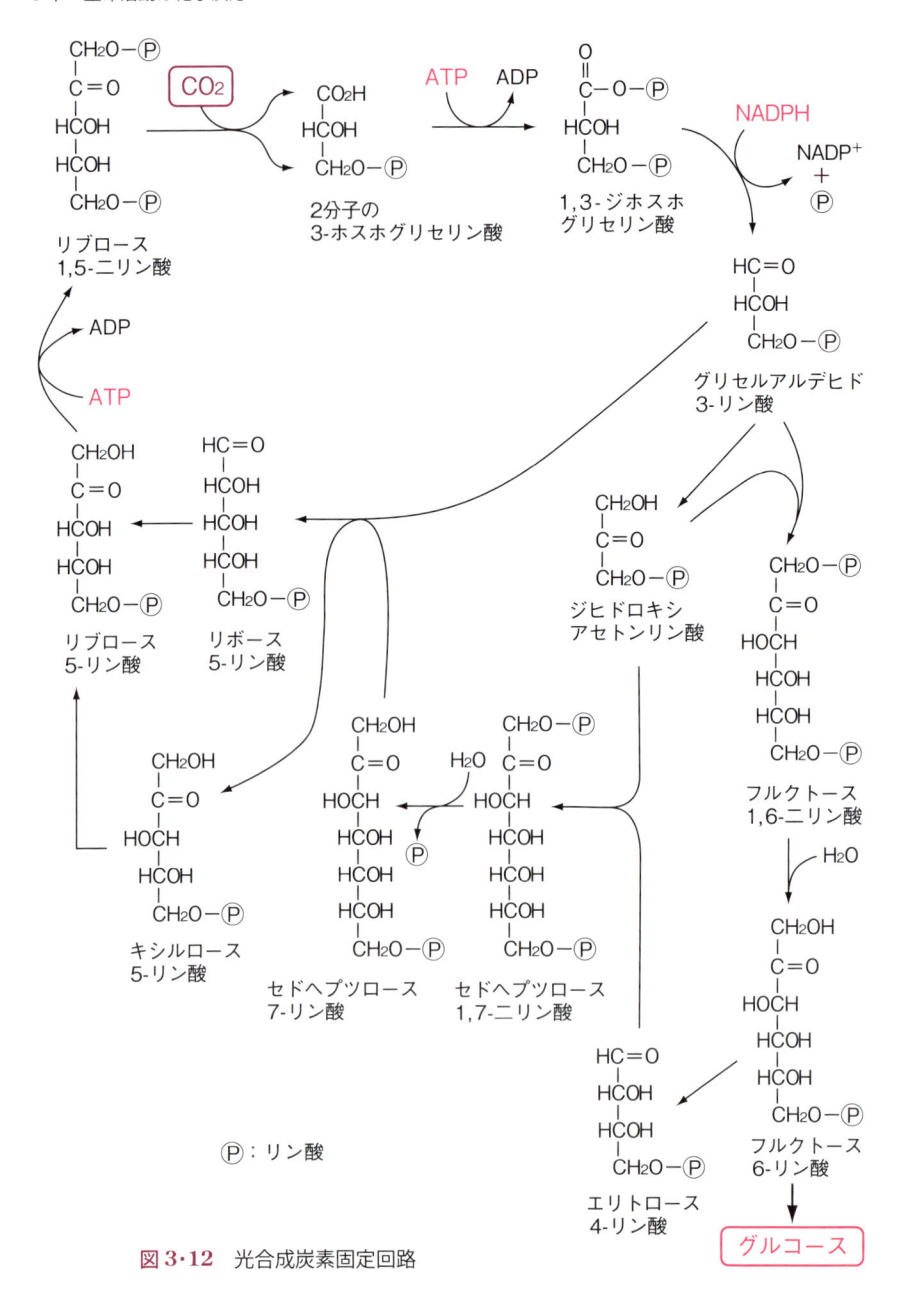

Ⓟ：リン酸

図 3・12　光合成炭素固定回路

光合成生物の功罪：活性酸素・酸素・CO_2

　今でこそ私たちが生きるためには酸素が必要であるが，反応性が高いために酸素は有害物質であった．それは**活性酸素**が老化やがんの原因となっていることからも想像がつく．酸素の毒性をうまく回避して，反応性の高さを逆手にとった生物が，より効率よくエネルギーを取り出すことに成功し，現代に繁栄しているのである．

　光合成によってつくり出された酸素 O_2 は，大気中で紫外線によってオゾン O_3 に変わる．大気中のオゾン層は有害な紫外線を吸収する性質があり，生物の陸上進出を可能にした．しかし，かつて冷蔵庫やクーラーの冷媒として，あるいは集積回路など精密部品の洗浄液として使われていたフロンが大気に拡散した時期があり，フロンから生じる塩素化合物によってオゾンが分解され，**オゾンホール**とよばれるオゾン層のない領域が生じた（図11・2参照）．オゾン層がなくなれば紫外線が地表に降り注ぐことになり，DNAを破壊して遺伝情報を狂わせ，皮膚がんの原因ともなる．現在では，フロンに替わる冷媒が開発され，オゾンホールが縮小しているが，人類に快適な生活と繁栄をもたらすはずの多くの人工化学物質が，地表の生物を死滅させる原因となる危険性をもたらすかもしれない．

　太陽のエネルギーによって生命が誕生し，太陽のエネルギーを利用して有機物と酸素をつくり出す植物がいるからこそ，私たちヒトを含めた動物が活動できる．生命活動のすべては太陽が放散するエネルギーに依存しているのである．この地球上で光合成によって合成される有機物は，炭素量として1年間に500億トンと推定されている．光合成の主役は陸上の植物ばかりでなく，その約半分は海洋生物である．**山林破壊**や**海洋汚染**によって自ら命の泉を絶つことにもなりかねないことを忘れてはならない．

　人間はここ数十年の間，化石燃料である石炭や石油を大量に消費してきており，光合成による炭素固定速度を上まわる速さで，生物が封じ込めてきた二酸化炭素を大気に放出している．大気中の二酸化炭素は温室効果をもたらすので，地球全体の気温が高まる．その結果，砂漠の拡大，海面の上昇，集中豪雨などの異常気象が多発するようになる．爬虫類のように孵化するときの温度で雄・雌が決まる生物もあり，環境の温度が高くなることで雌雄の割合のバランスが崩れ，子孫を残せず絶滅する危険性がある．環境が大きく変わると，これまで築き上げてきた快適な生活の見直しを迫られるばかりか，人間が住みにくい地球になる可能性すらある．

グルコースからできているにもかかわらず，動物はセルロースを消化してグルコースを得ることができない．しかし，ウシやシロアリは腸内にセルロースを分解する能力をもった細菌を共生させることで，セルロースを食物とすることに成功した．

3・4　体を構成するための食物

体を構成するタンパク質や，生命活動に必要な情報が書き込まれているDNAやRNAなどの核酸には窒素が含まれており，何らかの方法で窒素を取り込む必要がある．しかし動物は無機窒素イオンを有機物に合成することができないため，窒素も植物に依存しなくてはならない．

3・4・1　植物は硝酸からアミノ酸を合成する

植物は窒素源として土壌中から好んで**硝酸イオン**を取り込む．また，割合としては低いが，アンモニウムイオンも取り込むことができる．

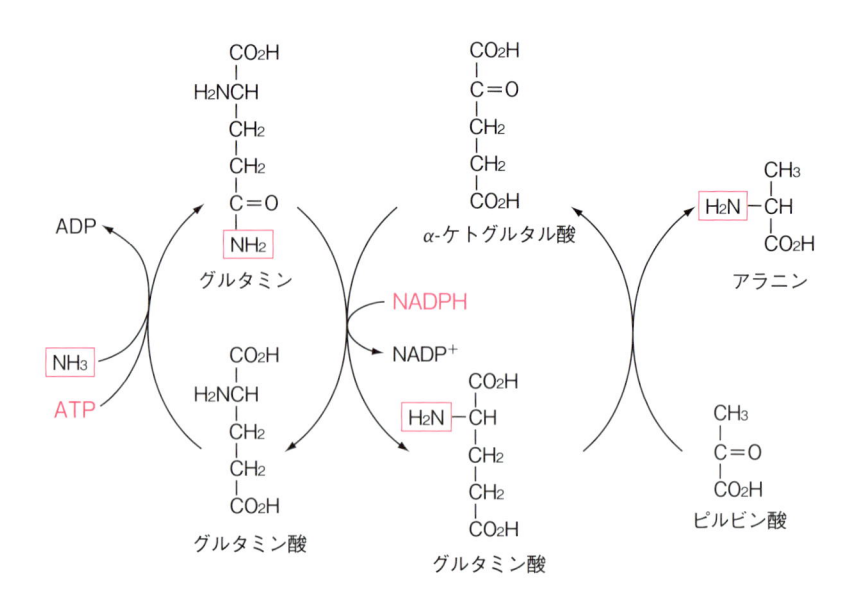

図3・13　グルタミン酸回路
四角は同化された窒素の分子内の位置を示す．

硝酸イオンは，硝酸還元系によりまずアンモニアに還元される．アンモニアはATPの化学エネルギーを消費することによりグルタミン酸と結合し，グルタミンとなる（図3・13）．グルタミンはα-ケトグルタル酸とNADPHによる還元によって，2分子のグルタミン酸になり，1分子のグルタミン酸は再びアンモニアと結合する．

一方，別の1分子のグルタミン酸はさまざまな種類の有機酸と結合して，有機酸の分子種によって異なるアミノ酸となる．たとえばピルビン酸と結合すればアラニンになり，オキサロ酢酸と結合すればアスパラギン酸になる．核酸は各種のアミノ酸を原料にATPを消費して，何段階もの反応経路を経て合成される．

3・4・2 窒素の循環

体内でアミノ酸や核酸が分解されると**アンモニア**が合成される．アンモニアは動物細胞にとって非常に有害であり，ただちに体外に放出する必要がある．水の中にすむ動物は体からアンモニアを水の中に放散させることができるが，陸上にすむ動物はそれができない．そこで哺乳類ではアンモニアを肝臓で，ATPのエネルギーを消費して毒性が少ない**尿素**に変えている（図3・14）．尿素は血流に運ばれ腎臓で濾過されて尿となり，一時的に膀胱に蓄えられた後，随時放出される．

尿素は比較的毒性が低いが，高濃度ではタンパク質の立体構造を変化させる性質がある．したがって，体に蓄積されると生命活動に支障が生ずる．爬虫類や鳥類の場合，卵から孵化するまでの間は殻に閉じこめられており，生命活動に伴って生じる窒素廃棄物を放出することができない．そこで，尿素よりさらに毒性が低い**尿酸**としてアンモニアを処理している．尿酸はほとんど水に溶けないため，卵という閉鎖系の中でも浸透圧に影響を与えないことも大きな利点である．哺乳類の胎児も子宮という空間的に閉ざされた中で育つが，胎盤を通して尿素を排出することができる．哺乳類や爬虫類，鳥類は代謝系を発達させることにより，常に水が存在する環境でなくても生きられるようになり，棲息する空間の拡大に成功した．

3章　生命活動は化学反応

アンモニア
2 $\boxed{NH_3}$ + CO_2

2ATP
2ADP

2分子の
カルバミルリン酸
$\boxed{H_2N}-\underset{\underset{O}{\parallel}}{C}-OPO_3H_2$

オルニチン

シトルリン

アスパラギン酸

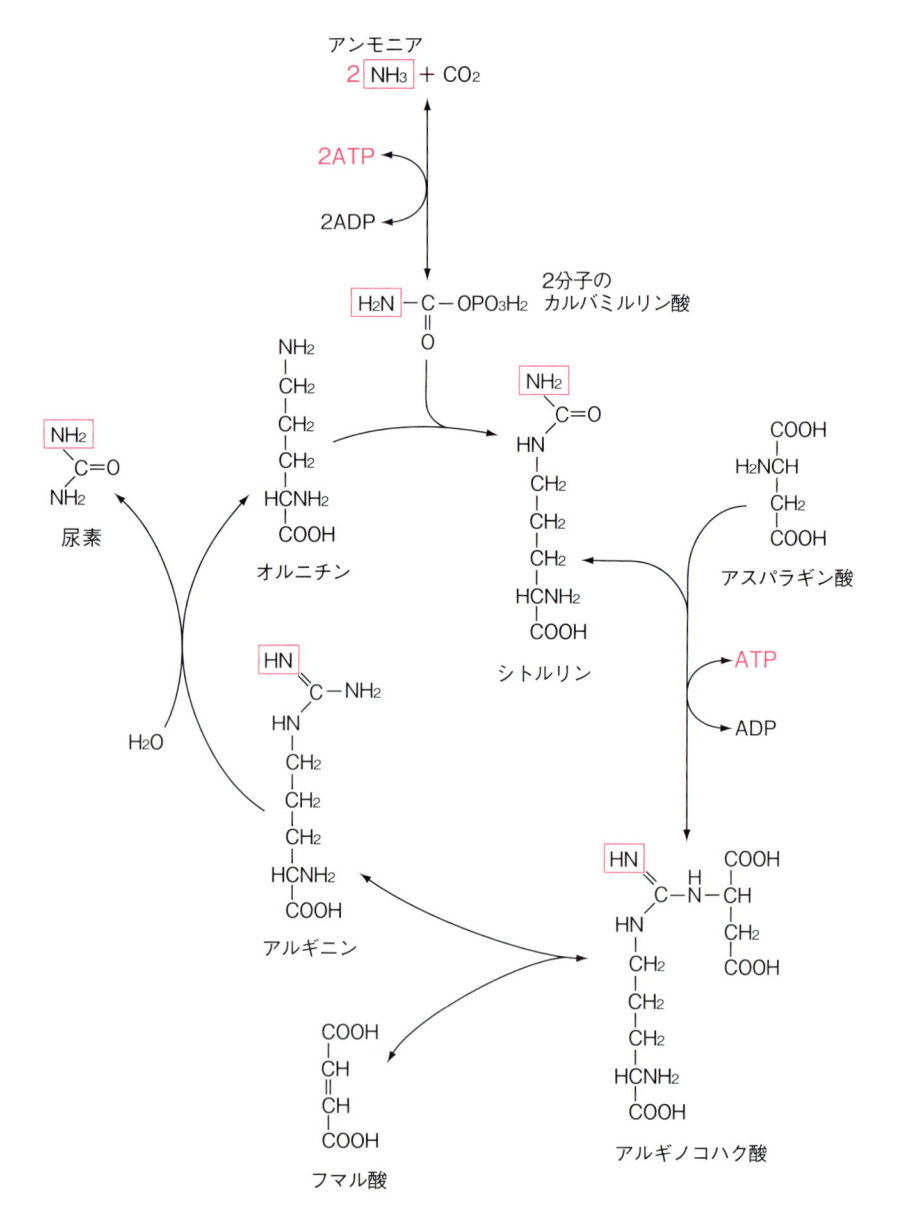

ATP
ADP

尿素

H_2O

アルギニン

アルギノコハク酸

フマル酸

図3・14　尿素サイクル
　　　　　四角はアンモニア由来の窒素の分子内の位置を示す．

> **生物が利用できる窒素は限られている**
>
> 　大気中には窒素分子が豊富にあるが，植物もこれを有機窒素合成に利用することができない．現在の地球上の有機窒素の大部分は，実は原始地球上で起きた放電や紫外線によって合成されたもので，そのほとんどは生物から生物へと循環している．生物が利用できる窒素源のほとんどは生物の中にしかない．この地球上に棲息できる生物の総量はあらかじめ決まっていたともいえる．生物体の総量が増えることがないのならば，進化によって新しい生物が生まれ繁栄すると，反対に消滅する生物種もいることも納得がいく．
>
> 　しかし，わずかな量ではあるが空気中の窒素をアンモニアに変える能力がある生物がいる．この反応を**窒素固定**という．窒素固定ができる代表的な生物は根粒細菌で，マメ科植物と共生している．田植が始まる前のレンゲの花畑を見たことがあるだろうか．レンゲはマメ科植物で，共生している根粒細菌によって田んぼに有機窒素が供給される．こうして少しずつではあるが生物が利用できる窒素源が窒素循環の中に入ってきている．

　哺乳類でも，核酸の構成成分であるプリンの代謝最終産物として尿酸が合成される．プリン代謝酵素の異常や，DNAなどの核酸を多量に含む食品を食べ続けることが原因となって，血中の尿酸濃度が高くなることがある．これが尿酸塩となって関節や組織内に沈着すると，激しい痛みを感じる．この症状を**痛風**という．

　生物の体から放出された尿素，尿酸は土壌細菌によって硝酸にまで分解され，再び植物によって有機窒素に合成される．

4 遺 伝 子

　細胞が生きて分裂し，機能をもつようになるためには，細胞のタンパク質が必要な機能を果たさなければならない．タンパク質の機能は，タンパク質を構成するアミノ酸の配列によって規定される．このアミノ酸の配列情報を担っているのが**遺伝子**である．遺伝子の本体は DNA である．遺伝子の情報は DNA のなかでどのように保持されており，細胞のなかでどのようにタンパク質として発現されるのだろうか．

　遺伝子は細胞や個体が増えるのに対応して複製され，次代に受け継がれる．膨大な遺伝情報を正確に複製するためには，どのようなしくみが備わっているのだろうか．遺伝情報は生命にとって基本的なプログラムであり，間違いを起こすことは避けなければならない．しかし，生命維持の基本である代謝とエネルギーの産生ですら DNA に損傷をもたらし，太陽からの紫外線も DNA を傷つける．生物は遺伝子の損傷を修復するしくみをどのように発達させてきたのだろうか．一方，遺伝情報がまったく変化しなければ，進化はあり得なかった．遺伝子が変わるからこそ，変化に富む地球環境に適応した多様な生命が生まれてきたのである．

4・1　遺伝子本体の発見の歴史

　ある種の，ある個体の形質が次世代に受け継がれることは古くから経験的に知られていた．古代に始まった農業も，家畜や栽培植物の特定の有用形質が遺伝することを基礎に品種改良が行われてきたのである．しかし，遺伝がどのような法則に則るのかについては，19 世紀中頃のメンデルの実験を待たなければならなかった．20 世紀になると，この特定の形質を担う因子に遺伝子という名前が付けられ，やがて，染色体上に遺伝子がのっていることが示唆された．

4・1・1 メンデルの法則

同じヒトでも，いくつもの形質に違いがあることに気がつく．たとえば，耳たぶが垂れている人と垂れていない人がいる．「耳たぶが垂れる」子供が生まれる確率は一般に高い．一方，「耳たぶが垂れていない」子供は，両親とも「耳たぶが垂れていない」親からしか生まれない．

メンデルはエンドウを用いて，二つの個体間で交配を繰り返し，遺伝する形質を定量的に解析した．その結果，遺伝に法則性があることを発見した．交配実験では，親世代に**純系**を用いる必要がある．純系とは，自家受精を繰り返しても同じ形質しか現れない系統のことである．エンドウの種子の形は丸かしわのいずれかである．このように対になっている形質を**対立形質**といい，対立形質を担う遺伝子を**対立遺伝子**という．エンドウの丸としわの純系を交配すると，**雑種第一代**（F$_1$）には片方の形質（丸い種子）しか現れない．そこで，F$_1$に現れる形質を**優性形質**，現れない形質を**劣性形質**とよぶことになった．対立形質をもつ両親から生じるF$_1$に優性形質だけが現れることを，**優性の法則**という（図4・1）．ヒトの「耳たぶが垂れる」は優性形質である．

遺伝子は配偶子（卵と精子）によって親から子に伝えられる．したがって，子は両方の親由来の一対の遺伝子をもつ．丸の遺伝子をA，しわの遺伝子をaで表すと，丸の純系はAA，しわの純系はaaと表すことができ，AAとaaを交配して得られたF$_1$はすべてAaと表せる．Aはaに対して優性なので，F$_1$はすべてが丸の形質をもつ．

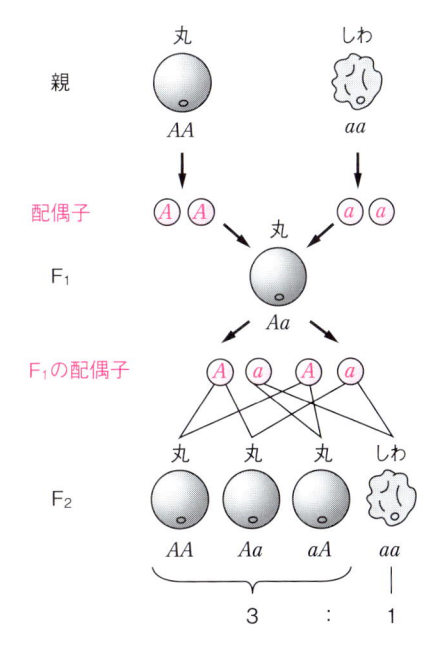

図4・1 優性の法則と分離の法則

種子の丸としわのように，実際に現れる形質を**表現型**といい，Aa のように遺伝子を表したものを遺伝子型という．また，遺伝子型で Aa のように対立遺伝子の組み合わせをヘテロ，AA や aa のように同じ遺伝子の組み合わせをホモという．なお，遺伝子を表す場合は A や a のように，斜体にする約束になっている．

F_1 どうしを交配して得られる個体を雑種第二代（F_2）という．エンドウの F_2 の形質を調べてみると，優性形質（丸）と劣性形質（しわ）が3：1であった．F_1（Aa）どうしを交配してできる F_2 の遺伝子型の割合は $AA:Aa:aa=1:2:1$ となり，表現型の割合は丸：しわ＝3：1 となる．このように，F_1 では一つの細胞の中で対として存在していた対立遺伝子 Aa が，配偶子をつくる際に，性質を変えずに A と a として分離して分配される．このしくみを**分離の法則**という（図4・1）．

4・1・2　遺伝子と染色体

メンデルが発見した遺伝の法則（遺伝子のふるまい）と，染色体のふるまいは以下のようによく一致している（図4・2）．このことから，遺伝子は染色体に存在すると考えられるようになった（5・2・1を参照）．メンデルの遺伝の法則の発見から37年後の1902年のことだった（サットンの染色体説）．

遺伝子の性質
❶ 各個体は，一つの形質に関して，1対の遺伝子をもつ．
❷ 1対の遺伝子は，配偶子形成の際，別れて別々の配偶子に入る．
❸ 受精によって，一つの形質の遺伝子は，新たな対をつくる．

染色体のふるまい
❶ 体細胞には，1対の相同染色体が含まれている．
❷ 1対の相同染色体は，減数分裂の際，別れて別々の細胞に入る．
❸ 受精によって，相同染色体は新たな対を，受精卵の中でつくる．

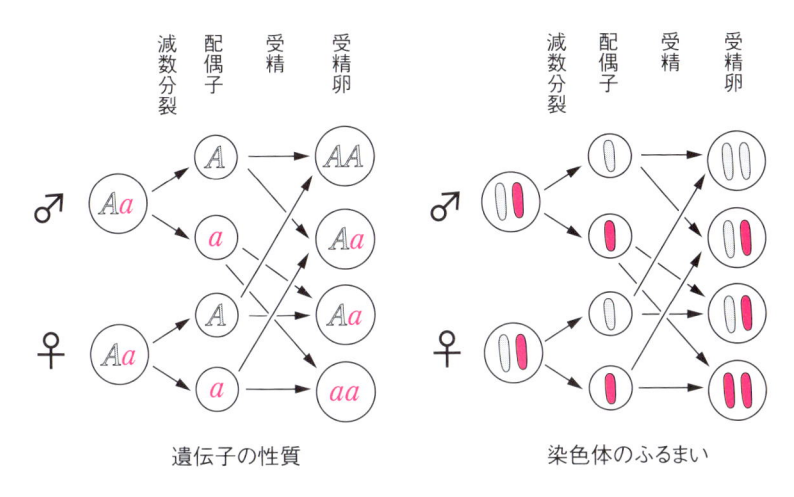

図4・2　遺伝子の性質と染色体のふるまい

4・1・3　遺伝子の本体の発見

　1940年代にはアベリーらにより，肺炎双球菌の特定の形質がDNAにより伝達される現象が見つけられ，遺伝子の本体がDNAであろうと推測された．1945年に第二次世界大戦が終了すると，それまで原爆の開発に携わっていた多くの物理学者が生命科学領域に流入した．彼らは大腸菌やウイルスなど簡単な遺伝子構造をもつ生物を用いることで，これまで複雑であった遺伝子の緻密な解析を可能にした．そのなかで1953年にワトソンとクリックがX線解析などに基づいた**DNAの構造モデル**を発表し，従来不明であった遺伝子の謎が一挙に解決された．彼らのモデルは，逆向きにならんだDNA鎖のあいだで，DNA鎖の糖に結合した塩基が対合している．このモデルは遺伝子の複製などをみごとに説明するものであった．また1950年代の終わりになって，遺伝子DNAはまずRNAに転写され，このRNAが酵素タンパク質などのアミノ酸配列に翻訳されることがクリックにより提唱され，1960年代にはRNAの3塩基単位の暗号（**コード**）とアミノ酸の対応が解明された．

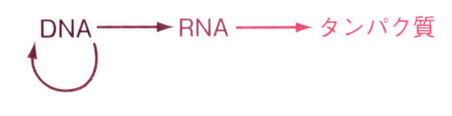

図4・3　遺伝情報の流れ

こうして遺伝子からタンパク質への道筋が明らかになったのである（図4・3）.

4・1・4　遺伝子とDNA

　ある生物がもっているすべての遺伝子のセットを**ゲノム**と総称する（5・2・1を参照）．生物のゲノムの情報はDNA上にのっている．しかし，ゲノムDNAのすべてが遺伝子ではない．遺伝子とは一般に，一つのタンパク質のアミノ酸配列を規定（コード）している単位およびその遺伝子の働き（発現という）を調節する領域をいい（図4・10参照），ヒトではアミノ酸をコードする領域（**コード領域**）は全ゲノムの1.2％，発現調節領域は24％を占めているに過ぎない．購入したばかりの書き込みができるDVDをDNA，書き込みをした領域を遺伝子とたとえることができる．遺伝子領域以外は繰り返し配列が多いが，減数分裂期における染色体の乗換え，遺伝子の組換え修復，核内におけるクロマチンの配置に重要な働きをしている．

4・1・5　発展する遺伝子研究

　1970年代には，**遺伝子組換え**技術と**DNAの配列決定法**が発明され，1980年代になると，これらを利用した分子生物学の爆発的な発展が始まった．2003年にはヒトゲノムのすべてが解読された．さまざまな生物種のゲノムも次々と解読されており，医療・バイオのみならず，多様な生物を生み出す進化のしくみもわかるようになってきた．遺伝子研究は従来の生命の謎を明らかにするのみではなく，生命を人為的に変換したり制御したりすることも可能にしている．今後，古代からの永遠のなぞと考えられてきたわれわれ人間の意識や自我についても，遺伝子により説明が可能になるかもしれない．人間の存在そのものを考える哲学や認識論，さらに宗教にいたるまで，生命の本体である遺伝子を考慮しなければならない時代に至っている．

4・2　遺伝情報の複製

　遺伝子の最も重要な機能の一つに遺伝子自身の複製がある．ヒトの場合，両親からそれぞれ，30億文字の情報を譲り受ける．そのような膨大な量の情報をどのようにして間違いなく複製するのだろうか．

4・2・1　遺伝情報の複製

　DNA 2本鎖は，相補する鎖を鋳型に互いに複製する．AとT，GとCは単純な凸凹の構造で相補的に結合する（図1・13を参照）．これは，二重らせんの片方が反対鎖の鋳型になり得るということも意味しており，遺伝子の複製をよく説明できる．

　DNAの複製は**DNAポリメラーゼ**が担っている．DNAポリメラーゼは鋳型鎖を3′から5′へと進みながら，鋳型鎖に相補的なDNA鎖を5′から3′へ合成する（図4・4）．DNAポリメラーゼは，2本鎖DNAの3′末端に付け加えるように鎖を伸ばすことはできるが，鋳型DNAがあるだけでは複製を開始することはできない．DNA複製は，鋳型DNAに相補するRNA鎖を合成することから始まる．最初に合成される短いRNA鎖を**プライマー**といい，**プライマーゼ**により合成される．DNAの複製には，①鋳型鎖，

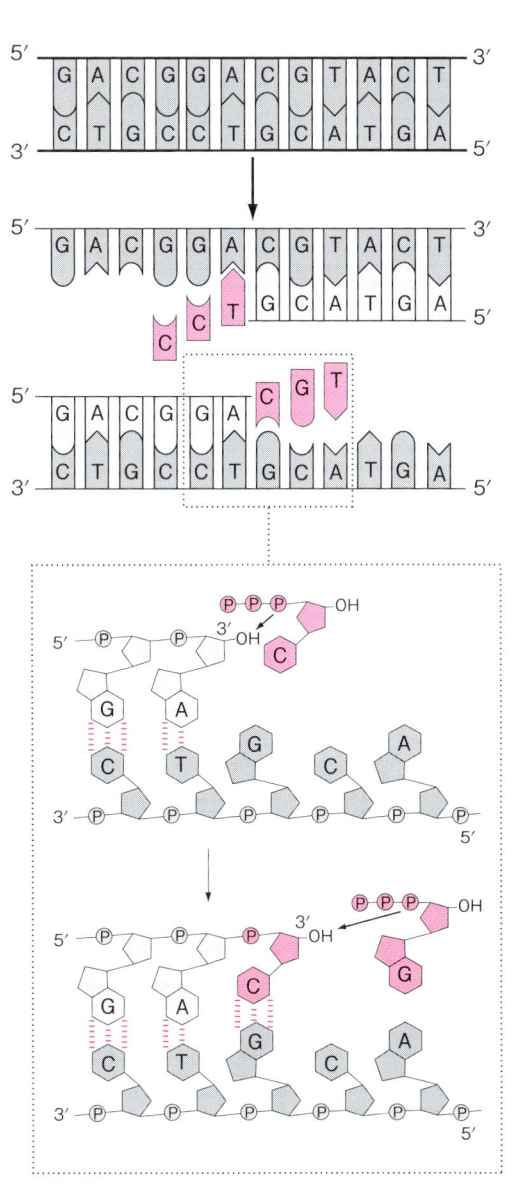

図4・4　DNA複製

4章 遺伝子

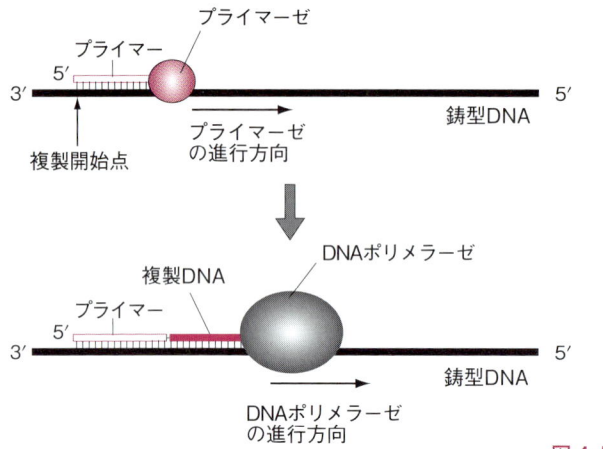

図4・5 DNA複製の開始

②プライマー,③デオキシリボヌクレオシド三リン酸,④ DNA ポリメラーゼが必要である（図4・5）．PCR（7・6参照）は，試験管の中でゲノム全体の中の特定の塩基配列のみを増幅させられる手法であるが，複製開始にプライマーが必要なことを利用した技術である．

校正機能をもつ DNA ポリメラーゼ

　DNA 2 本鎖は，相補する鎖を鋳型に互いに複製する．A と T，G と C は単純な凸凹の構造で相補的に結合するため（図1・2参照），デジタルのようにほとんど間違いなく複製されるが，それでも間違った塩基を組み込むことがある．間違った塩基は相補的な水素結合ができなくなり，DNA の太さが変わる（1・5参照）．DNA ポリメラーゼは鋳型となる DNA と合成中の DNA を抱えるように合成反応を進めており，DNA の太さが変わるとそれが DNA ポリメラーゼの立体構造の変化をもたらし（1・4・6参照），ポリメラーゼの活性を失う．同時に，3′→5′ エキソヌクレアーゼ活性をもつようになり，間違った塩基が取り除かれる．DNA の太さがもとに戻ると，本来のポリメラーゼ活性を取り戻し，DNA 合成が再開される．このように DNA ポリメラーゼ分子自体に間違った複製を修正する能力が備えられている．これを DNA ポリメラーゼの校正機能という．

4・2・2 複製点の移動とDNA鎖の合成

複製起点から開始されたDNAの複製は，両方向に進行する．図4・6は，この複製点の動きを，環状のDNAと直線状のDNAについてみたものである．

DNAがまさに合成されている点は，その形状から**複製フォーク**とよばれ（図4・8参照），**ヘリカーゼ**がATPのエネルギーを使ってDNA 2本鎖を解いている．複製フォークでは，1本鎖になったDNAを鋳型に，$5' \to 3'$と，$3' \to 5'$の両方向にDNA合成の反応が進み，それぞれ複製されるように見える．しかし，DNAポリメラーゼは$5' \to 3'$の方向にしか鎖を伸長させることができない．

2本の鎖のうち，古い鎖の$3' \to 5'$鎖を鋳型に合成される鎖を**リーディング鎖**といい，$5' \to 3'$鎖を鋳型に合成される鎖を**ラギング鎖**とよぶ．$3' \to 5'$鎖を鋳型とする場合は，DNA 2本鎖が1本鎖に開かれるにともなって，DNAポリメラーゼが$5' \to 3'$方向に連続して鎖を伸長させる．一方，$5' \to 3'$鎖を鋳型にする場合は，複製フォークでDNAが1本鎖に開かれると同時に，少しずつ，不連続に$5' \to 3'$方向に鎖を伸長させ，最後に短い鎖を連結する．この短い鎖を，発見者の名前にちなんで**岡崎フラグメント**という（図4・7）．

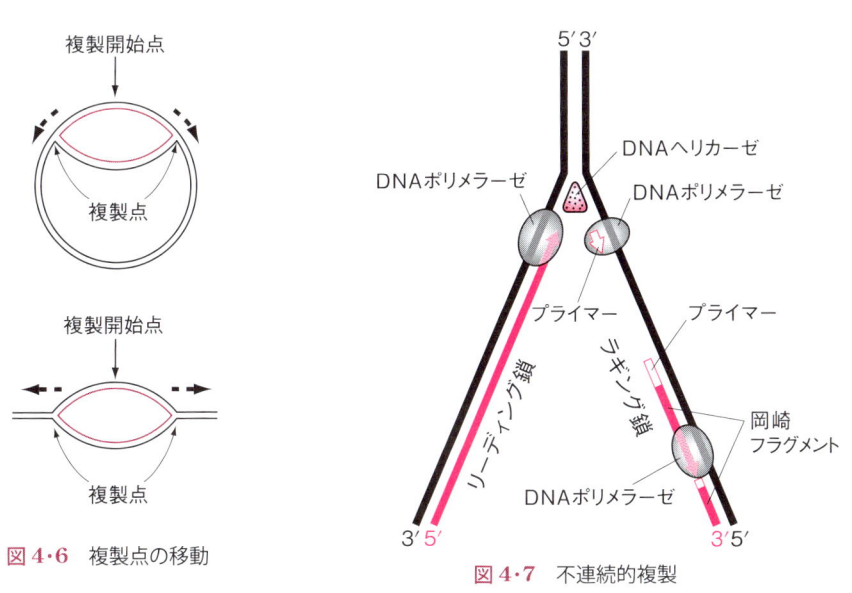

図4・6 複製点の移動

図4・7 不連続的複製

4章 遺伝子

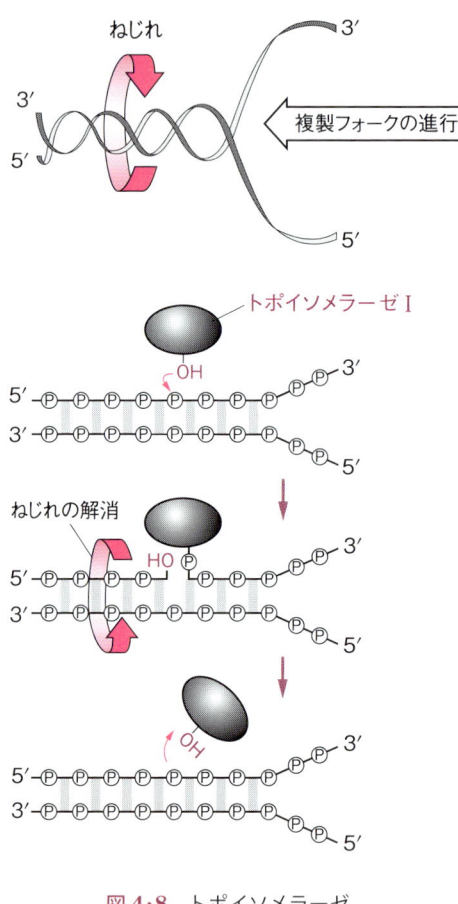

図4・8 トポイソメラーゼ

合成された DNA の端に残った RNA プライマーは，DNA ポリメラーゼがもつ $5'\to 3'$ エキソヌクレアーゼ活性により除去される．同時にその部分には DNA が合成され，最後に残ったギャップは DNA リガーゼがつなぐ．

4・2・3 DNA のねじれの解消

複製フォークでは，ヘリカーゼの働きで DNA 二重らせんが巻き戻され1本鎖に解離する．DNA 2 本鎖は約10塩基に1回，らせん回転しているので，複製フォークの進行にともない，DNA が回転し，強いねじれが蓄積されるはずである．このねじれを解消するのは**トポイソメラーゼ**であり，DNA を切断して巻き戻し，再び結合させる（図4・8）．

4・3 遺伝子の構成と発現

DNA の遺伝情報は RNA ポリメラーゼによって相補する RNA の塩基配列として，鋳型から鋳物がつくられるように写し取られる．そのため，DNA から RNA への情報の受け渡しを**転写**とよぶ（図4・9）（図1・13 ②も参照）．遺伝子上には転写される配列と，転写後の編集で成熟 RNA として残る配列，転写はされないが転写の調節に必要な情報を担う配列など，さまざまな機能領域がある．

4·3 遺伝子の構成と発現

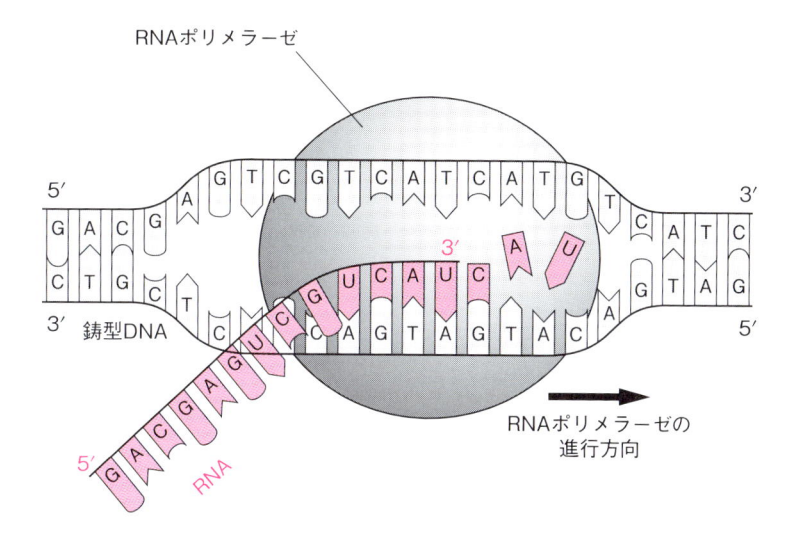

図 4·9 転 写

4·3·1 遺伝子の配列構成

　ゲノム上で，通常のタンパク質をコードしている遺伝子配列は，RNAに転写される部分と，その転写を調節する領域に分けられる．**転写調節領域**には種々の**転写因子**が結合し，必要な遺伝子を必要な場所で，必要な時に，必要な量だけ発現させるための調節を行う．転写開始に必要な情報をもつ領域を**プロモーター**といい，多くの遺伝子には塩基配列TATAがある．これを**TATAボックス**といい，TATAボックスを基点に転写を開始するためのタンパク質群が集合し（図 1·12 を参照），そこに **RNAポリメラーゼ**が結合し**転写開始複合体**とよばれる構造が形成される．その結果，TATAボックスの約25塩基対下流から転写が開始されることになる（図 4·10）．転写開始複合体はRNAポリメラーゼの発射装置にたとえることができる．

　転写因子は遺伝子ごとに異なる転写調節領域の塩基配列を正確に認識して結合し，転写開始複合体の形成を促進したり，抑制したりすることで転写を調節する．転写の終結も遺伝子上に目印となる配列があり，RNAポリメラーゼが転写終結配列に到達すると鋳型としていたDNAからはずれると考えられている．

4章 遺伝子

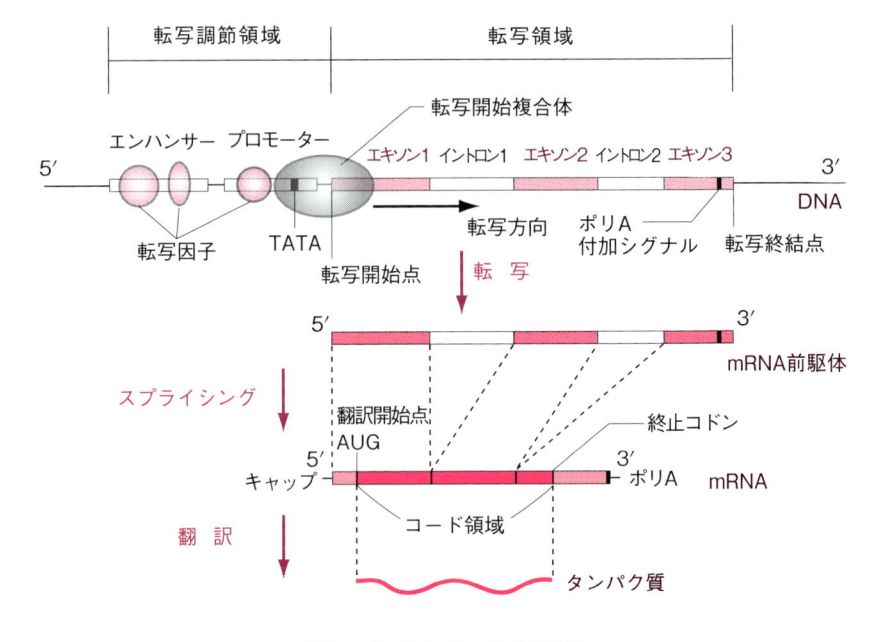

図4·10 遺伝子の構成と発現

4·3·2 真核細胞遺伝子の転写とプロモーター・エンハンサー

真核細胞では3種類のRNAポリメラーゼ（RNAポリメラーゼⅠ，Ⅱ，Ⅲ）があり，Ⅰはリボソーム RNA（rRNA），Ⅱは伝令 RNA（mRNA），Ⅲは転移 RNA（tRNA）などの小さな RNA の転写に関与している（図4·9参照）．

RNAポリメラーゼⅡによる mRNA の転写調節には，プロモーターの他に**エンハンサー**や**サイレンサー**とよばれる配列が関与する（図4·10）．エンハンサーに結合する**転写活性化因子**（図4·11）が，多くのサブユニットからなる転写開始複合体（図1·12参照）を安定化させると，RNAポリメラーゼが次々と転写を開始し，その結果，転写が活性化される．一方，サイレンサーに結合する**転写抑制因子**は転写開始複合体を不安定化させることにより，転写を抑制する．

エンハンサーに結合する転写活性化因子はクロマチンのレベルでも転写の調節にかかわっている．真核細胞においては，クロマチンの大部分は凝集した

状態にあり，必要のない遺伝子の転写を厳密に抑制している（2・2・1を参照）．エンハンサーに結合する転写因子はヒストンアセチルトランスフェラーゼと共同してクロマチンのヒストンをアセチル化する働きがあり，ヒストンがアセチル化されると，クロマチンがほどかれてTATAボックスがむき出しになり，転写開始複合体が形成される（図4・11）．

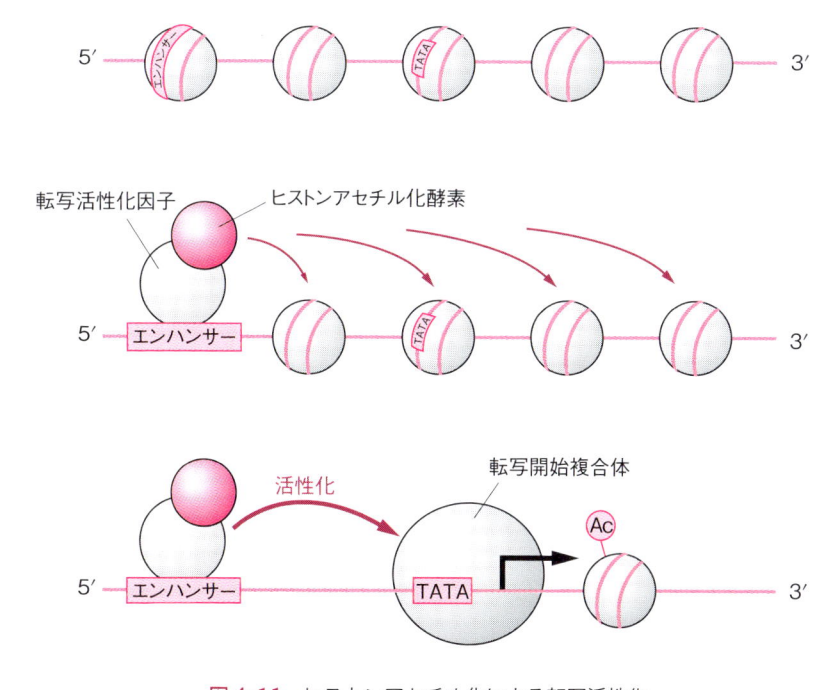

図4・11 ヒストンアセチル化による転写活性化

エンハンサーの位置は，プロモーターのさらに上流にあることが多いが，時には遺伝子の中あるいは下流に存在することもあり，その位置には関係なく近傍にあるプロモーターからの転写を活性化する（図4・10を参照）．

4・3・3 RNAの修飾とエキソンとイントロン

真核細胞において，RNAポリメラーゼⅡにより転写されたRNAには，実際のmRNAになる部分と，取り除かれる部分の両方がある．mRNAになる部分

をエキソンといい，mRNAになるときに取り除かれる部分をイントロンという．イントロンは，**スプライシング**という過程により除かれ，エキソンのみから構成されたmRNAとなる（図4・10を参照）．

　原核生物にはイントロンがなく，転写されたRNAはそのままmRNAとして翻訳される．真核生物では，遺伝子によってイントロンは数十kbにも及ぶ場合がある．mRNAとならない部分をわざわざ転写するのは無駄とも考えられるが，真核生物の多くの遺伝子ではイントロンにエンハンサーやサイレンサーが存在する．また，mRNAとなるエキソンの組合せを変えることにより，一つの遺伝子からいくつもの種類のタンパク質を合成することが可能となる．ヒトでは約2万2千個の遺伝子から，10万種類以上のタンパク質がつくられる．

　mRNAには，5′端に7-メチルグアニンが付加される．これを**キャップ構造**という．転写の終結はRNAポリメラーゼⅡがDNA上の**ポリA付加シグナル**配列AATAAAを通過することがきっかけとなり，ポリA付加シグナルの約20塩基下流で転写を終結する．続いて，合成されたRNAの3′末端にはポリAポリメラーゼによって，200から300塩基長のAが付加される．

4・3・4　mRNAの翻訳

　mRNAに転写された情報をもとにタンパク質を合成する過程を**翻訳**という．RNAへの転写は1対1に相補する塩基に情報が写し取られるが，RNAからタンパク質への情報の流れは単純ではない．RNAは**コドン**とよばれる連続した3個の塩基で1個の特定のアミノ酸を指定する．また一つのアミノ酸に対応する3個の塩基配列も一通りではない．翻訳といわれるゆえんである．翻訳の開始の目印となるコドンを開始コドンといい，すべてのタンパク質はメチオニンから合成が始まる．どのアミノ酸とも対応しないコドンを**終止コドン**という（表4・1）．

　mRNAの翻訳には多くが関与しているが，そのなかで最も重要なものは**リボソーム**と**転移RNA**（tRNA）である．リボソームは多くのタンパク質とRNAからなる巨大な複合体である．tRNAはmRNAのコドンに対応した種類があり，それに相当するアミノ酸を運ぶ役目をする．tRNAにはmRNAのコドンと

4·3 遺伝子の構成と発現

表 4·1 コドン表

<table>
<tr><th rowspan="2"></th><th colspan="5">2文字目</th><th></th></tr>
<tr><th>U</th><th>C</th><th>A</th><th>G</th><th></th></tr>
<tr><td>U</td><td>UUU ⎤ Phe (F)
UUC ⎦
UUA ⎤ Leu (L)
UUG ⎦</td><td>UCU ⎤
UCC ⎥ Ser (S)
UCA ⎥
UCG ⎦</td><td>UAU ⎤ Tyr (Y)
UAC ⎦
UAA 終止
UAG 終止</td><td>UGU ⎤ Cys (C)
UGC ⎦
UGA 終止
UGG Trp (W)</td><td>U
C
A
G</td></tr>
<tr><td>C</td><td>CUU ⎤
CUC ⎥ Leu (L)
CUA ⎥
CUG ⎦</td><td>CCU ⎤
CCC ⎥ Pro (P)
CCA ⎥
CCG ⎦</td><td>CAU ⎤ His (H)
CAC ⎦
CAA ⎤ Gln (Q)
CAG ⎦</td><td>CGU ⎤
CGC ⎥ Arg (R)
CGA ⎥
CGG ⎦</td><td>U
C
A
G</td></tr>
<tr><td>A</td><td>AUU ⎤
AUC ⎥ Ile (I)
AUA ⎦
AUG Met (M) (開始)</td><td>ACU ⎤
ACC ⎥ Thr (T)
ACA ⎥
ACG ⎦</td><td>AAU ⎤ Asn (N)
AAC ⎦
AAA ⎤ Lys (K)
AAG ⎦</td><td>AGU ⎤ Ser (S)
AGC ⎦
AGA ⎤ Arg (R)
AGG ⎦</td><td>U
C
A
G</td></tr>
<tr><td>G</td><td>GUU ⎤
GUC ⎥ Val (V)
GUA ⎥
GUG ⎦</td><td>GCU ⎤
GCC ⎥ Ala (A)
GCA ⎥
GCG ⎦</td><td>GAU ⎤ Asp (D)
GAC ⎦
GAA ⎤ Glu (E)
GAG ⎦</td><td>GGU ⎤
GGC ⎥ Gly (G)
GGA ⎥
GGG ⎦</td><td>U
C
A
G</td></tr>
</table>

1文字目 (5′末端) / 3文字目 (3′末端)

相補する**アンチコドン**があり，コドンに対応するアミノ酸が連結される．tRNA にアミノ酸を結合させるのは**アミノアシル tRNA 合成酵素**であり，20 種類のアミノ酸に対応する 20 種類のアミノアシル tRNA があり，それぞれ tRNA とアミノ酸の構造を認識し，ATP のエネルギーを使って結合する（図 4·12）．tRNA によってリボソームに運ばれたアミノ酸は，リボソームが mRNA 上を動くこと

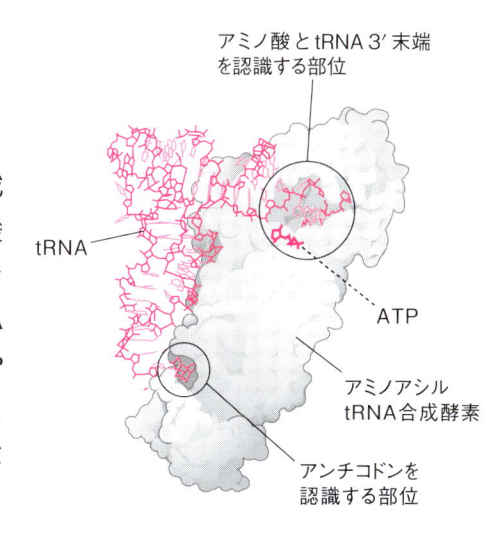

図 4·12 tRNA とアミノアシル tRNA 合成酵素

（図中ラベル：アミノ酸と tRNA 3′末端を認識する部位／tRNA／ATP／アミノアシル tRNA 合成酵素／アンチコドンを認識する部位）

4章 遺伝子

によって，コドンの順番に次々と連結される（図4・13）．

mRNAのキャップ構造とポリAは翻訳開始とmRNAの安定化に重要な役割を果たす（図4・14）．mRNAのキャップ構造とポリ（A）を認識するタンパク質が結合して複合体を形成するとmRNAは環状の構造になる．この状態になると，リボソームがmRNA 5′末端に結合し，翻訳開始の準備が整う．リボソームはmRNAの5′非翻訳領域上を3′側に移動して行き，開始コドンのAUG配列に出会ったところから翻訳が開始される．その後，コドンに応じてアミノ酸を結合しながらmRNAの上を移動し，終止コドンに出会うとリボソームはmRNAから脱落し，翻訳が終結する．

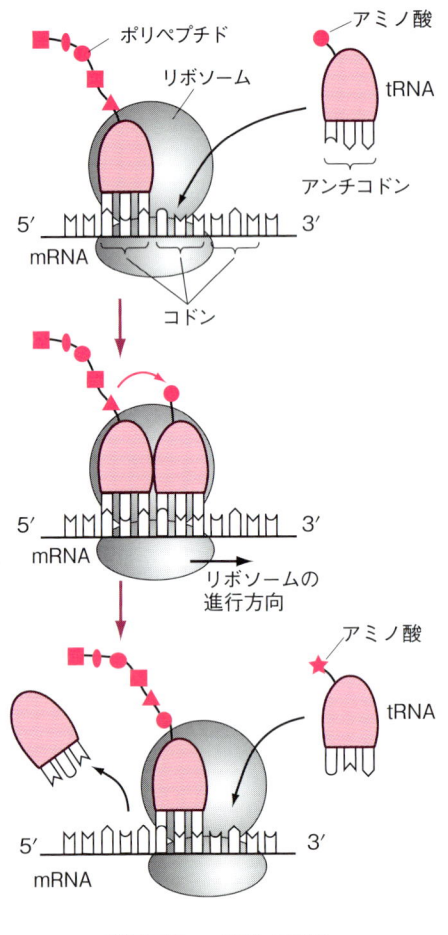

図4・13 mRNAの翻訳

終止コドンからポリAまでを **3′非翻訳領域** といい，この部分はmRNAの安定性または積極的な分解などの翻訳調節に関与している．

4・3・5　タンパク質の行き先

真核生物の細胞内にはさまざまな細胞小器官があり（図2・1参照），細胞膜にはチャネルやポンプ，ミトコンドリアのマトリックスにはクエン酸回路の酵素群，核にはDNAポリメラーゼやRNAポリメラーゼなど，それぞれ特有の

4・3 遺伝子の構成と発現

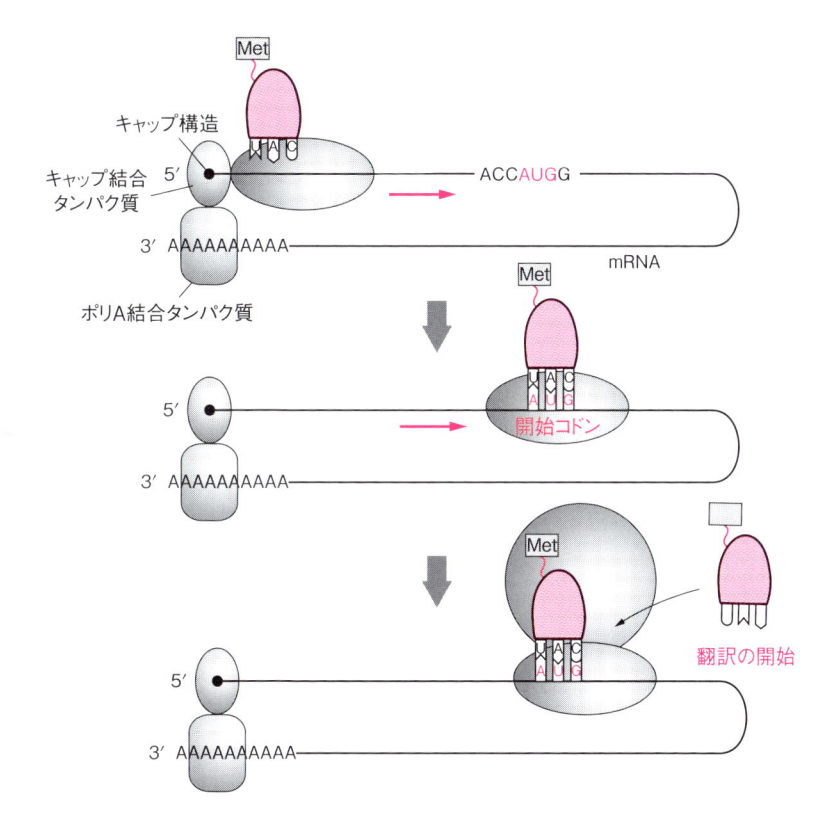

図4・14 mRNAのキャップ構造とポリA

働きをするためのタンパク質が存在する．タンパク質のアミノ酸配列には行き先の情報があり，これを**選別シグナル（シグナル配列）**という．

リボソームは水溶液状の細胞質でタンパク質を合成するので，分泌性タンパク質と膜貫通型タンパク質は何らかの方法で疎水性の膜を通過するか，入り込む必要がある．分泌性タンパク質と膜結合性タンパク質の選別シグナルはN末端にあり，mRNAはポリペプチドのN末端がアミノ酸約20個にわたって疎水性となるようにコードされている．リボソームでタンパク質合成の反応が始まり，疎水性ポリペプチドがリボソームから外に出ていくと，リボソームは小胞体に付着する（図4・15）．これが**粗面小胞体**である．

4章 遺伝子

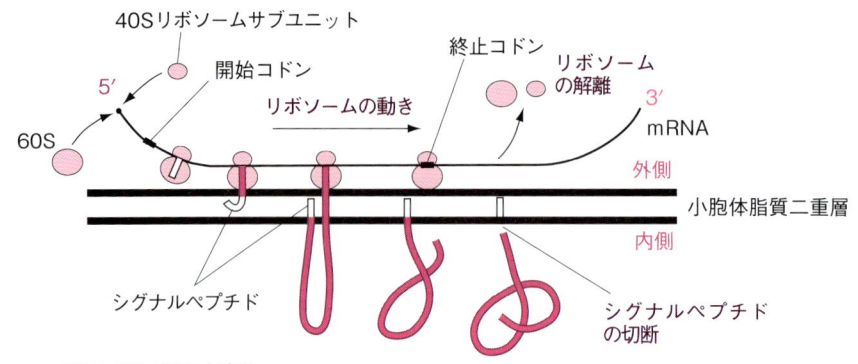

図4・15 粗面小胞体

　選別シグナルは疎水性なので脂質二重層に入ることができ，そのまま脂質二重層に留まる．引き続き合成される親水性部分のポリペプチドは，脂質二重層を通過して小胞体内部に入り込む．最後にシグナルペプチドは切り取られ，タンパク質は小胞体内に放出される．ポリペプチドの合成途中で膜貫通疎水性ポリペプチドが現れる場合は，その部分は膜に留まり，タンパク質は膜貫通タンパク質となる．

　核で働くタンパク質は核に移行する目印（**核移行シグナル**：リシン・リシン・アルギニン・リシンなど塩基性のアミノ酸が連続した配列）をもっており，選択的に核膜孔を通って核に戻っていく（図4・16）．

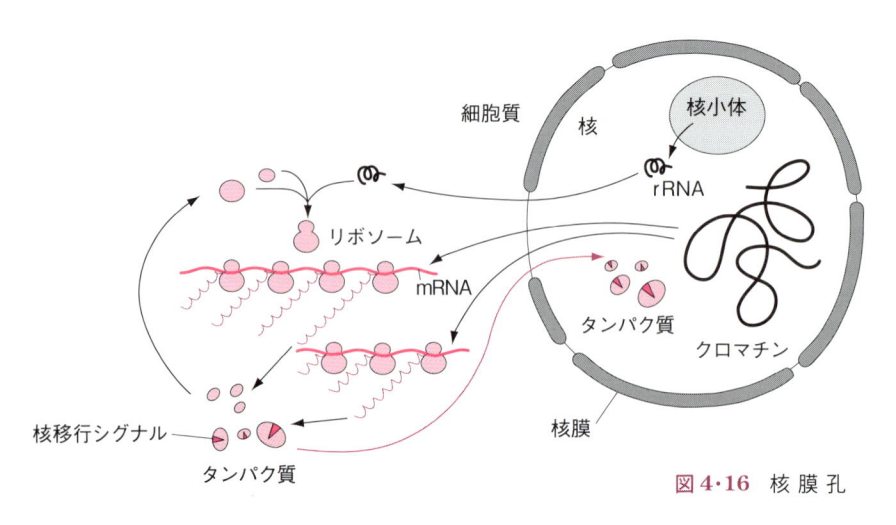

図4・16 核膜孔

5 細胞から個体へ

　卵が受精して成体になるまでの過程を**発生**という．生命活動に必要な情報はDNAにあるが，DNAは単なる化学物質であり，情報を利用するには細胞構造がなくてはならない．生物はすべて細胞からできており，それらは原始の細胞の子孫なのである．受精卵に始まる発生も，すべて細胞を基本として営まれる．細胞が異なる機能をもつようになることを**細胞分化**という．各々の体細胞は父親と母親から譲り受けたすべての遺伝情報（ヒトの場合，2万2千個の遺伝子）をもつが，それらの遺伝子を選択的に発現させることにより，細胞が分化する．

5・1　細胞分裂とその調節

　真核生物の細胞分裂の様子は，どの生物でも共通している（図5・1）．DNAの複製が終わり，細胞が分裂する直前の核では，核の中に分散していたクロマチン（2・2・1参照）が凝集し，光学顕微鏡で観察できるほどの糸状の構造になる．これを**染色糸**といい，さらに太くなって棒状の構造になると**染色体**とよばれる．染色体は色素によく染まることから名づけられた．

　この間に核膜が分散消失する．染色体は，赤道面に整列した後，細胞の両極にある中心体に引き寄せられて2分する．やがて細胞がくびれて2個に別れ，再び核膜が出現する．

5・1・1　染色体

　細胞分裂にとって最も大事なことは，複製された遺伝情報分子DNAを，正確に2個の細胞（娘細胞という）に分配することである．ヒトの染色体DNAの長さは1個の核あたり2m近くもあり，染色体1本当たりでは約5cmにもなる．核の大きさが約10μmであることを考えると，DNAが複製された後，切れたり絡まったりしないで正確に二分配されることは驚異である．真核生物

5章　細胞から個体へ

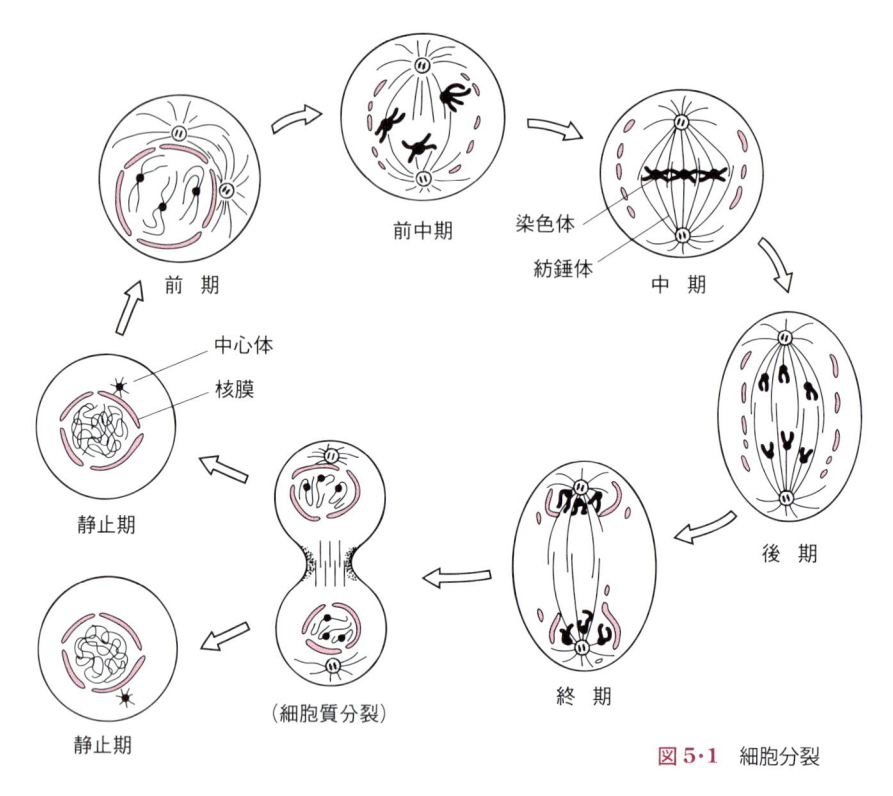

図5・1　細胞分裂

はDNAを染色体としてコンパクトに梱包することにより，この困難を回避している（図2・3参照）．

5・1・2　染色体の分配と核分裂

分裂に先だって**中心体**が2分して細胞の両極に移動し，中心体からは細胞骨格（5・3・2参照）の微小管が伸び出す．この微小管の束を**紡錘体**という．染色体は**動原体**とよばれる構造で微小管のプラス端と結合している．染色体が分裂中期に赤道面に並ぶときは，モータータンパク質のキネシン（8・5・5参照）の働きと，動原体と接する微小管のプラス端の重合がかかわり，染色体が両極に移動するときは微小管の脱重合とモータータンパク質のダイニン（8・5・5参照）がかかわる（図5・2）．

核膜は，平たい小胞がいくつも組み合わされてできており，小胞が分散する

5·1 細胞分裂とその調節

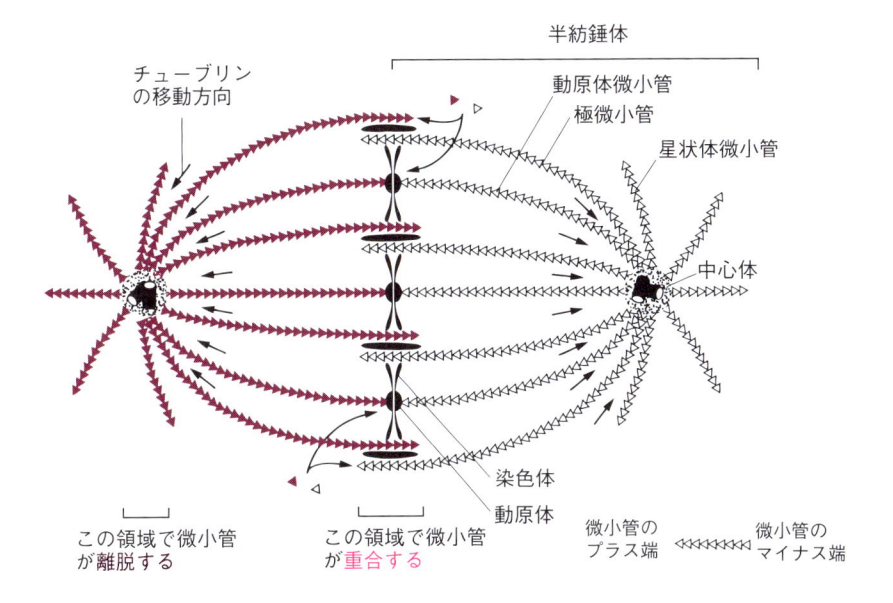

図5·2 染色体の分配——動原体と微小管の役割（アルバーツら，1995 から改写）
微小管は，プラス端に新規のチューブリン分子が絶えず付加重合すると共に，マイナス端から絶えず脱落解離する動的な状態にある．一方が強化（他方が劣化）されると急速に縮んだり伸びたりする．

と，核膜が消えるように見える．分裂後，核が現れるのは，分散した小胞が再集合するからである．

5·1·3 細胞質分裂

　染色体が細胞の両極に分配されると，細胞がくびれて2個の細胞になる．これを**細胞質分裂**という．動物細胞では核分裂の後，細胞の赤道面の細胞膜の内側にアクチン（5·3·2, 8·5·1 参照）の束が集合し，細胞膜との結合を保ちながらアクチン・ミオシンの収縮機構（8·5·1 参照）により細胞がくびれ，2個の細胞に分けられる（図8·18 参照）．植物の細胞では赤道面に小胞が集まり，これが融合して隔壁（細胞板）となる．

　この違いは動物と植物の起源の違いに由来する．動物は運動性のアクチンフィラメントを発達させ，これが細胞膜に裏側から結合して自由な細胞運動性

65

と，細胞接着を発達させることによって進化を遂げてきた．動物の名の由来となった動く物，筋肉とは，このアクチンを基礎にした進化の産物である．植物は多細胞化にあたって自由な運動性を犠牲にしながら細胞の外側に硬いセルロースの壁をつくり上げ，進化を遂げてきたのである．

> **活躍する海洋生物：ウニと細胞分裂機構**
> ウニの初期卵割期は，細胞が大きく，透明で，細胞周期が短く短時間で細胞分裂を観察することができる．紡錘体や細胞質分裂のしくみは，ウニを用いることで研究が進んだ．細胞分裂の研究には多くの日本の研究者がかかわり，世界をリードしてきた．紡錘体を構成する微小管のタンパク質チューブリンは毛利秀雄博士が命名した．

5・1・4　細胞周期の運行とその管理

古くから細胞分裂は，核の内部に特別の構造が見えない静止期と，染色体が現れ細胞が2分裂する分裂期に分けられてきた．しかし，静止期にDNA複製されることが明らかになると，静止期とは適切な表し方ではなくなった．静止期の中でDNAの複製期をS期（DNA synthesisのS）とよび，細胞分裂期をM期（mitosisのM），S期の前をG_1期（gapのG），S期の後，M期が始まるまでをG_2期という．細胞は$G_1 \to S \to G_2 \to M$のサイクルを回っている．これを**細胞周期**という．

細胞周期の調節は，周期的に合成と分解を繰り返すサイクリン分子と，合成されたサイクリンが結合することにより活性化される酵素CDK（サイクリン依存性キナーゼ）との相互作用によって営まれる（図5・3）．

細胞周期を回すためには遺伝情報を核から取り出して分配するという大変危険な作業を伴い，失敗すれば細胞は致命的な損傷をこうむる．そこで，不都合があればただちに分裂を中止するしくみが備えられている．細胞の大きさが分裂するのに十分な大きさに達していない場合や，DNAの損傷，不完全な複製，染色体の紡錘体への付着が完了していない場合には，CDK自体やサイクリン-CDK複合体の働きが不活性化される．これによって，すべての分子機構

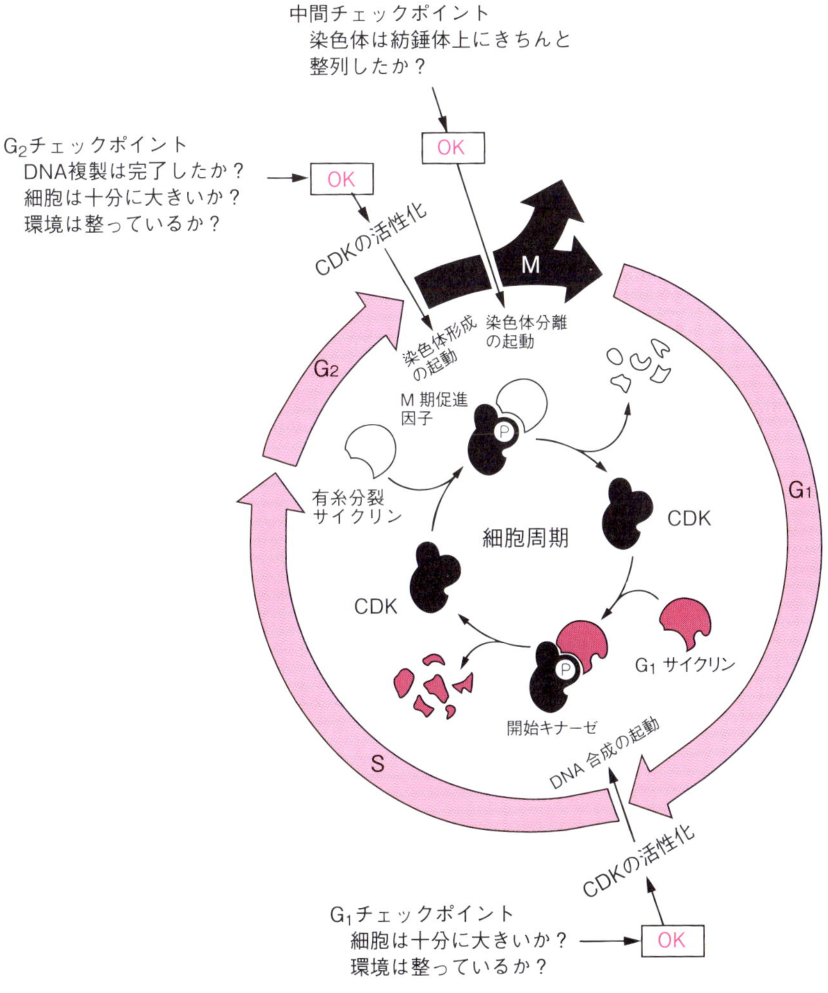

5・1 細胞分裂とその調節

図5・3 細胞周期とその運行——準備された関係分子の一糸乱れぬ働きあい（アルバーツら，1995より改変）

「G_1期の場合のDNA合成の開始」，「G_2期の場合の染色体梱包の開始」は，共に細胞質内にあらかじめ準備されたCDKに，新たに形成されるサイクリン分子が結合し，CDKが活性型に転換することによって起こる．サイクリンはチェックポイントでOKサインが出ると形成される．活性型CDKによって，DNA合成あるいは染色体梱包のための関係分子がいっせいに起動する．役目が終わるとサイクリンが分解され不活性化したCDKが残る．すなわちサイクリンの合成，分解の周期性により細胞周期は運行する．

67

の足並みが揃うまで細胞周期の進行を停止させ，細胞分裂の失敗を未然に防いでいる．これを**チェックポイント機構**という．

> **活躍する海洋生物：ウニと細胞周期の機構**
> ウニは，卵と精子が得やすく，卵と精子を混合するだけでいっせいに発生を開始させられる．個々の発生の進行は同調しており，細胞周期に至るまで同調性がある．したがって，細胞周期の同じ時期にいる細胞を多数集めることができ，そこで働くタンパク質を生化学的に解析することができる．この特徴を活かして，サイクリンが発見された．これらの研究業績に対して，2001年にノーベル生理学・医学賞が授与された．

5・2 生殖細胞

単細胞生物の場合，細胞の分裂が生命の連続といえるが，多細胞生物の場合は単純ではない．受精卵という一個の細胞の細胞分裂によって体が形成されるが，この細胞分裂は，単細胞生物の生命の連続とは根本的に違う．それは，個体はかならず死ぬことである．この場合，生命の連続はどのように保証されるのだろうか．

多細胞生物は体の中に特別な細胞をつくりだし，この細胞をもとにして次の世代の体をつくっていくのである（図5・4 上）．この特別な細胞を**生殖細胞**といい，生殖細胞は特別な**減数分裂**とよばれる細胞分裂を行う．減数分裂によりつくり出された**配偶子**（卵と精子）が合一（受精）すると，個体発生がスタートして新たな個体が生まれる．こうして細胞は，次々と後世へと残っていく．生殖細胞以外の細胞を**体細胞**という．体細胞は個体の死とともに死ぬ．

5・2・1 減数分裂と配偶子形成

成体のすべての細胞をつくり出すために必要な1セットの遺伝子を**ゲノム**といい（4・1・4参照），配偶子はゲノムを1セット（$1n$）もつ細胞である．配偶子が融合する受精とは，$2n$の受精卵をつくり出す過程であり，すべての体細胞は2倍のゲノムをもつことになる．生殖細胞は体細胞からつくられるので，

5・2 生殖細胞

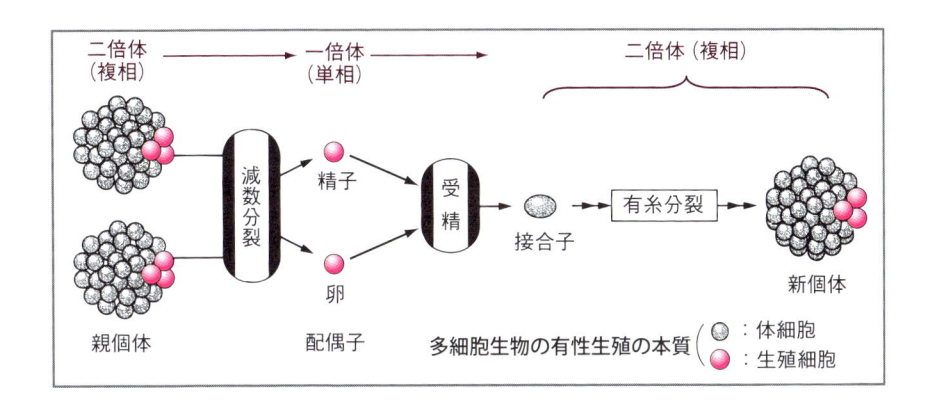

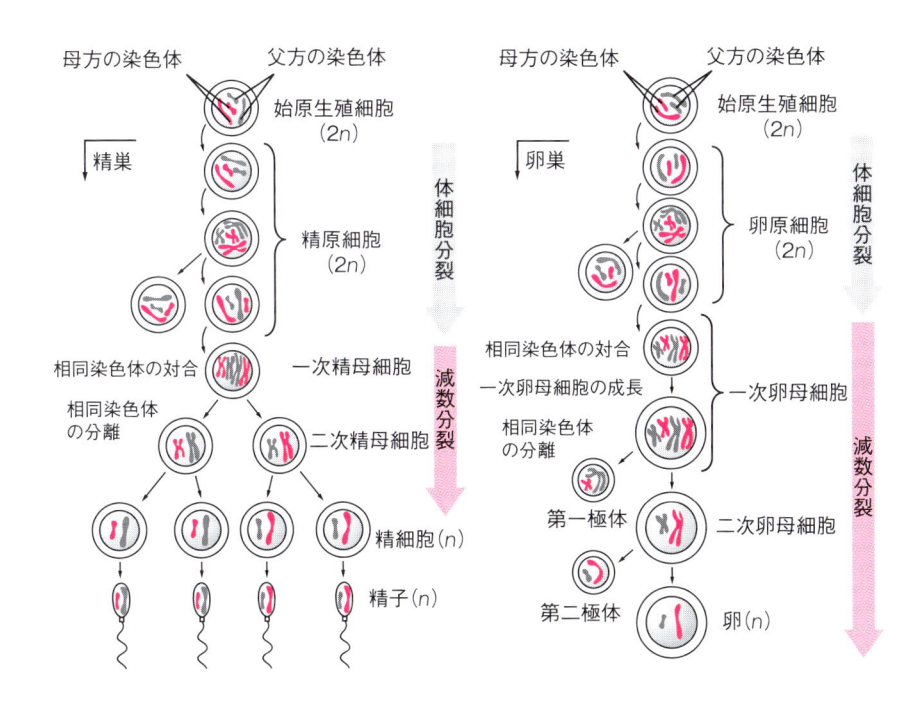

図 5・4　生殖細胞——減数分裂と受精

配偶子をつくり出す過程ではゲノムのセットを一つに戻す必要がある．この過程が減数分裂である．

　体細胞には父親由来の染色体一組と母親由来の同じ染色体の一組がある．1対の同じ染色体を**相同染色体**という．ヒトの場合，父親から 23 本，母親から 23 本の染色体が与えられ，合計 46 本になる．体細胞分裂では相同染色体はそれぞれ独立して行動するが，減数分裂では，母細胞の染色体の複製が完了すると，第一分裂の前期に相同染色体どうしが平行に並んで対合した状態になる．このとき，それぞれの相同染色体は対合しており，4 本の染色体が分離せずに一つとして行動する．これを**二価染色体**といい，中期には相同染色体が対合したまま赤道面に並ぶ．後期には相同染色体が対合面で分離し，両極に移動して，細胞質が 2 分する．この過程で，細胞がもつそれぞれの相同染色体は 1 本になる．したがって，染色体数が半減する（体細胞分裂では相同染色体の分離が行われないので，核あたりの相同染色体は 1 対 2 本のままである）．続いて，染色体の複製が行われないまま第二分裂が開始される．第二分裂では，第一分裂で生じた 2 個の細胞が，それぞれ体細胞分裂とほぼ同じ過程を経て分裂する．中期に赤道面に並んだ二価染色体が二分され，後期にそれぞれ分かれて両極に移動し，新しい核を生じて細胞質も二分される．その結果生じた 4 個の生殖細胞の核にはそれぞれの相同染色体の片方の染色体のみが含まれることになる（図 5・4 下）．

　雄の場合は減数分裂の過程で 4 個の精子が形成されるが，雌では 1 個の卵しかできない．卵には受精後の体づくりに必要なエネルギー源や部品となるタンパク質，核酸の他，生命活動に必要な最初の情報を mRNA として蓄積する必要がある．卵をつくるには膨大なエネルギーを要するので，一種の間引きが行われており，4 個の細胞のうち 1 個だけが卵になれるのである．

　巨大な卵細胞に比べ精子細胞は細胞の中でも最も小さく，ヒトの卵と精子の大きさは約 1 万倍も違う．精子の役割は父親の遺伝情報を卵に運ぶことと，卵の付活化であり，そのために必要な機能以外は捨て去っている．精子の主な構造は，卵細胞と融合する際に働く先体と，高度に折りたたまれた染色体が詰まっ

ている核，精子核を卵にまで送り届ける役割のあるべん毛，運動エネルギー源のATPを合成するミトコンドリアだけである．

減数分裂の第一分裂で，どちら（父親または母親由来）の相同染色体が，二つの細胞のどちらに分配されるかは完全にランダムである．ヒトの配偶子の染色体数は23本なので，各染色体の組み合わせパターンは2^{23}（約800万）パターンになる．精子と卵がそれぞれ800万パターンの染色体の組み合わせをもっているので，受精卵が受け取る染色体のパターンは800万の2乗（約64兆）パターンとなる．また，減数分裂の過程で起きる相同染色体間の乗換えにより，さらに遺伝子の混合が促進される（図5・5）．このように，父方の遺伝情報と母方の遺伝情報が，減数分裂と受精の過程で混ぜ合わされ，次の世代へ受け継がれていく．たとえ兄弟であっても人が一人ひとり皆違うのは，この数字からもよく理解できる．

遺伝子の混合により遺伝子型の多様性が生まれ，さまざまな環境に対する適応力をもつ子孫が生まれる可能性が生じる．遺伝子の混合は種の存続にとって重要であるばかりでなく，進化を促進する．

5・2・2 性の決定と第1次性徴

一般に雌雄は一目で判断できる場合が多い．それは形態や行動の違いを外見から区別できるからで，この特徴を第2次性徴という．これに対して**第1**

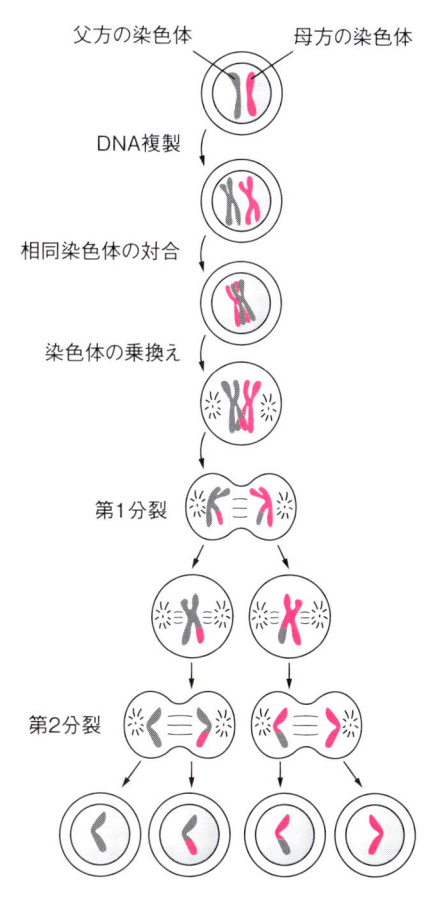

図5・5 組換えのしくみ

次性徴とは，生殖巣が雌性配偶子をつくり出す卵巣になるか，雄性配偶子をつくり出す精巣になるかの違いをいう．第2次性徴は，第1次性徴の結果，つくりだされた生殖巣が合成するホルモンによって起きるのである．

　ヒトの場合，性は遺伝的に決定されている．23種類46本ある染色体のうちの1種類の染色体が性の決定に関わる遺伝子を備えていて，**性染色体**とよばれる．これには**X染色体**と**Y染色体**とがあり，XXの個体は雌に，XYの個体は雄になる．雄（男）の性染色体はXYであるので，減数分裂にあたってYの精子とXの精子ができる確率は1：1である．したがって生まれてくる子供は男

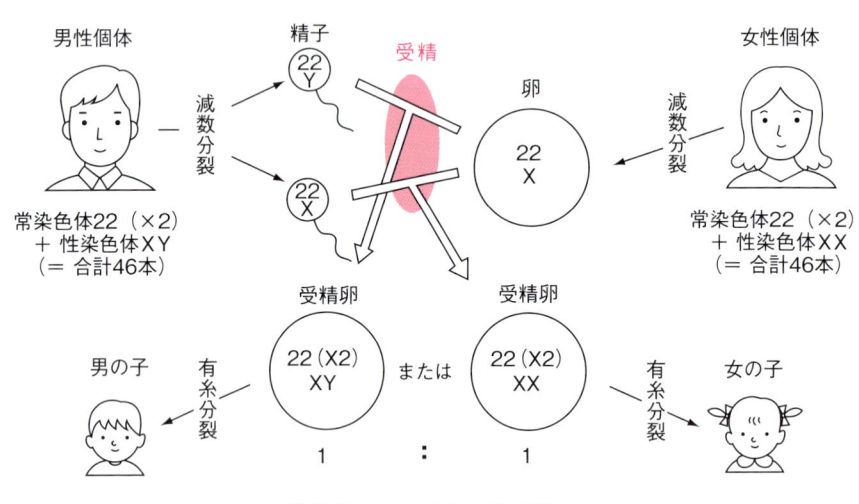

図5・6　ヒトにおける性の決定

性を決めるのは遺伝子か環境か？

　多くの動物では雄か雌かは遺伝子によって決まっているが，すべての動物で，遺伝的に性が決定されているわけではない．たとえば，ベラという魚は，1匹の雄が多くの雌と一緒に群れ（生殖集団）をつくっているが，この雄が失われると，雌のうちの1匹が雄に性転換して再び生殖集団を構成するようになる．雌雄は遺伝ではなく環境によって決まるのである．これは，生殖巣の雌雄は成体になってからでもやり直しができることを意味している．生物全体としてみると，性の決定は相対的であり絶対的ではない．

と女が1：1となる．子供が雄（男子）になるか雌（女子）になるかは，その受精に関与した精子がX染色体をもつか，Y染色体をもつかによって決まるのである（図5・6）．

5・2・3 受 精

多くの動物は体外で**受精**する．魚類など水の中に棲む動物は水中に卵と精子を放出するため，そのままでは配偶子が拡散し受精のチャンスが低下する．卵と精子が出会う確率を高めるために，体内受精をする哺乳類のように，生物はさまざまな工夫をしてきた．

精子は精巣にいる間はほとんど無酸素状態にある．したがって，ATPを合成することができずに静止している．受精に備えてエネルギーを温存しているのである．放精されて酸素に触れると精子は運動を開始する．哺乳類の場合，卵巣から排卵された卵はまず卵管に入る．一方，放出された精子は膣から子宮を経て卵管をさかのぼる．精子は自力で泳ぐばかりでなく，卵管の繊毛運動が動く歩道のように精子を卵管の奥へ運ぶのである．卵に精子が近づくと，卵から放出される精子活性化因子により精子の酸素消費と運動量が増加し，卵に向かって突入することになる．受精は父親の遺伝情報を卵に運び込むばかりでなく，卵を活性化させてタンパク質合成やDNA複製を開始させる役割もある．発生という化学反応の連鎖は，受精に伴うカルシウムイオンの流入が引き金になっている．

1個の卵に2個以上の精子が入り込むとゲノムのセットが3個以上になり，細胞分裂や発生が正常に進まなくなる．卵に最初の精子が進入すると，次の精子が卵に入り込めないようにするしくみがある．これを**多精拒否**機構という．海産生物のウニの受精では，精子が卵に結合するとナトリウムチャネル（図8・6参照）が開く．細胞膜の外から内側に急速に流入するナトリウムイオンにより膜電位が上昇し，卵細胞膜の性質が変化して次の精子との細胞融合ができなくなる．しかし，この多精拒否機構は短時間で効力を失う．

精子が卵に進入すると，進入点から卵全体に向かってカルシウムイオン流入の波が起き，この波が引き金となって卵細胞膜の直下にある表層粒を崩壊させ

る．波は約90秒かけて卵の反対側まで到達する．表層粒から放出された物質は卵表面で不溶性の膜をつくり，後から来る精子を物理的に閉め出すことになる．この膜を**受精膜**という（図5・7）．ヒトの場合も受精に伴って表層粒が崩壊し，卵の表層に透明帯を形成して多精を拒否している．哺乳類にはウニのような速い多精拒否機構がない．精子は卵管の奥にいる卵にたどり着くまでに，長い道のりを，時間をかけて進むので，ライバルとなる精子が少ない．進化の過程で速い多精拒否機構を失ったと考えられる．

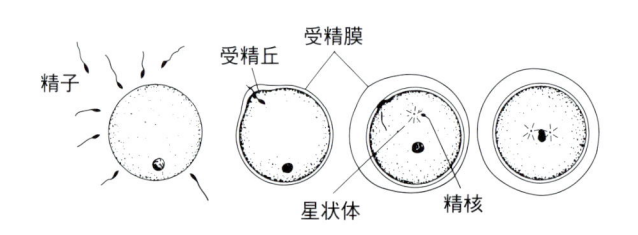

図5・7 ウニの受精（太田次郎，1996より改変）

5・3 細胞間相互作用

約40億年前に出現した原始生命は，その後，真核細胞へと進化をとげ，約10億年前までには，多細胞化とそれに続く多細胞生物への進化を可能にするさまざまなシステムをつくりあげ，複雑化させていた．その結果，多細胞生物のもとになる発生する細胞が成立したと考えられる．

5・3・1 細胞表面とシグナル伝達

多細胞化とは，細胞と細胞の表面で接着が生じることである．細胞は脂質二重層で外界と隔てられている．もし脂質二重層がむき出しになったままの細胞が接着すると，脂質二重層は融合して，細胞構造が維持できなくなるはずである．細胞表面には脂質二重層に埋め込まれたタンパク質や，そのタンパク質に結合した糖鎖のほか，細胞から分泌された多糖類が存在する．生命体は多細胞化が進化するよりずっと昔，単細胞生物のときから表面にこれらの分子を配して，外界から細胞を保護していた．さらには，細胞外の情報を細胞内に伝達す

る機能も細胞表面の分子に担わせるようになったのである.

外部の情報を細胞内部に伝達する役割は，主として**受容体**とよばれる，細胞膜を貫通するタンパク質分子が担っている．受容体には細胞表面に突き出た部分と，細胞内部に突き出た部分がある．生物は進化の過程で細胞膜タンパク質のアミノ酸配列を変化させ，細胞外に突き出たタンパク質部分に，特別の形の分子だけと結合する性質をもたせることに成功した.受容体に特異的に結合し，細胞に情報を伝える役割をはたす分子を**リガンド**という（図 5・8）.

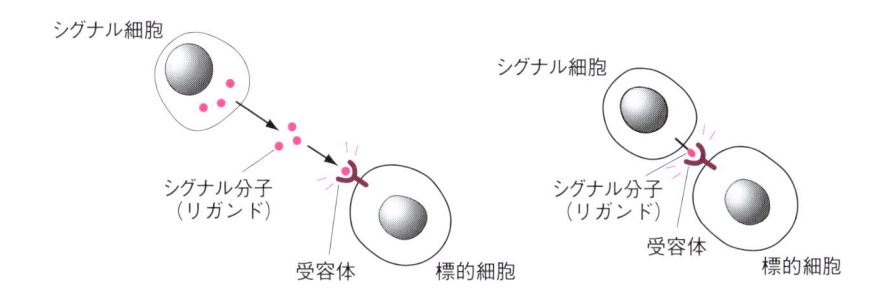

図 5・8　細胞間のシグナル伝達の二つの様式

受容体はリガンドが結合することによって,細胞内部の立体構造が変化する．この変形が細胞内で接している分子に次々と伝えられ，細胞機能の変化が引き起こされる．これを細胞外情報に対する**細胞応答**といい，情報伝達にかかわる一連の分子を**シグナル伝達系**という．こうして，細胞外からやってくるさまざまな分子が担う情報は，それぞれの細胞内シグナル伝達系を経て，最終的には遺伝情報が蓄積されている核に届き，遺伝子の発現が調節される．その結果，細胞の機能が変わるのである．

シグナルを細胞膜の受容体が受け取ると，細胞質内の因子が次々とシグナルを伝達する．この一連の経路を**カスケード**という．細胞内シグナル伝達で中心的な役割を果たすのは**キナーゼ**とよばれるリン酸化酵素である．キナーゼは，さまざまな種類があり，それぞれ基質となるタンパク質の特異性が異なる．キ

ナーゼにより，標的タンパク質がリン酸化されると，標的タンパク質の立体構造が変り（1・4・6参照），キナーゼ活性をもつようになる．シグナル伝達は，キナーゼ活性の付与の連鎖として伝えられていく（図5・9）．

カスケードを担うキナーゼの数は多い．細胞の外からのシグナルを，直接的に遺伝子に伝えるしくみがあれば効率的と思われるが，一連のキナーゼには，細胞の外から来る微弱なシグナルを増幅させ，明確なシグナルとして核に伝える役割がある．キナーゼは酵素であるため，1分子でも，多数の標的タンパク質（基質）を触媒することができる．これがシグナル増幅の原理である．また，あるカスケードにかかわるタンパク質が，別のカスケードの一員でもある場合は，シグナル（情報）の統合が行われることになる．細胞膜にあるさまざまな受容体が受け取るさまざまなシグナルを，細胞内シグナル伝達系が増幅させるとともに統合し，核の遺伝子を適切に発現させている．

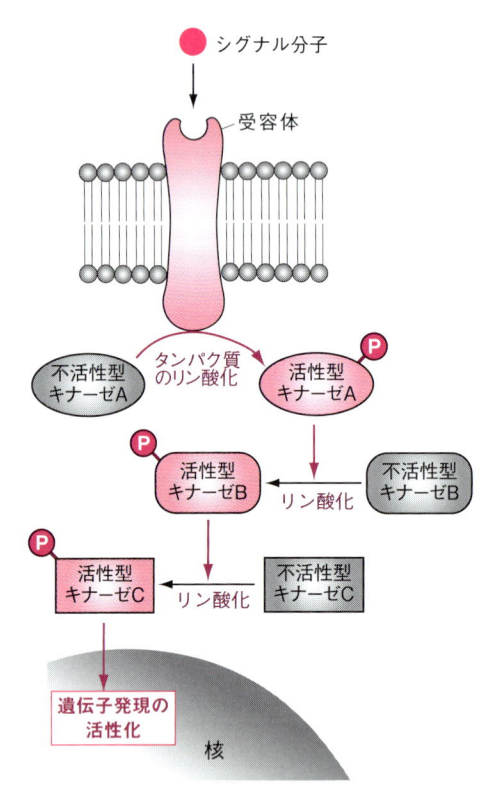

図5・9 細胞内シグナル伝達系による遺伝子発現の活性化

5・3・2 細胞骨格

真核細胞は多細胞化に先だって，運動性をもたらす微小管とアクチンフィラメントの2種類の細胞骨格分子システムを進化させた（図5・10）．微小管系は，鞭毛や繊毛などの運動器官として利用されるばかりでなく，染色体の配分における紡錘体としても使用されている．アクチン系は動物で発達したが，個体内

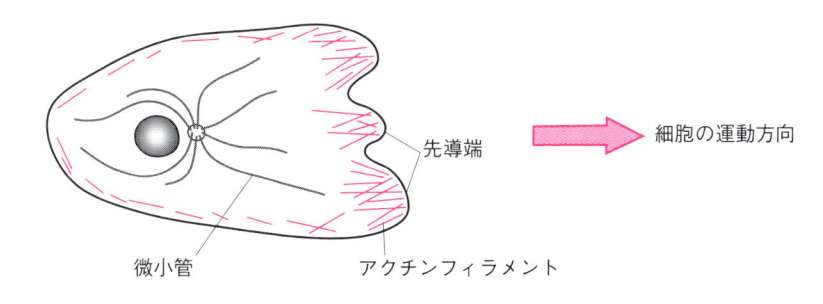

図 5・10　細胞内に張り巡らされている細胞骨格

の細胞の配置替えや個体の運動がほとんどない植物ではあまり発達しなかった．

　真核細胞がその構造と機能を複雑化させ，大型化するには，広い細胞内でさまざまな分子機能を効率よく進行させ，機能の連携を調節していくことが必要だった．これらを実現しているのが細胞内区画と細胞内の物質の効率的な運搬メカニズムである．細胞内を区画化しているのは細胞内膜系であるが，それは**細胞骨格**系によって支えられており，細胞内運搬メカニズムも細胞骨格系が主要な働きをしている（図 8・21 参照）．

　動物の細胞では，アクチン系をさらに発達させることによって，細胞自身の運動能をも獲得した．また，アクチン系は細胞接着分子や細胞識別に関係する受容体の細胞内部に突き出た部分にも結合しており，運動システムと情報伝達系は連係している．アクチン系は，細胞が多細胞生物の体の中で移動することを可能にしたばかりでなく，移動方向や接着相手を識別する能力を細胞に与えることになった（図 2・2，図 8・19 参照）．

5・3・3　遺伝情報の多量化

　ゲノムを構成する塩基対数をゲノムサイズという．単純な細菌類に比べ複雑な多細胞生物のゲノムのサイズははるかに大きい（図 5・11）．遺伝子の数も大腸菌の約 4 千個に比べ，多細胞生物では 1 万個以上ある．多細胞生物は，細胞接着，細胞間相互作用，細胞分化などの多細胞化にかかわる遺伝子を獲得したと考えられる．多細胞動物の遺伝子の数は，ゲノムサイズが比較的小さい線虫でも約 2 万個あり，ウニは約 2 万 2 千個，ゲノムサイズが大きいヒトでも約

5章 細胞から個体へ

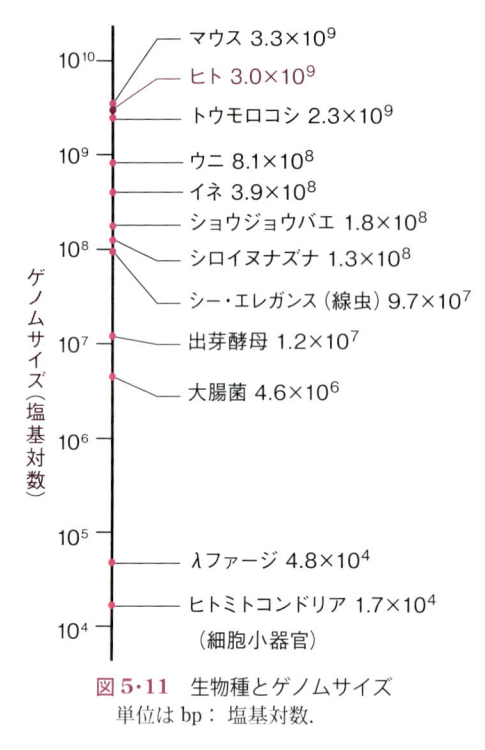

図 5・11 生物種とゲノムサイズ
単位は bp：塩基対数．

- マウス $3.3×10^9$
- ヒト $3.0×10^9$
- トウモロコシ $2.3×10^9$
- ウニ $8.1×10^8$
- イネ $3.9×10^8$
- ショウジョウバエ $1.8×10^8$
- シロイヌナズナ $1.3×10^8$
- シー・エレガンス（線虫）$9.7×10^7$
- 出芽酵母 $1.2×10^7$
- 大腸菌 $4.6×10^6$
- λファージ $4.8×10^4$
- ヒトミトコンドリア $1.7×10^4$（細胞小器官）

2万2千個と遺伝子の数はほぼ一定である．多細胞動物のゲノムサイズの違いは，遺伝子ではない領域（4・1・4）の割合の差がもたらしている．多細胞動物は，ほぼ同じ数の遺伝子をもつにもかかわらず，さまざまな形態を進化させてきた．そのしくみの研究が注目を集めている．

5・4 初期発生

受精卵が細胞分裂を開始してしばらくすると，最外層の細胞が強く接着して内部に腔所をもつ**胞胚**になる．胚の表面を覆う細胞の壁を胞胚壁，腔所を胞胚腔という．胚の表面がしっかり接着した細胞層で覆われることにより，安定な内部環境が保証されるのである．卵割期までは，個々の細胞は独立したように見えるが，胞胚期を境に組織の一構成員へと変わり，さらに細胞は配置替えをしながら 3 種類の胚葉（**外胚葉，内胚葉，中胚葉**）の形成へと進んでいく．なお，4 億年前に海から陸上へ上がったわれわれ有羊膜類（5・4・2）の祖先は，胚の本体以外に胚膜や胎盤という特殊な胚体外構造を生み出した．

5・4・1 卵割と胞胚形成

卵の細胞質の体積は卵形成過程で非常に大きくなる．受精直後の細胞分裂を**卵割**といい，卵割により，核と細胞質の著しく片寄った割合は，一定の小さな値にまで戻る．その様式は卵に含まれる卵黄の量や，蓄積される位置によってさまざまである（図 5・12）．

哺乳類やウニのように卵黄が少なく卵内に均等に分布している場合は，大き

5·4 初期発生

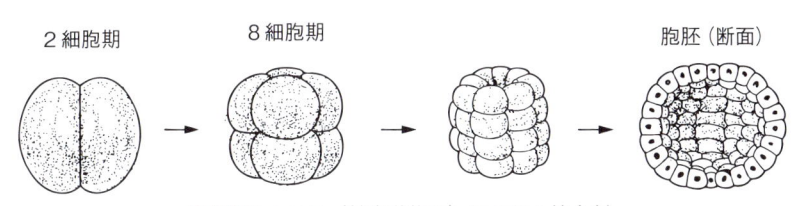

等黄卵のナマコ（棘皮動物門）における等全割

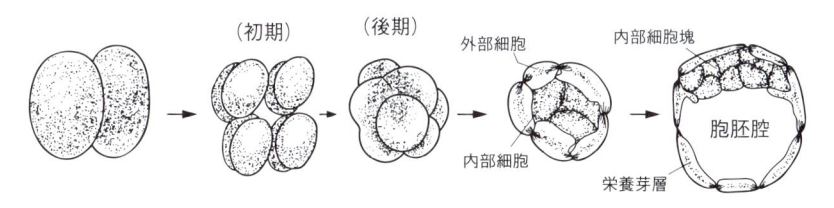

等黄卵のヒトにおける等全割と8細胞期のコンパクション（16細胞期と胞胚は断面）

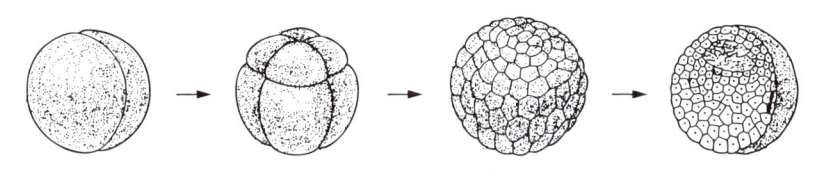

端黄卵のカエルにおける不等全割

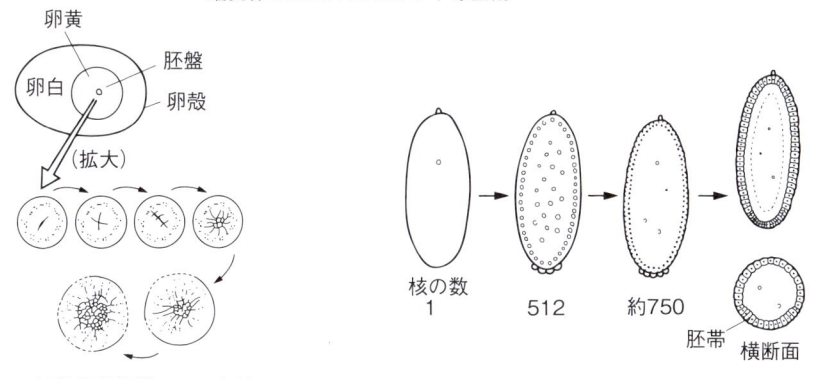

極端な端黄卵のニワトリにおける盤割（表面）

中黄卵のショウジョウバエにおける表割（断面）（あとから細胞膜ができる）

図 5·12 受精卵の卵割の様式
卵黄のあり方によって変わる．

さの等しい割球が生じる．これを**全割**という．卵黄が多い部分は卵割が遅れる傾向がある．両生類では植物極側に卵黄が多いため動物半球の細胞の卵割が速く進む．したがって，動物半球の細胞は植物半球に比べ小さい．鳥類や魚類のように卵黄が多く，植物半球に片寄っている場合は，動物極の周辺だけで平板状に卵割が起きる．これを**盤割**という．昆虫の場合は，発生の初期には核の分裂しか起きず，多核となる．やがて核が細胞膜の下に移動し，卵の表面だけで卵割が起きる．これを**表割**という．

卵割により，受精卵内に配置された母親由来のさまざまな情報因子が細胞に適切に分配され，それらの因子の情報をきっかけとして遺伝子の発現調節が行われ個体が発生していく．

多細胞体の基本体制の観点からみると，胞胚の構造は二つの利点を備えている．第一に，多細胞体が単なる細胞群の塊であったならば，内部への栄養供給と内部からの老廃物の排泄が滞るが，胞胚化はこの問題を解決した．第二に，胞胚壁により外界から隔離され，外部環境とは比較にならない安定した内部環境を獲得できた．胞胚壁こそ，上皮組織（5・6・1）の基本構造にほかならない．胞胚は原始多細胞生物の形態を継承していると考えられる．動物は，進化の過程で，この安定な内部環境の中に上皮をくびれ込ませることにより，さまざまな機能をもつ組織をつくり出してきた．

5・4・2　胚膜と胎盤

生命が誕生した海から動物が陸へ進出した4億年の昔，陸上で生き抜くためには乾燥に耐え，重力に耐えなければならなかった．爬虫類や鳥類では，胚は硬い卵殻に包まれている．卵殻の中で胚は胚由来の胚体外構造である複雑な胚膜系に包まれ，羊水のなかに浮かんだ状態で発生する（図5・13）．一方，哺乳類は**胎盤**とよばれる子宮壁に埋め込まれる構造をつくり上げ，これによって胚は母胎と血管系で結ばれたまま発生する（図5・14）．これらの動物を**有羊膜類**と総称する．

ニワトリ胚は発生のために必要な栄養分を卵黄嚢から取り入れ，胚の代謝の結果生じた老廃物を尿嚢へと蓄える．また，胚の呼吸（ガス交換）は卵殻のす

5・4 初期発生

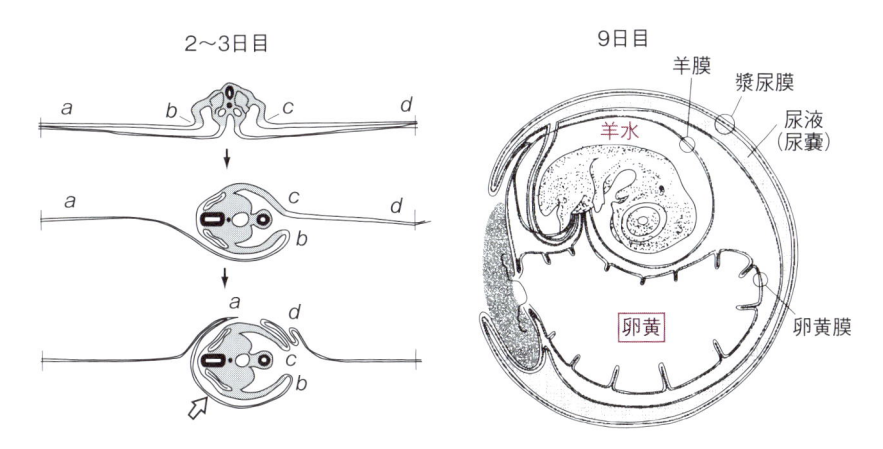

図 5・13 有羊膜類の胚膜系（ニワトリ胚の場合）
　孵卵 2〜3 日目胚の回転に伴う羊膜（白矢印）の形成．胚盤上の 4 点，*a*, *b*, *c*, *d* の位置の移動に注意．
　孵卵 9 日目．胚は羊膜内の羊水に浮かび，卵黄膜から栄養を取り入れ，老廃物（尿液）は尿嚢に捨て，漿尿膜で呼吸と卵羊膜内の殻の溶解（胚の骨へのカルシウム補給）を行っている（Lillie, 1908 より改写）．

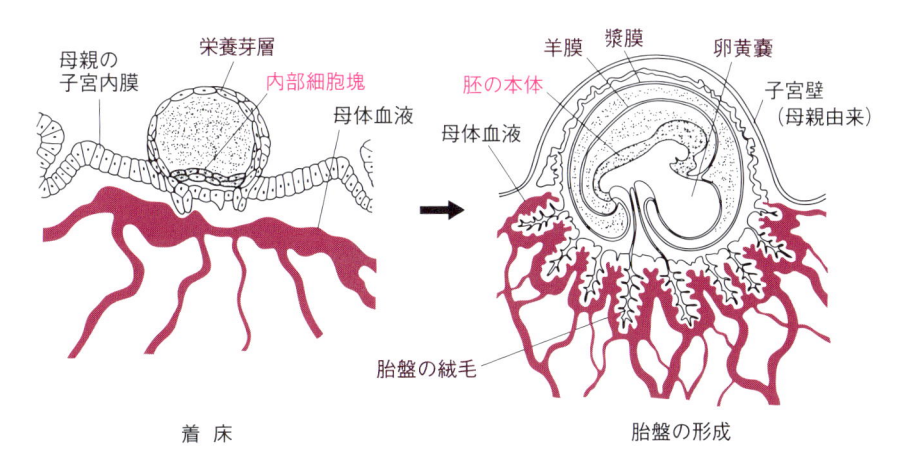

図 5・14 ヒトの胞胚の子宮への着床と胎盤の形成（Wessells and Hopson, 1988 より改写）
　胚の本体はすべて内部細胞塊から，残りは栄養芽層からできてくる．

ぐ内側を広く覆った漿尿膜で行う．漿尿膜の表面からは塩酸が分泌され，炭酸カルシウムからなる卵殻を内側から溶かして胚の骨の成長に使っている．そして胚本体は，羊膜中の羊水の中で無重力のように浮かんで発生するのである．

卵殻がないヒトの場合，ガス交換，栄養補給，老廃物処理のすべては胎盤を通して母の体内との血液交換で行うことになる．胚本体は内部細胞塊から生じ，胎盤は外側を覆っている**栄養芽層**からできてくる（図5･14参照）．

これらの胚体外構造はすべて受精卵に由来する細胞でできており，これを生み出す発生過程は個体発生のごく初期にプログラムされている．胚膜や胎盤は，爬虫類や鳥類では孵化，哺乳類にあっては出産にあたって廃棄される．

5･4･3　三胚葉の形成

食物をより効率的に捕らえ栄養を吸収するのに適した構造は，くぼみ（陥入）であろう．太古の動物は胞胚の表面にくぼみをつくり，陥入部に消化のための多くの酵素系を集めていった．このような構造を基本として，現在に至っている生物がいる．二胚虫や刺胞動物である．この陥入部が，最初の**内胚葉**と考えることができる．内胚葉が区別されると，胚の表面を覆う部分は**外胚葉**として区別されることになる．外胚葉の基本的なありかたは表皮である．

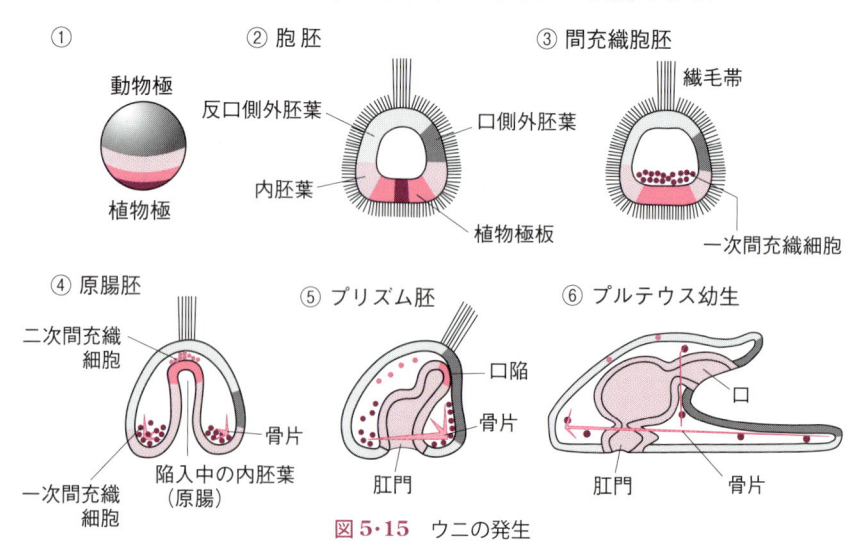

図5･15　ウニの発生

5・4 初期発生

内胚葉が伸張して反対側の胞胚壁と接し，そこに開口すれば消化管（原腸）となる（図5・15）．動物の分類では，初めの陥入点が口になる動物を**旧口動物**，肛門になる動物を**新口動物**として区別している．ヒトなどの脊椎動物やウニなどの棘皮動物は新口動物であり，貝類や昆虫類などは旧口動物である（図10・2 参照）．

外胚葉と内胚葉の間の腔所を原体腔という．原体腔の中に，外胚葉と内胚葉を支える働きをもつ細胞群が現れ，結合組織となった．これが**中胚葉**の起源である．胚の結合組織を特に**間充織**とよぶ．これが硬化したものが骨格である（図5・15参照）．骨格系があるからこそ，それを支点とした運動系が生み出された．この中胚葉からは，さらに体全体の増大と複雑化を栄養的に支えるための心臓-血管系や，効率的にその血液を浄化する働きをもつ排出系である腎臓が生じてきたのである（図5・16）．

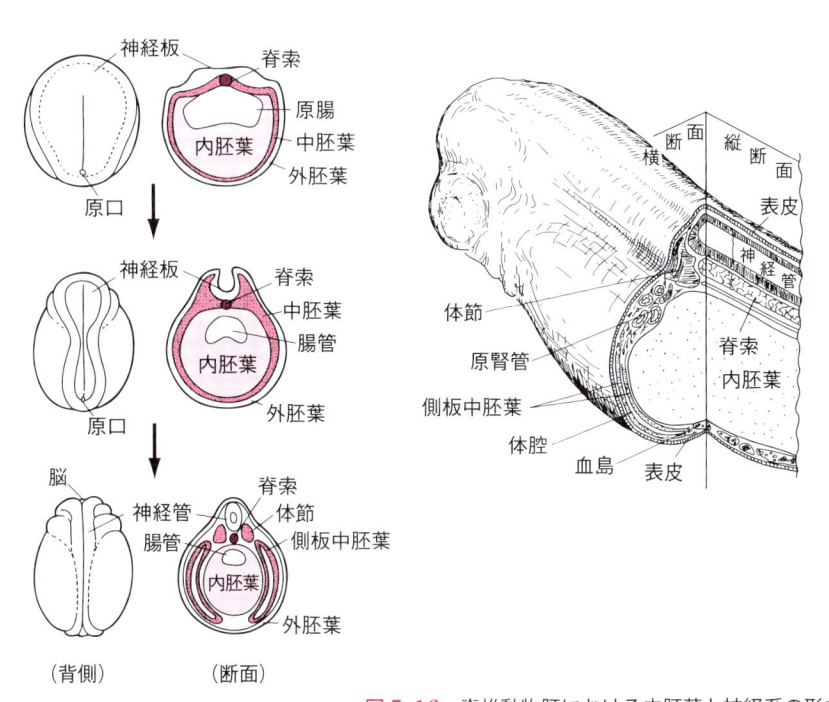

図5・16 脊椎動物胚における中胚葉と神経系の形成

捕食，逃避などの運動をするためには，外界の状況に応じて的確に筋肉を動かす必要がある．体の表面を覆う外胚葉細胞に特殊な機能をもたせることにより，多細胞体は外部環境の情報をとらえて内部に伝えることができるようになった．すべての動物の感覚細胞や神経細胞は，体表の外胚葉から生じる．脊椎動物の脊髄や，脳のように体の内部深くに収められた中枢神経系も，神経板という表面の外胚葉から生じ（図 5・16 参照），脳下垂体などの神経内分泌器官も，外胚葉の頭部神経組織の陥入によって形成される．

一方，肝臓，膵臓や肺は内胚葉由来の消化管の一部がふくらんで形成される．しかし，結合組織との相互作用によって形成されるので，実際は中胚葉と内胚葉が組み合わさったものである．

5・5　体づくりの機構

個体の発生は時間とともに休みなく正確に進行する．発生が進行するためには，核に蓄えられた遺伝情報のうち特定の一部を，胚の特定の時期に，特定の領域にいる細胞で働かせる必要がある．そのすべての過程には，さまざまな分子が関係していて，発生とは受精に始まる壮大な化学反応の連鎖ととらえることもできる．ヒトの体を見比べると，構造や機能は細部まで厳格に規定されているように見える．しかし遺伝子は細部を規定しているわけではない．クローンともいえる一卵性双生児であっても，血管の配置や，神経回路の配線が異なることからも，それは理解できるであろう．母親によって卵に蓄えられた大まかな情報をきっかけに，初めは大まかに領域を定め，外部環境からの刺激と細胞同士のコミュニケーションによって，順次細部を形づくっていく．

体づくりの指令を発するのも，それを伝達するのも**転写因子**や**シグナル伝達因子**など遺伝子の発現を調節するタンパク質である．卵の中で発せられた母親由来のシグナルは，複数の遺伝子の発現を調節する因子に伝えられ，さらに，その因子によって発現を調節された個々の遺伝子の産物（転写因子）も複数の遺伝子の発現を調節する．最終的には，体を構成するタンパク質の遺伝子の発現がオーケストラのように調節されて，目に見える形の変化となって現れる．多くの遺伝子の

働きを調節する遺伝子を**セレクター遺伝子**（選択遺伝子）または**マスター遺伝子**という．遺伝子は，すべての動物でおおむね共通しており，特定の発生現象を担うセレクター遺伝子の組合せもほぼ共通しているため，その一群の遺伝子を**ツールキット**とよぶ．ツールキットのセレクター遺伝子の組合せや，発現領域，発現時期や発現量を変えることにより，進化が起きたことが示されてきている．

5・5・1　極性をつくり出す空間情報

一つの卵から，さまざまな特徴をもった細胞からなる体をつくり上げる第一歩は，何らかの物質の分布の不均一性をつくり出すことである．これを**極性**という．太古の動物にとって前と後ろの区別，背中と腹の区別をつくり出すことが，生存にも体制の複雑化を遂げるためにも都合がよかったのだろう．まず**前後軸**，**背腹軸**をつくり出すプログラムを完成させ，この極性を前提に体制の複雑さの獲得を進めていったと思われる．

卵生の動物の卵には明確な極性がある．母親の体内を離れた後，胚が自立した個体になるまでは，まったく無抵抗で，環境変化にもろく，外敵におそわれる危険性も非常に高い．したがって，なるべく早く体づくりを完了させる必要がある．体づくりの最初の情報は母親によって卵の中に供給され，それをもとに急速に発生を進めるのである．

哺乳類の卵にも動植物軸があるが，軸性は明確でなく第二卵割以降は極性がみられない．発生がさらに進んだ後，細胞間の相互作用によって背腹軸や前後軸が決定されると考えられている．哺乳類は胎生を進化させたため，安全で最適な環境で，時間をかけて胚を発生させることが可能になった．胚は出産まで胎内にいるのであるから，母親は卵にそれほど情報を詰め込む必要がなくなったのであろう．進化の過程で，卵の極性を失ったと考えられる．

5・5・2　ショウジョウバエの発生機構

母親が卵に与える極性の情報を**細胞質決定因子**という．最も研究が進んでいるショウジョウバエについて述べる．卵形成過程にある卵母細胞には，それを取り巻く濾胞細胞や保育細胞から，遺伝子の発現を調節する何種類ものタンパク質の mRNA が卵に供給される．

前後軸に沿った位置情報の前半分の情報は，転写因子ビコイドが担当する．ビコイドの mRNA は，卵形成過程で，将来の胚の前端部に相当する部位に局在化される．卵に蓄えられた mRNA は受精するまで翻訳されないが，受精するとタンパク質合成が始まり，ビコイドタンパク質は前端から拡散する．その結果，前後軸に沿ってビコイドの**濃度勾配**が形成される．ビコイドによって転写を調節されるのは転写因子ハンチバック遺伝子である．昆虫の発生の初期卵割期は，核分裂はするが，細胞質分裂は起きない．そのため，胚の転写因子の濃度勾配が核に直接的に影響を与える．ビコイドの濃度が高い胚の前端では，ハンチバック遺伝子の転写が高く，後方になるほど転写が低くなる．したがって，転写因子ハンチバックの濃度も，前後軸に沿った濃度勾配をなすことになる（図 5・17）．

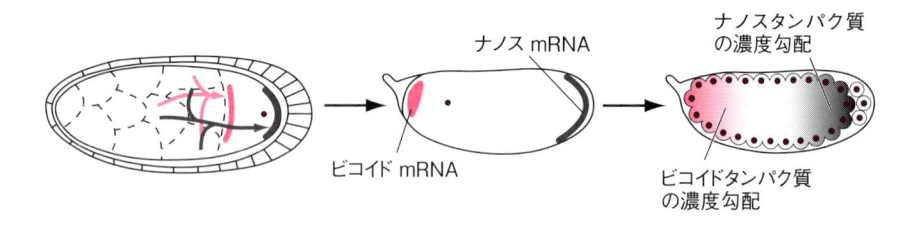

図 5・17 母親の遺伝子（ビコイド mRNA とナノス mRNA）の局在分布がタンパク質の濃度勾配を形成し，前後軸を決める

ハンチバックが調節する遺伝子は複数ある．個々の遺伝子によって反応するハンチバック濃度が異なるので，前後軸に沿って発現する遺伝子が異なり，さまざまな遺伝子の発現調節の連鎖反応が前後軸に沿って生じることになる．ハンチバックの濃度が最も高いところでは頭部を形成するための遺伝子が働き，中程度の濃度では胸部，ハンチバックが存在しないところでは腹部をつくる遺伝子が働く．

後半分の位置情報は，ナノスが担当する（図 5・17 参照）．卵形成の過程でナノス mRNA は卵の後端に局在化されている．受精に伴い翻訳が開始されると，

ナノスタンパク質が拡散し，後ろから前に向かってナノスの**濃度勾配**が形成される．ナノスは，ハンチバックタンパク質の合成を抑制する働きがある．前方からのビコイドの拡散により，中央部から後方にかけてもハンチバック遺伝子が転写されるが，ハンチバック mRNA はナノスにより翻訳を抑制され，体の後半部にはハンチバックタンパク質は存在しない．したがって後半部に腹部が形成されることになる（図5・17 参照）．

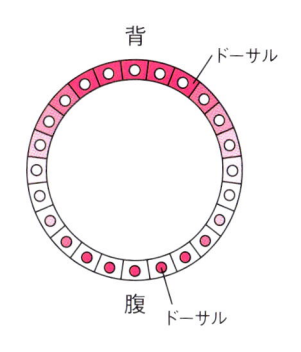

図5・18 核内ドーサルの背腹軸に沿った濃度勾配

　背腹軸も同様に，転写因子ドーサルの濃度勾配が規定している．腹側の核にはドーサルが豊富にあり，背側の核には存在しない．ドーサルは腹側をつくるための遺伝子を活性化させる一方，背側をつくるための遺伝子の活動を抑制する（図5・18）．核内のドーサルタンパク質の濃度勾配をつくるのも，母親の遺伝子の働きによる．

　転写因子ばかりでなく，胚の極性には**細胞間情報伝達物質**も関与しており，これらも昆虫から脊椎動物まで共通の分子が使われている．細胞間情報伝達物質の遺伝子は，TGFβ 遺伝子群，FGF 遺伝子群，Wnt 遺伝子群などがあり，これらはもともと胚や成体組織の細胞成長因子やがん関連遺伝子として知られていた．多細胞動物の始まりは，これらの遺伝子を初期の軸性の形成に利用して卵の極性をつくることに成功した動物だったのである．この遺伝子群は，初期発生ばかりでなく個体発生の進行のさまざまな局面でいつもまず初めに働き出し，以後の発生プログラムの進行を導いているかにみえる．

5・5・3　ホメオティック遺伝子

　ホメオティック遺伝子は体の領域に特徴を与えるセレクター遺伝子である．ホメオティック遺伝子の産物は転写因子であり，一つのホメオティック遺伝子が多くの遺伝子の発現を調節している．突然変異が起きると，体の一部が別の部分に変わること（ホメオーシスという）からホメオティック遺伝子と名づけられた．昆虫類のハエの場合，前から頭部，胸部，腹部の違いが生じ，三つの

5章 細胞から個体へ

胸部体節のそれぞれからは1対の脚が形成され，第二胸部体節からは翅，第三胸部体節からは平均棍が生じる．また，頭部には複眼と触角というように特別な機能をもった器官が形成されていく（図10・18参照）．

ホメオティック遺伝子の一つのアンテナペディア（*Antp*）は，第二胸部体節の形成にかかわる．アンテナペディアの転写調節領域が突然変異し，体の前端部でも発現するようになると，本来触角ができるところに脚が生じる．また，アンテナペディアのすぐ後で働くウルトラバイソラックス（*Ubx*）はアンテナペディアの働きを抑える働きがあり，ウルトラバイソラックスが機能を失うと，第三胸部体節までアンテナペディアの影響を受けることになる．その結果，第三胸部体節も翅をもつ第二胸部体節となる（図5・19）．

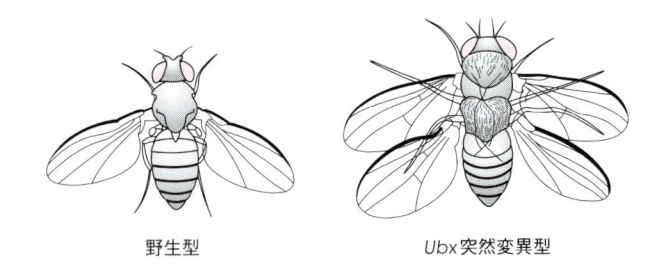

野生型　　　*Ubx*突然変異型

図5・19 ウルトラバイソラックスの突然変異体

ホメオティック遺伝子群はショウジョウバエ特有なわけではない．進化の過程で保存されており，系統進化的にはるかに離れた哺乳類も同じ遺伝子を使って体づくりを行っている．節足動物はその名の通り**分節構造**が明らかであるが，われわれ脊椎動物も，まず分節構造をつくり上げ，次いでその分節に個性を与える方法をとってきたと考えられる．脊椎動物の中胚葉の体制は体節という分節に始まる．発生初期の体節を基礎に脊椎骨，脊髄神経節がつくられ，また脳の構造も前脳から後脳まで節を基本として形成される．節足動物だけでなく，大型動物の複雑構造も分節化を拠りどころにしている（図5・20）．

体の前後軸に沿った領域に特徴を与えるホメオティック遺伝子群を**Hoxクラスター**といい，染色体上のHoxクラスター遺伝子の並び順と，遺伝子が働

5·5 体づくりの機構

ショウジョウバエ胚

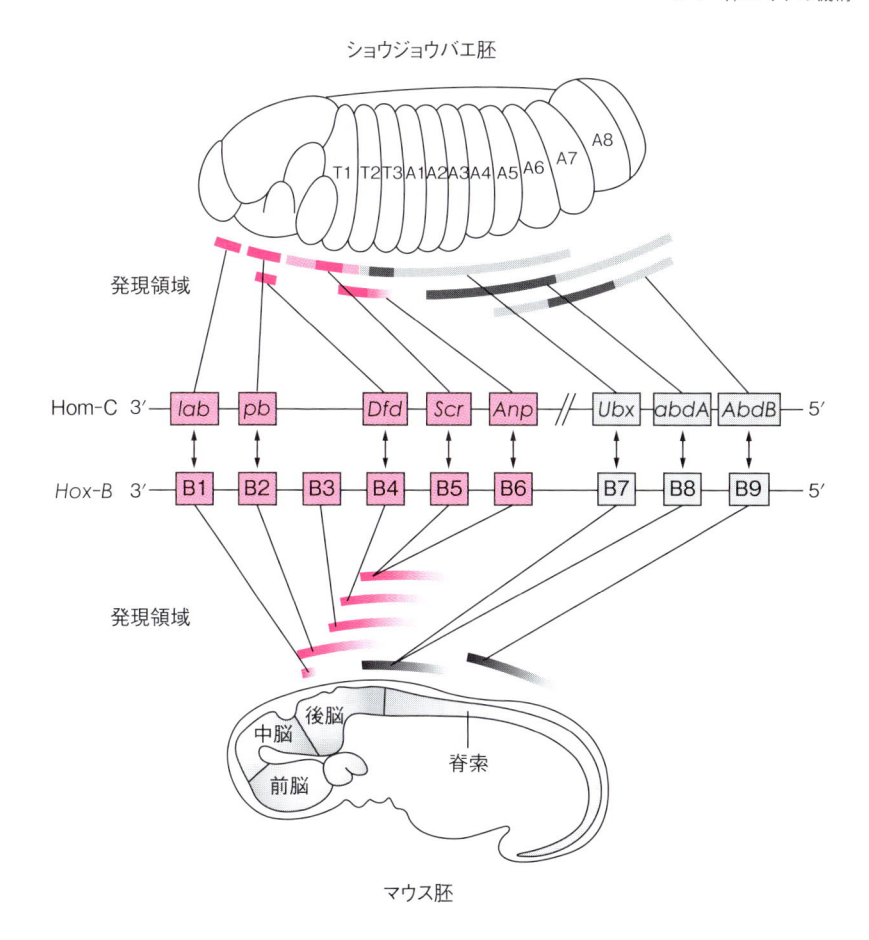

図 5·20 ショウジョウバエとマウスで共通するホメオティック遺伝子群とその発現パターン

く領域の並び順が一致している．この特徴は系統進化的に遠く離れた動物間でも広く保存されており，Hox クラスター遺伝子の並び順と発現領域の並び順の一致を**コリニアリティー**という．

5·5·4 カエルの体軸形成と原腸陥入

カエルでは，精子は卵の動物半球に進入する．精子が卵に進入すると，それが刺激となり，卵の表層が内部の細胞質に対して約 30 度回転する．これを**表**

層回転という．回転は精子の進入点と動物極を結ぶ軸で起こり，動物極から精子進入点の方向に回転する．動物極側の表層は不透明で，内部の細胞質には黒い色素が含まれている．精子の進入点の反対側では，表層回転により，動物半球の内部細胞質が植物極側の透明な表層に覆われることになり，表層を透して動物半球の内部細胞質が灰色の三日月状の形に見える．これを**灰色三日月環**という．灰色三日月環のある側が，将来の背側になる部分であり，反対側が腹側になる．背側の形成には，灰色三日月環での植物極側表層と動物半球の内部細胞質との細胞間相互作用がかかわっている（図5・21）．

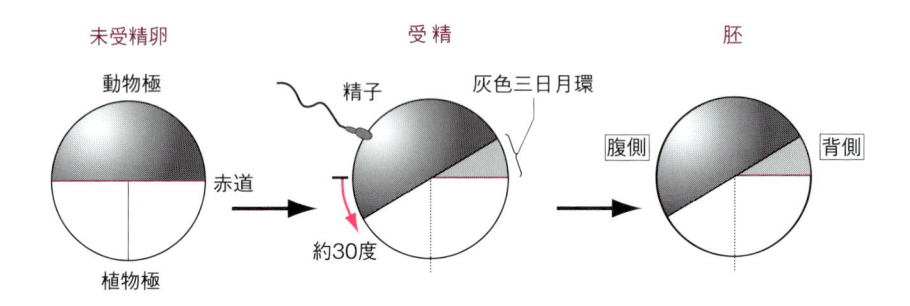

図5・21　カエル胚における精子の進入と背腹方向の決定

　胞胚期の後期には，動物半球と植物半球の境の胞胚壁が陥入を始める．陥入口を原口といい，陥入を原腸陥入という．また，動物極側の原口に接した領域を原口背唇部という（図5・22）．

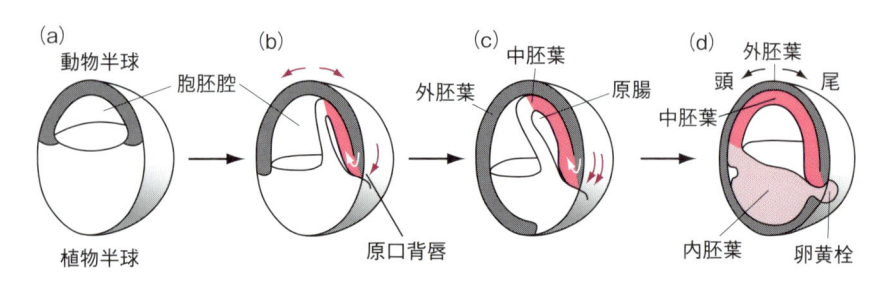

図5・22　カエルの胞胚から原腸が陥入し嚢胚が形成されるまで

5・5・5　カエルの中胚葉誘導と神経誘導

　アフリカツメガエルでは，桑実胚期までに，動物極側に予定外胚葉域，植物極側に予定内胚葉域が形成される．中胚葉は，帯域とよばれる赤道付近の割球に，予定内胚葉域から分泌される物質が働きかけることにより誘導される．予定内胚葉が中胚葉をつくりだす働きを**中胚葉誘導**という．帯域の背側は，予定内胚葉領域の背側領域から分泌される物質により誘導され，背側中胚葉になり，背側中胚葉からは原口背唇部が形成され，原口背唇部は**オーガナイザー**となる．帯域の腹側は，予定内胚葉領域の腹側領域から分泌される物質により誘導され，腹側中胚葉となる．

　胞胚期になると，腹側中胚葉からは，より腹側の特徴をもつように働きかける物質が分泌され，背側中胚葉からは，より背側の特徴をもつように働きかける物質が分泌される．その結果，帯域の中胚葉は，腹側から背側に向けて，血球，腎臓，筋肉，脊索を形成する（図5・23）．

　原腸陥入が始まると，陥入した原口背唇部が内側から背側の外胚葉を裏打ちするように接するようになる．原口背唇部は神経管を誘導する物質を分泌し，外胚葉から神経管が誘導される．これを**神経誘導**という（図5・23参照）．

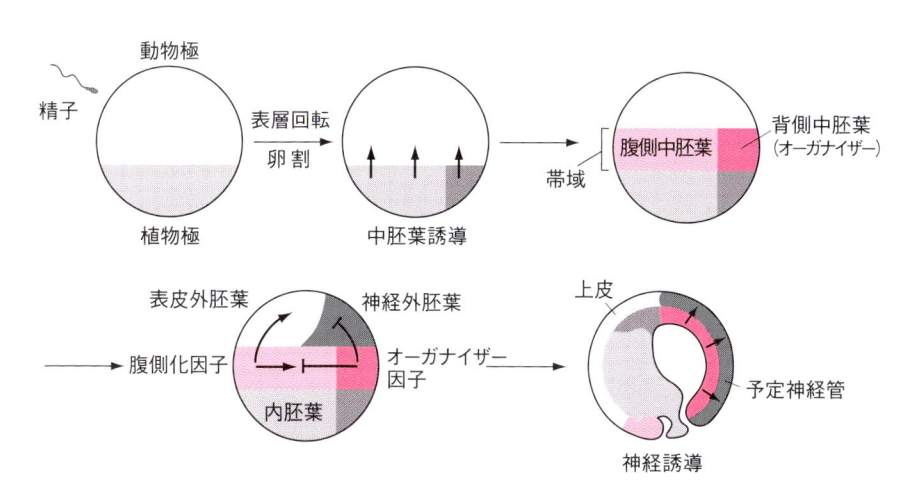

図5・23　カエル胚における中胚葉誘導と神経誘導

5・5・6 誘導因子

カエルの初期胚の動物極側の領域を切り出し、培養すると、未分化な外胚葉にしかならない。切り出した動物極側の領域を**アニマルキャップ**という。一方、動物極側の領域と植物極側の領域を接触させて培養すると、アニマルキャップから中胚葉の筋肉や脊索が形成される（図 5・24）。これは、植物極側の細胞がアニマルキャップの細胞に働きかけ、筋肉や脊索をつくる遺伝子を発現させたためと考えられる。アニマルキャップと植物極側の細胞の間にフィルターを挟んで、両方の細胞が直接接することがないようにしても、中胚葉が誘導されることから、フィルターを通過する物質が誘導にかかわることがわかる。

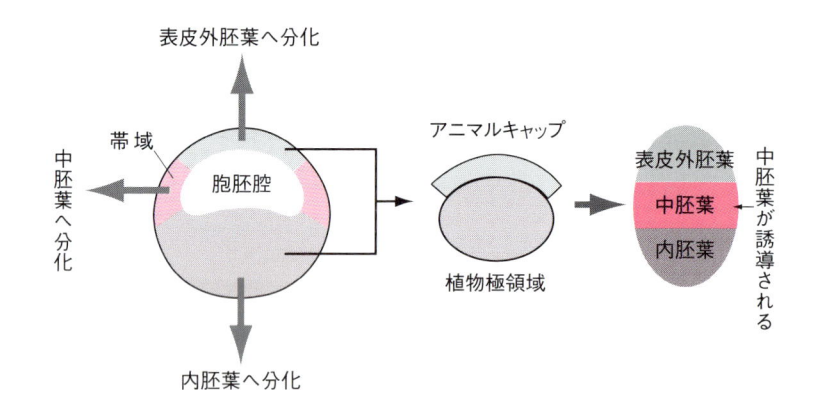

図 5・24 外胚葉・中胚葉・内胚葉への分化

中胚葉誘導に関わる物質の探索は、さまざまな遺伝子産物を加えた培養液でアニマルキャップを培養し、その細胞分化を調べる方法で行われてきた。この手法を**アニマルキャップアッセイ**という。中胚葉誘導因子の候補として、繊維芽細胞増殖因子（FGF）とアクチビンなどの形質転換増殖因子 β（TGF-β）があげられた。アクチビンをさまざまな濃度でアニマルキャップに作用させると、濃度に応じて、低濃度では血球、中程度の濃度では筋肉や脊索、高濃度では心臓など、さまざまな中胚葉組織が誘導される。しかし、アクチビン遺伝子を欠失させたマウスでも中胚葉が正常に分化し、アクチビン受容体を欠失させ

たマウスでも中胚葉の分化が正常であるなど，アクチビンが単独で中胚葉誘導を担っているわけではない．現在では，TGF-β ファミリーの Vg1 や，骨形成因子（**BMP**）サブファミリーの**ノーダル**が中胚葉誘導因子の有力な候補にあげられており，アクチビンは BMP とノーダルを介して働いていることが示唆されている．

5・5・7　オーガナイザーの移植による二次胚の誘導

原口背唇部を手術によって切り出し，別の胚の腹側に移植しておくと驚くべきことが起こる．移植を受けた胚の腹側の細胞の発生運命が変わり，移植をした所にもう一つの胚（二次胚）が生じるのである（図 5・25）．原口背唇部自身は中胚葉に分化するように運命づけられており，原口背唇部だけでは胚を形成

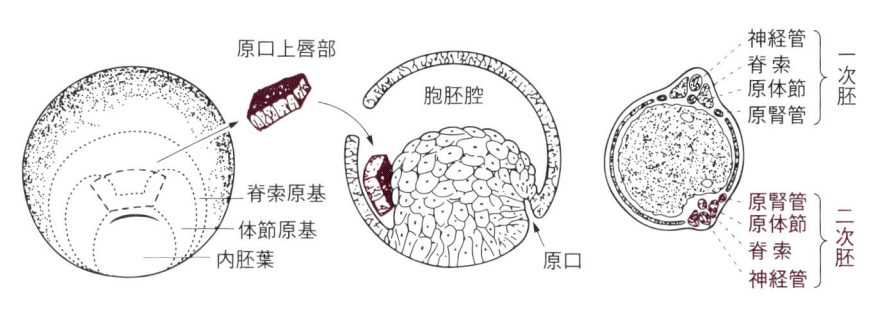

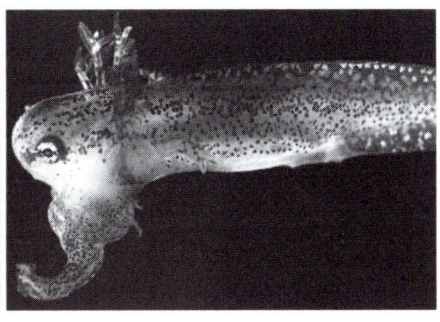

図 5・25　オーガナイザー（原口背唇部）の働き
初期胞胚から原口上唇部（オーガナイザー）を切り出し，別の初期胞胚の胞胚腔へ移植すると二次胚が生じる．切り出すタイミングや位置を変えると頭部構造（左）や尾部構造（右）ができる（写真は高谷 博博士による）．できた二次胚は，移植片細胞と共に宿主細胞とからなっており，オーガナイザーによる誘導があったことがわかる．

細胞分化の可塑性とクローン生物

ショウジョウバエやホヤのように，母親由来の情報（細胞質決定因子）が胚発生を大きく支配する発生様式とは異なり，ウニや哺乳類のように細胞運命の可塑性を長く保ち続ける発生様式もある．前者を**モザイク的**，後者を**調節的**というが，すべての動物は両方の性質をもっており，これらは相対的な区別のしかたである．

調節的な発生様式をもつ動物では，細胞の運命は細胞間の相互作用により順次決められていく．正常発生する場合の胚細胞の運命は早くから方向づけされてはいるが，もし胚細胞の一部に変化が起きると発生プログラムがリセットされ，細胞分化をやり直すことができる．2細胞期の胚の片方の細胞は，将来の体の半分を占める細胞になるはずである．ところが，2細胞期の細胞を二つに分け，そのまま別の胚として発生させた場合，二つの独立した個体となる．ヒトの場合，これを一卵性双生児といい，一卵性双生児はまったく同じ遺伝情報をもっているので**クローン**ということができる．

数個の細胞にまで卵割したウシの胚細胞を解離して，各々の細胞を別々の雌ウシの子宮に着床させると，細胞の数だけクローンウシができる．優良なウシを大量に生産するために日常的に行われている技術である．一方，発生がかなり進んだ動物の細胞核を使ってクローン動物をつくることも行われるようになってきた．すでに分化した細胞核を卵に戻すことにより，発生プログラムがリセットされるのである．

ヒトの遺伝子数は約2万2千といわれる．ところが，分化した細胞ではほんの少しの遺伝子しか発現していない．細胞分化は，ほとんどの遺伝子を不活性化し，一部の特定の遺伝子だけを発現させることと言い換えることもできる．しかし，分化した細胞は遺伝子を捨てているわけではなく，両親から譲り受けたすべての遺伝情報を保有している．したがってクローン羊のように，乳腺の細胞核の情報で一匹の完全なヒツジが生まれるのである．すべての種類の細胞に分化する能力を**全能性**といい，体細胞の核は全能性をもたらす遺伝情報を保有している．

することができない．しかし，移植された原口背唇部は，皮膚しか生じないはずの胚の腹側部分から，ほとんど完全な新しい一つの胚を形成させる能力をもつ．この胚の領域は，個体発生をオーガナイズする力があるという意味でオーガナイザー（形成体）と名づけられ，誘導の連鎖の起源になる．

5・6 細胞の組織化と分化

体を構成する個々の細胞は，周囲の細胞と連携を保ち，これに基づいてそれぞれ特徴を発揮している．複数の細胞が集まってできた有機的な共同体のことを**組織**という．組織は向かい合った細胞膜（図5・26）と細胞膜を結び合わせる細胞間結合によってできあがっている（図5・27）．ここでは個としての細胞から，細胞社会としての組織がどのようにして成立してくるのかみていこう．

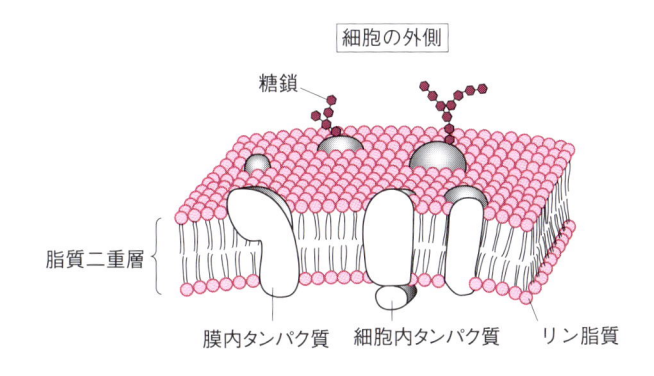

図5・26　細胞膜の実際の様子の模式図

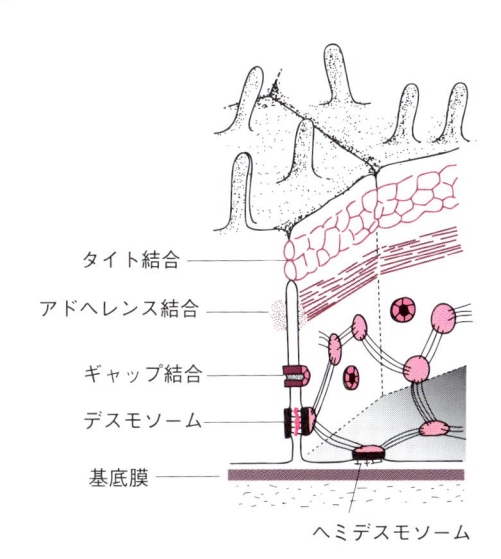

図5・27　上皮組織の細胞接着部における細胞間結合
（表5・1参照）

5・6・1 上皮組織化と間充織

胚の外側を覆う細胞は，たがいに緊密に結合しあって，すき間のないシート構造をつくり上げる．これを上皮とよび，その性質は，組織形成，組織維持に重要な働きをもつ（図5・28）．多細胞動物の構造の基本は上皮であり，上皮を構造的に支える間充織（成体における結合組織）との相互作用によって，さまざまな形態形成運動や組織の構造と機能が維持されている．

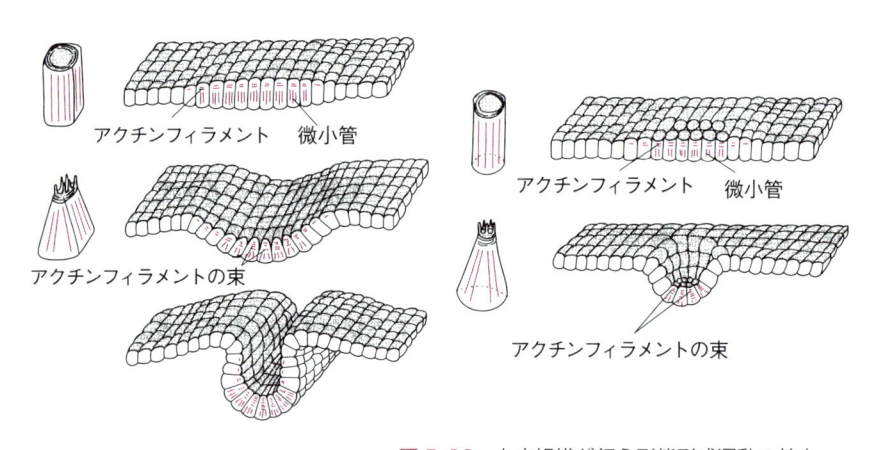

図5・28 上皮組織が行う形態形成運動の基本

表5・1 細胞間の四つの結合様式

1. **タイト結合**：
接し合う二つの上皮細胞の間隙を，タイト結合タンパク質がジッパーを閉じるように連結し，すきまができないように閉じる働きがある．
2. **アドヘレンス結合**：
接し合う2細胞間は，細胞膜貫通型の細胞接着分子（たとえばカドヘリン）の働きにより結合する．細胞質側に接してアクチンフィラメントが集合することが多い．
3. **ギャップ結合**：
接し合う2細胞間を分子通路が貫通し，分子の細胞間交流を可能としている．
分子通路は両細胞の膜内タンパク質，コネクソンが6分子重合し合って開口する．
4. **デスモソーム**：
接し合う2細胞間あるいは細胞-マトリックス間を，細胞膜貫通型の細胞接着分子の働きにより結合する．細胞内の細胞骨格分子系と結合して細胞運動に連動し，細胞の接着行動をつくり出す．

上皮を構成する細胞は，**タイト結合**によって強く結合しており，組織全体として統一された動きをすることができる．また，**ギャップ結合**は細胞間の物質の往来を可能にし，運動やシグナルに対する分化応答など，組織全体の統一化に役立っている（表5·1）．これらの構造を基本に，上皮細胞のシートが陥入や突出し，細胞シートの部域ごとの細胞増殖速度が変化する．その結果，さまざまな形態形成運動が生じる．

5·6·2 細胞の選別と組織化

2種類以上の分化組織から由来する細胞を，個々の細胞にまで解離し，これを再び混ぜ合わせて培養すると，同じ種類の細胞どうしが集まり，組織が再構成される．細胞は接着する相手を選別しているのである．このしくみが実際の組織形成や胚全体の構造形成に重要な役割を演じている．

細胞選別と自律的組織形成

カエルの神経胚を単細胞にまで解離させ，再集合させると，個々の細胞は役割に応じて，自律的に適切な位置に移動する．表皮細胞は細胞集合体の最も外側に，神経細胞は中央に，中胚葉細胞はその間を埋めるように位置する．さらに，細胞は分化を続け，表皮細胞は緊密な細胞接着を形成し細胞集合体を覆う上皮になり，神経細胞は神経管を形成するなど，正常な組織とほぼ同じ構造をつくりあげる．

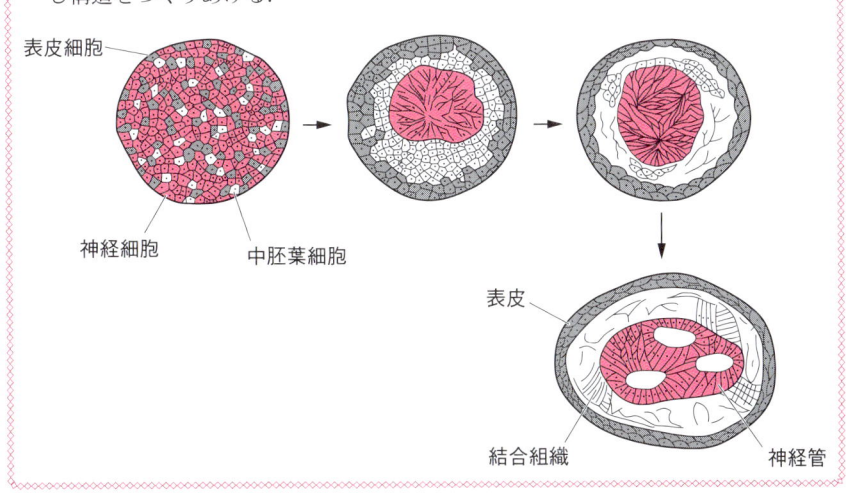

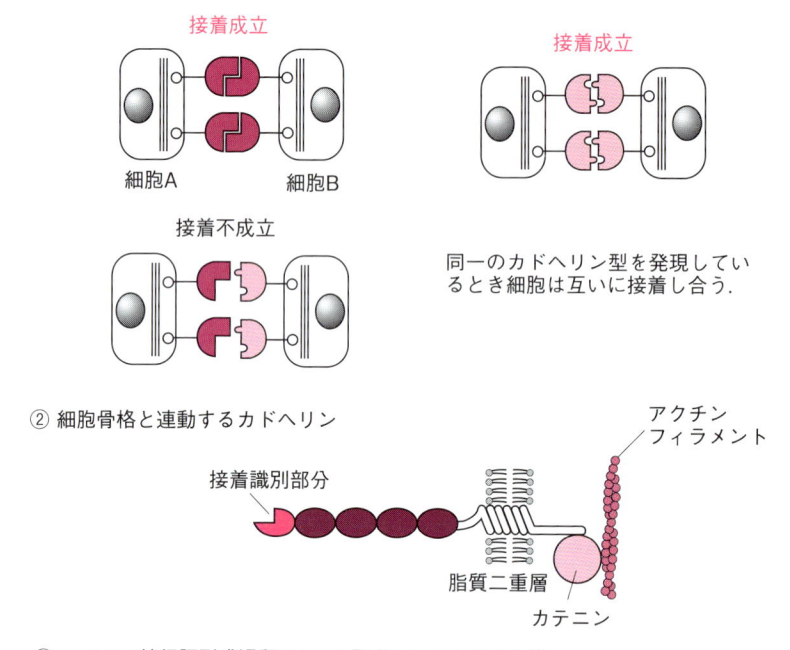

5章　細胞から個体へ

① カドヘリンによる接着様式

接着成立

細胞A　細胞B

接着成立

接着不成立

同一のカドヘリン型を発現しているとき細胞は互いに接着し合う．

② 細胞骨格と連動するカドヘリン

接着識別部分
アクチンフィラメント
脂質二重層
カテニン

③ ニワトリの神経胚形成過程における発現カドヘリン型の変換

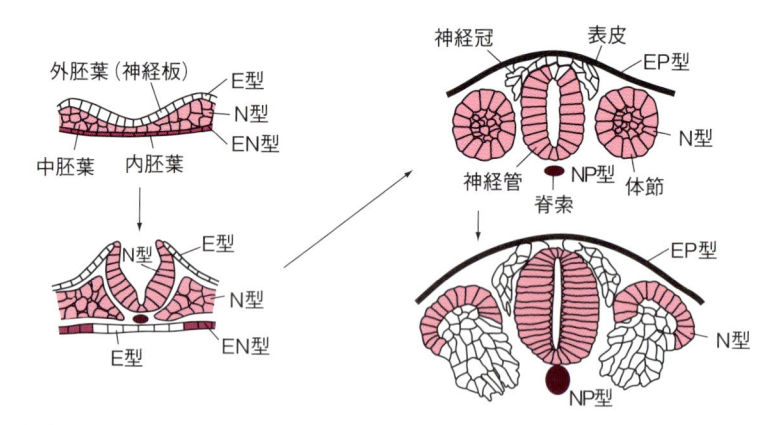

外胚葉（神経板）
E型
N型
EN型
中胚葉　内胚葉

N型　E型
N型
E型　EN型

神経冠　表皮
EP型
N型
神経管　NP型　体節
脊索

EP型
N型
NP型

細胞が異なるカドヘリン型を発現するとき，隣接細胞と新たな関係が生じ，新たな形態形成行動（形態の変換や遊離）に入っていく（竹市雅俊，1987による）．

図 5・29　細胞接着分子カドヘリンの多型性の役割
　　カドヘリン型の変換による細胞の接着行動の変化が組織形成をもたらす．

細胞接着には多くの分子が関与しているが，特に識別に関与する細胞接着分子として，細胞膜に埋め込まれた分子**カドヘリン**が知られている．カドヘリンにはいくつもの型があり，それぞれの型がいくつものサブタイプに別れている．原則として，ある一つの組織で発現しているカドヘリンの型は決まっている．同じタイプのカドヘリンは互いに結合し，異なるタイプのカドヘリン同士は結合しない．したがって，同じ種類の細胞は結合し，異なる種類の細胞とは接着しないことになる（図5・29）．

　ある組織をもとに，新しい組織の形成が始まるときには，それまで発現していたカドヘリンの発現をやめ，別の型のカドヘリンの発現が起こる．こうして独立した新しい組織が形成されるのである．

5・6・3　細胞突起のまさぐり運動と神経ネットワーク

　個体発生の過程では，細胞が組織としてではなく，単独で行動することもある．細胞がみずから積極的に移動していく場合と，血液などによって細胞が受動的に運ばれ，特定の構造に捕捉される場合である．しかし，いずれもどの場所に行き着くかは，移動する細胞の表面と到達場所の細胞の表面との識別と接着による．

　これらの移動する細胞は，初めから細胞が遊離している場合はまれで，組織を形成していた細胞が接着を解くことにより遊離していく場合が多い．すでに発現していたカドヘリン型を転換し，別のカドヘリンを発現することによって細胞接着を解くのである．

　細胞の能動的な移動は，細胞突起によるまさぐり運動による（図5・30）．これは，細胞内部で接着斑を結びあわせるアクチン束の収縮活動にもとづく細胞表面の活発な波打ち膜活動による．このとき細胞表面で接着識別機能が働くことにより，そこに安定な接着を形成するか，それとも接着を形成せずにさらに動き続けるかを決めていると考えられる．前者の場合，安定な接着部をきっかけに，両細胞が同型の接着分子を最初の接着点周囲の細胞表面に急速に蓄積することによって，水が広がるように接着部の面積を広げることになる．はじめは小さな接着点でも，たちまち大きな細胞接着部分が形成できるわけである．

5章　細胞から個体へ

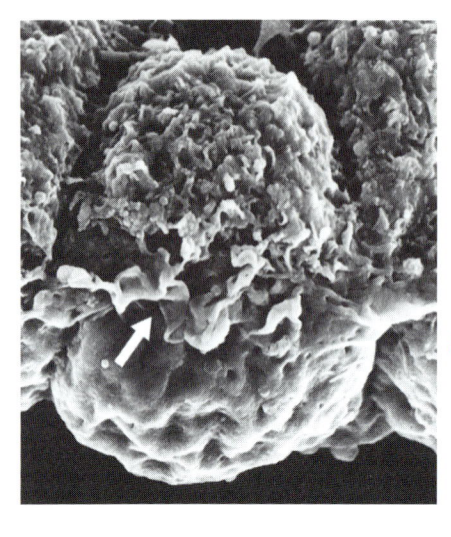

図 5・30　細胞膜表面の波打ち膜活動によるまさぐり運動
単離細胞の自由末端の細胞が，結合する相手を求めて波打ち膜（矢印）を形成している．走査電子顕微鏡写真．約 6000 倍．角川裕造博士による．

　これらのしくみを利用して，すばらしい働きをつくり出したのが，**神経ネットワーク**であり，伸長する神経細胞の細胞末端の選別行動の結果，複雑な脳までが形成される．

再生医療に活躍する発生細胞工学

　分化する能力を維持したまま分裂を続けることができる細胞を**幹細胞**という．すべての種類の細胞を作り出すことができる始原生殖細胞（図 5・4 参照）は，**生殖幹細胞**とよばれる．組織には分化した細胞の他に，その組織の細胞に分化できる**組織幹細胞**があり，組織が傷を受けると，幹細胞が増殖した後，分化して組織を再生する．1 個の細胞に由来し，分裂を無限に繰り返す培養細胞の系統を**細胞株**とよぶ．哺乳類の胞胚から，内部細胞塊（図 5・14 参照）を取り出し，培養するとさまざまな種類の細胞に分化可能な細胞株が得られる．これを **ES 細胞**（**胚性幹細胞**）という．再生医療への応用が期待されるが，倫理的に問題がある．分化した細胞でも，特定の遺伝子を導入すると，幹細胞にすることができる．体細胞に遺伝子導入して得られた幹細胞を，**人工多能性幹細胞**（**iPS**）という．iPS 細胞はがん化する可能性が指摘されているが，これを克服し，自身の細胞に由来する iPS 細胞から，組織・臓器をつくることができれば，拒絶反応のない臓器移植が可能になると期待されている．

6 遺伝子の損傷と修復

　遺伝子は生命活動に大切な情報を担っているので，複製にミスがあってはならない．しかし完全に正確というわけにはいかない．また，放射線やさまざまな化学物質も遺伝子に傷を与える．生物は巧みに遺伝子の傷を修復している．

6・1　遺伝子の損傷

　生体内，細胞内の遺伝子に対しては，さまざまな間違いや損傷がもたらされる．最も基本的なものは，遺伝子の複製に際する間違いである．ついで，細胞内および細胞外のさまざまな因子による **DNA損傷** がある．細胞内で大量に産生される遺伝子損傷性の因子に **活性酸素** がある（・O_2，・OH，H_2O_2）．細胞は酸素を用いてエネルギー産生を行う．ミトコンドリアでは，グルコースから取られた電子は最終的に酸素に渡されるが，その過程で活性酸素が生じる．これらの活性酸素はミトコンドリアから漏れだして，遺伝子DNAを傷つける．また生体組織では感染などに際して炎症が生じるが，炎症の場ではマクロファージや白血球などにより活性酸素が積極的につくられ，殺菌に用いられる．これらも細胞のDNAに酸化的損傷を与える．DNAに酸化的損傷を起こす物質のなかで最も重要なものは，**8-ヒドロキシグアニン**（図6・1）である．

　細胞外からのDNA損傷因子としては **紫外線** がある．DNAの塩基のなかで隣り合うTあるいはCが，紫外線を受けると二量体を形成する．この二量体は，複製に際して突然変異として固定されたり，細胞を殺したりする．紫外線の殺菌作用はこの二量体形成がその機構である．細胞外からのDNA損傷因子には，**電離放射線** もある．電離放射線は紫外線よりも波長の短い電磁波であり，分子と作用してこれをイオン化する作用がある．電離放射線はDNA鎖のリン酸や糖の部分での切断を起こす．切断が2本鎖の両方で近接して生じると2本鎖切

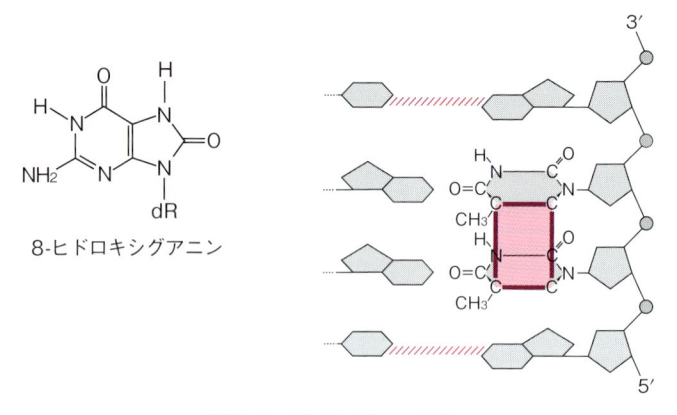

図 6·1　ピリミジン二量体

断がもたらされる．

　自然界の放射線は，宇宙線に由来するものと土壌のなかの**放射性核種**によるものがある．しかし自然放射線の線量は低いため，放射線治療時の照射や原爆による放射線以外には，電離放射線による DNA 損傷や突然変異は考えなくてもよい．

　自然界には，人為的な DNA 損傷因子も多くある．タバコの煙に含まれる多くの化学物質や，人為起源の塩素系化合物，ハム・ソーセージやタラコの発色剤として使われる亜硝酸などがそれである．

6·2　遺伝子の修復

　DNA 損傷に対して細胞は巧妙な修復機構をもっている．塩基のみの損傷など，鎖切断を伴わない DNA の損傷には，**塩基除去修復**と**ヌクレオチド除去修復**の二つの修復機構が知られている（図 6·2）．塩基除去修復では，DNA グリコシラーゼが DNA の糖と塩基を結ぶグリコシル結合を切る．塩基が除去された部位はエンドヌクレアーゼとホスホジエステラーゼにより切断され，生じたギャップは DNA ポリメラーゼ β が埋めて修復を完了させる．ヌクレオチド除去修復は，塩基単位より大きな損傷に対する修復機構である．この修復系では，

6・2 遺伝子の修復

図 6・2 ① 塩基除去修復

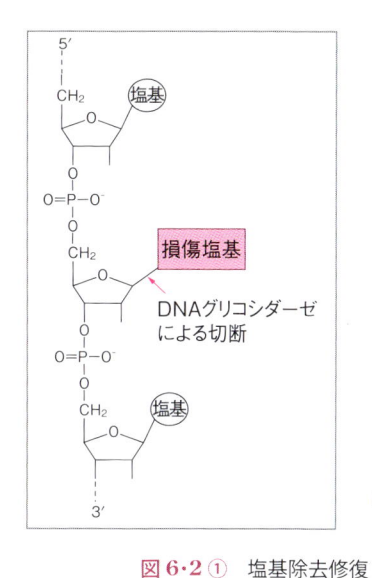

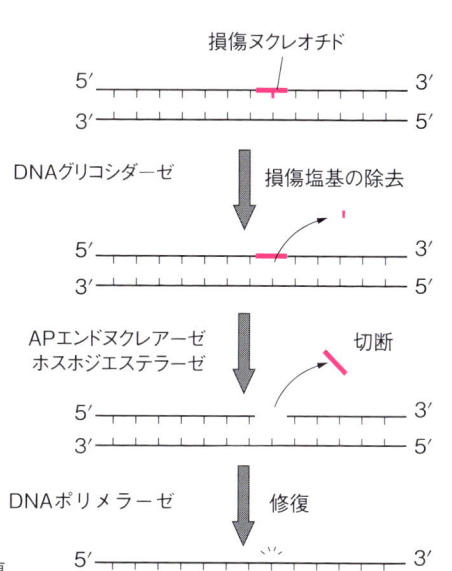

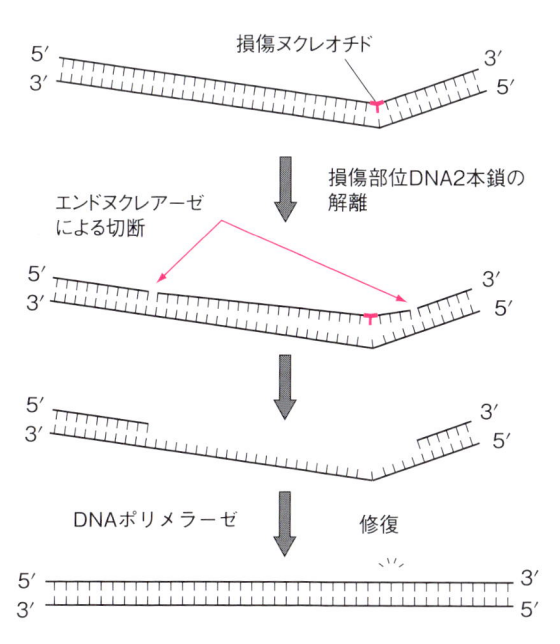

図 6・2 ② ヌクレオチド除去修復

をもつDNAの構造的なゆがみを検出し、その損傷部位を除去する．この修復系でも、いろいろな損傷を認識してその部位に切れ目を入れるさまざまなエンドヌクレアーゼが働く．塩基配列の除去の結果生じたギャップは、相補鎖の塩基配列を鋳型にDNAポリメラーゼが合成して修復する．

　鎖の切断を伴うDNA損傷には、**単鎖切断**と**2本鎖切断**がある．このうち片方の鎖だけが切断される単鎖切断は、DNAリガーゼにより単純に再結合して修復される．

　2本鎖切断の修復は困難で、修復間違いや修復不能な場合には染色体異常や細胞死などの重篤な影響をもたらす．2本鎖切断の修復には、2種類の系が関与している．第一は、切断部位を再結合させる機構であり、2本鎖切断端に結合してこれを安定化させるタンパク質複合体とリガーゼが関与する．この機構では、断端であれば相手かまわず連結するので、間違いの多い修復になる．第二に、相同の配列の情報を利用する**組換え修復**がある（図6・3）．この修復では、断端が切断を受けていない相同の配列部位に進入し、同時に相同配列が切断部位と対合し、両方でDNA合成が行われ、最後に両方の2本鎖が再度分かれることで修復が完了する．この修復は、2本鎖の両方に損傷がある場合でも直すことができる．

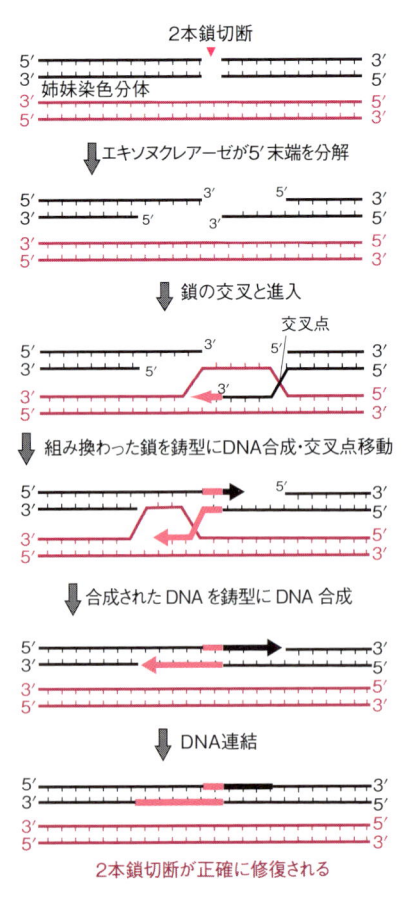

図6・3　組換え修復

6・3　遺伝子の突然変異

DNAポリメラーゼは，DNAを複製する際に$1/10^9$塩基の頻度で間違った塩基を入れる．さらに，DNA損傷により突然変異が生じる頻度が増加する．

損傷を修復できない場合や不十分なときには，DNA複製ができずに細胞は死ぬ．また，損傷細胞は**アポトーシス**とよばれる積極的な細胞死によって排除される．

しかし，死を逃れた細胞でのDNAの複製に際しては，損傷部位の反対側の鎖に間違った塩基が入り，突然変異として固定される．損傷の反対側に入る塩基の種類には，損傷に特異的なパターンがある．たとえば活性酸素で誘発された8-ヒドロキシグアニンは複製の際にCのみならずAとも対合するため，CからA（あるいはGからT）への突然変異をもたらす．DNA鎖切断は，欠失タイプの突然変異をもたらす．また切断の誤った再結合により，染色体での大きな転座をもたらす．

6・4　遺伝子と健康

遺伝情報の傷はコードするタンパク質の機能を阻害するばかりでなく促進することもある．遺伝子の転写調節領域に変異が入れば遺伝子の発現調節が異常になる．さまざまな遺伝子機能がバランスよく働いて，はじめて生命活動が円滑に営まれるのであるから，遺伝子の傷は健康に大きな影響を及ぼす場合がある．

6・4・1　体細胞突然変異とがん

遺伝子には突然変異が生じるが，それをもつ細胞や個体はさまざまな影響をうける．また突然変異が体細胞に生じるか，あるいは生殖細胞に生じるかで，その影響は大きく異なる．

体細胞の場合は，通常の複製またはDNA損傷により，特定の遺伝子に生じる突然変異は10万個の細胞に1個程度であり，そのような細胞が組織に存在したとしても影響はない．たとえば，造血組織の赤芽球1個のヘモグロビン遺伝子に機能不全突然変異が生じたとしても，大多数の赤血球は正常であり，体全体での酸素を運ぶ能力は，まったく影響を受けない．

しかし，がん化するような突然変異については別である．たとえ1個の**がん細胞**であっても，通常の生体の制御を逸脱してその数をふやし，組織や個体の機能を低下させ，ついにはその個体の死をもたらす．このようながん化を引き起こす遺伝子群は，がん関連遺伝子とよばれるが，それには**がん遺伝子**と**がん抑制遺伝子**が含まれる．

発生過程では，細胞増殖する一方，たとえばヒトの手の水かきや，オタマジャクシの尾のように，不要になった細胞はプログラムされたアポトーシスによって除かれる．がん遺伝子とがん抑制遺伝子は，細胞増殖，細胞分化，アポトーシスにかかわる．

一群のがん遺伝子は細胞の増殖の促進とアポトーシス抑制にかかわる．がん遺伝子はいわば細胞増殖のアクセルとでも言うべき遺伝子群であり，その機能を亢進するような突然変異が生じた細胞は，常に増殖刺激をうけた状態になり無制限な増殖をする．

一方，がん抑制遺伝子は，この増殖に対して負に作用する機能を果たす．がん抑制遺伝子の多くは，細胞の分裂周期を停止させたり，分化を誘導したり，さらにはアポトーシスによる細胞死を促進させる機能をもっている．がん抑制遺伝子は細胞増殖のブレーキ役とでもいうべきで，その機能喪失をもたらす突然変異が生じた細胞では，増殖に歯止めがかからなくなり，がん化にいたる．

がん遺伝子とがん抑制遺伝子の双方の働きに変異が生じて，はじめてがんが生じるのである．

6・4・2　生殖細胞変異と遺伝病

生殖細胞で生じた突然変異は，生殖細胞から生まれた個体のすべての細胞に受け継がれる．そのような個体では，すべての細胞の遺伝子の機能が損なわれているため，いろいろな障害を発症する．さらにその障害が生殖細胞を通して次世代にも伝えられるので，このような疾病は**遺伝病**といわれる．

神経系，血液系，循環器系，呼吸器系，免疫系などさまざまな機能に障害をもたらす遺伝病が知られており，さらに遺伝子によっては腫瘍の多発をもたらすものがある．

遺伝子の多型と病気・遺伝子診断・遺伝子治療

突然変異という言葉は，正常な遺伝子に対して生じた異常なものという響きがある．しかし，突然変異がかならずしも個体レベルでの機能異常をもたらすわけではない．ヒトの遺伝子の配列を比較すると，多くの個人差がみつかる．これらの配列上の差が個人の生活に支障をもたらさない場合は，その遺伝子に**多型**があると言う．たとえばメラニン産生遺伝子の多型により髪の毛の色に違いが生じるが，これは個人の機能には差を生じさせない．しかし，これらの遺伝子の差は個人の体質の微妙な差をもたらす場合がある．ある人は風邪にかかりやすかったり，おなかをこわしやすかったりというのがそれであり，これらの遺伝子の多型，遺伝的素因による個人の体質の差は大きい．さらに，新しいもの好きや引っ込み思案といった個人の性格も，遺伝子の多型によっている場合がある．

ヒトの主要組織適合複合体（MHC）遺伝子群（9・4・2 参照）は臓器移植において問題となるが，これには 100 以上の遺伝子が知られており，その各々には数多くの多型がある．したがって MHC 遺伝子には膨大な数の組合せがあり，すべての MHC が完全に一致する臓器提供者は，一卵性双生児以外は，まず存在しないといえる．特定の抗原に対する免疫の成立のしやすさは，主要適合抗原のタイプにより決まる．若年性糖尿病などの自己免疫疾患などは，MHC 遺伝子の多型のタイプと密接な関連をもつ．

ヒトは進化の過程で，さまざまな環境の選択を受けてきた．そのため疾病にかかりやすい遺伝的素因も，進化のなかで選択されてきた可能性が高い．また重篤な疾病をもたらす遺伝病でさえ，環境の選択圧のもとで保持された例がある．ヘモグロビンの β 鎖の突然変異による鎌状赤血球貧血症では，両親から変異遺伝子をホモにもつ個体は貧血のため若年で死亡する．しかし，変異遺伝子を片親のみから受け継いだヘテロの個体は貧血を発症しないだけではなく，熱帯地域で恐れられているマラリアに対して抵抗性がある．ヘテロ接合個体におけるマラリア抵抗性はサラセミア貧血でも同様である．このように，体質であれ遺伝病であれ，ある形質がその個体にとって不利であるか有利であるかについては，これまで人類が進化してきた環境との関連で考えなければならない．

がんも，病気になりやすい体質も，疾患の多くは遺伝子が関与している部分が多い．したがって，今日の疾病の診断には，**遺伝子診断**の果たす役割が

大きくなっている．遺伝子診断技術は，**PCR**法（7・6参照）の出現で簡便になった．その遺伝子の配列を調べれば，たとえばある個人のがんについて，どの遺伝子が突然変異を生じたためにそれが発症したかを判定することができる．

　これがわかれば正常な配列をもつその遺伝子をがん細胞に導入することで治療することが可能になる．体の中にあるがん組織に，外から遺伝子を導入する数々の技術が開発されつつあり，これらの技術を用いてある種のがんに対する**遺伝子治療**が可能になっている．なかでもp53がん抑制遺伝子の導入によるがんの治療は，米国やわが国で開始されている．遺伝病も遺伝子治療の対象になっているのである．これまで多くの遺伝子治療例のある遺伝病にはアデノシンデアミナーゼ遺伝子欠損による免疫不全がある．このような患者の骨髄の幹細胞に欠損している遺伝子を導入して，患者の体内に戻す治療は，好成績をあげている．

　遺伝子治療のみならず，現在ではヒトの受精卵や発生初期の胚の遺伝子診断も医学分野に浸透しつつある．さらに農学分野などにおいても品種改良において遺伝子操作技術が一般的に用いられており，遺伝子研究の社会的な意味は非常に大きいものになっている．

　神経系の遺伝病でわが国でも頻度の高いものに**脆弱X症候群**があり，これはX染色体にのっているFMR遺伝子の変異による知的障害を伴う疾患である．血液系の遺伝病で古くから知られている**血友病**は，ロマノフ王朝に伝わったことで有名で，血液凝固因子の遺伝子の突然変異により，出血がとまらなくなる遺伝病である．脆弱X症候群と血友病は，関連する遺伝子がX染色体にあるため，患者は男性に多い．

　赤血球の機能が損なわれる遺伝病には，ヘモグロビン遺伝子の突然変異によるさまざまな貧血症がある．地中海沿岸でみられるこの**サラセミア**とよばれる貧血症は，ヘモグロビンのα鎖やβ鎖遺伝子の欠失によるものである．

　高発がん性の遺伝病には，p53がん抑制遺伝子の突然変異によるリ・フラウミニ症候群やAPCがん抑制遺伝子の突然変異による**家族性大腸ポリープ症**（9・5・1参照）がある．これらの遺伝病では，がんが若年性に多発する．

7　遺伝子操作

　遺伝子の構造と機能を研究したり，遺伝子を改変して遺伝子治療や遺伝子改良動植物を作成するには，膨大な遺伝子の中から目的の遺伝子だけを取り出し，試験管の中で生化学的に操作をする必要がある．この技術を遺伝子操作といい，現在の科学技術の中核をなすまでに至っている．

7・1　遺伝情報の編集

　細菌に外来 DNA が侵入したときに，自分自身の DNA を切断せず外来 DNA だけを特異的に切断して排除する機構があることが以前から知られていた．1970 年代になると，細菌には特異的な塩基配列を認識して切断する酵素があることが明らかになり，外来 DNA の侵入を制限することから制限酵素とよばれるようになった．**制限酵素**はそれぞれ特異的な塩基配列を切断し，それぞれ異なる切断面を生じる（図 7・1）．これまでに 300 種類以上分離されており，市販されていて，これらを使い分けることにより遺伝子配列上の特異的な場所で切断することができるようになった．なお，野生型の細菌は，自身の制限酵素によって自分のゲノム DNA を切断しないようにするため，制限酵素認識配列の塩基をメチル化する酵素をもっており，制限酵素認識配列の立体構造を変えることにより切断されないようにしている．

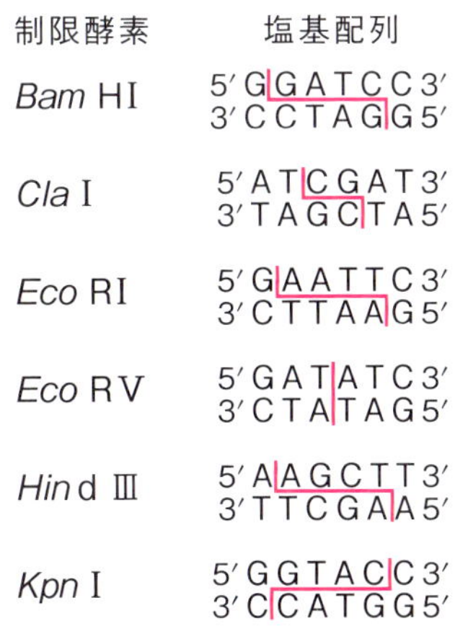

　切断した DNA を結合する役割を果たすのが，大腸菌由来の **DNA リガーゼ**である．

制限酵素	塩基配列
Bam HI	5′ G GATCC 3′ 3′ CCTAG G 5′
Cla I	5′ AT CGAT 3′ 3′ TAGC TA 5′
Eco RI	5′ G AATTC 3′ 3′ CTTAA G 5′
Eco RV	5′ GAT ATC 3′ 3′ CTA TAG 5′
Hin d Ⅲ	5′ A AGCTT 3′ 3′ TTCGA A 5′
Kpn I	5′ GGTAC C 3′ 3′ C CATGG 5′

図 7・1　代表的な制限酵素の認識配列と切断様式

DNAリガーゼは同じ切断面をもつDNA鎖だけを連結する性質がある．制限酵素（はさみ）とDNAリガーゼ（のり）は，DNA配列の組換えを可能にし，遺伝子操作技術を飛躍的に進歩させた（図7・2）．

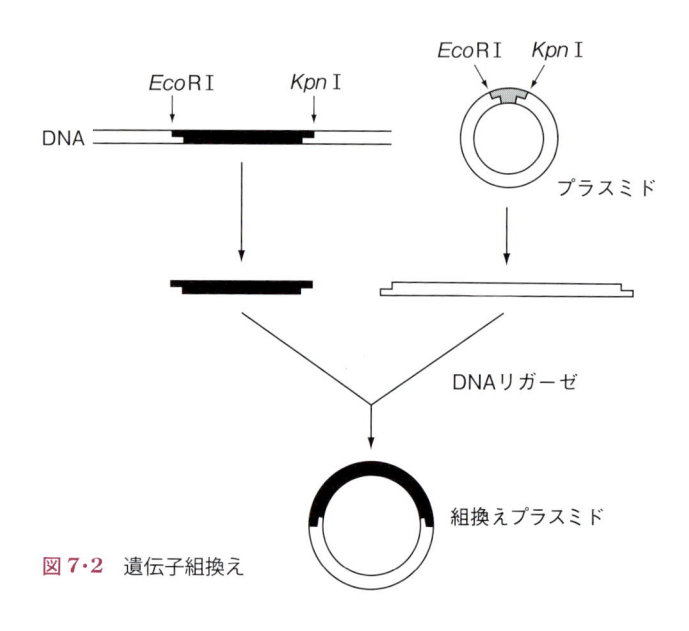

図7・2　遺伝子組換え

7・2　遺伝子の増幅

塩基配列の解読や遺伝子操作を行うためには，化学的操作が可能な量（ng〜μg）の単一DNA分子（クローン）が必要である．ある特定の遺伝子配列を増幅するためには，大腸菌に侵入して増える性質がある環状DNAやウイルスを用いる．この環状DNAを**プラスミド**といい，ウイルスを**ファージ**という．このように，遺伝子を組み込んで大腸菌など宿主に感染し，増えることができるDNAを**ベクター**（運び屋）という．

プラスミドには大腸菌由来の複製開始点の塩基配列がある．この配列があれば，大腸菌の中で大腸菌の複製装置を使ってプラスミドが複製する．遺伝子操作に利用するプラスミドは，操作しやすいようにプラスミド遺伝子にさまざまな改変が施されている．プラスミドに人為的に組み込まれた代表的な遺伝子は，

抗生物質耐性遺伝子と *lacZ* 遺伝子である．*lacZ* 遺伝子の中には目的の遺伝子を組み込むための複数の制限酵素認識配列（Multicloning site：MCS）が人工的に挿入されている（図 7·3）．

　プラスミドを MCS の中の特定の制限酵素認識配列で切断しておき，目的の遺伝子を同じ制限酵素で切断すれば，同じ切断面が生じて DNA リガーゼで連結することができる．遺伝子を組み込んだプラスミドを大腸菌に感染させれば，目的の遺伝子がプラスミドとともに増えるのである．なお，遺伝子操作に用いる大腸菌の制限酵素系には変異を加えてあり，プラスミドを排除できないようになっている．

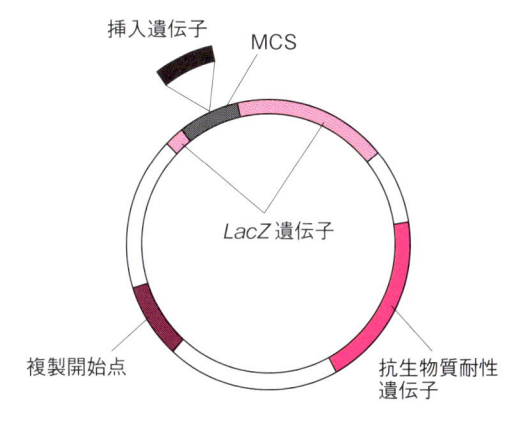

図 7·3　プラスミドの構造

　大腸菌に侵入できるプラスミドは実際はそれほど多くない．したがって操作の効率を高めるために，プラスミドが入った大腸菌だけを選別する必要がある．普通，大腸菌は抗生物質で死滅する．しかし，抗生物質を不活性化する働きのある（抗生物質耐性）遺伝子をプラスミドに組み込み，大腸菌と混合して抗生物質を含んだ寒天培地に広げると，プラスミドが侵入した大腸菌だけが抗生物質存在下でも生存，増殖する．その結果，寒天培地上に大腸菌のコロニーが形成される．

　目的の遺伝子がプラスミドに組み込まれる効率も 100 ％ではない．抗生物質耐性を獲得し，コロニーを形成した大腸菌の中のプラスミドにも，目的の遺伝子が組み込まれていない場合が多い．ある遺伝子がプラスミドに組み込まれれば *lacZ* 遺伝子が分断されて機能しなくなる性質を利用して，遺伝子を組み込んだプラスミドをもつ大腸菌を選別することができる．正常な *lacZ* 遺伝子が発現すると β ガラクトシダーゼが合成される．この時，試薬 X-gal が存在する

とX-galはβガラクトシダーゼにより加水分解され青く発色する．大腸菌とプラスミドを混合し，抗生物質とX-galを含んだ寒天培地で大腸菌を培養すると，青いコロニーと白いコロニーができる．白いコロニーの大腸菌には遺伝子が挿入されたプラスミドが入っている．白いコロニーの大腸菌を培養して増殖させ，大腸菌を破壊してプラスミドを回収すれば，大量に増幅した目的の遺伝子を得ることができる（図7・4）．

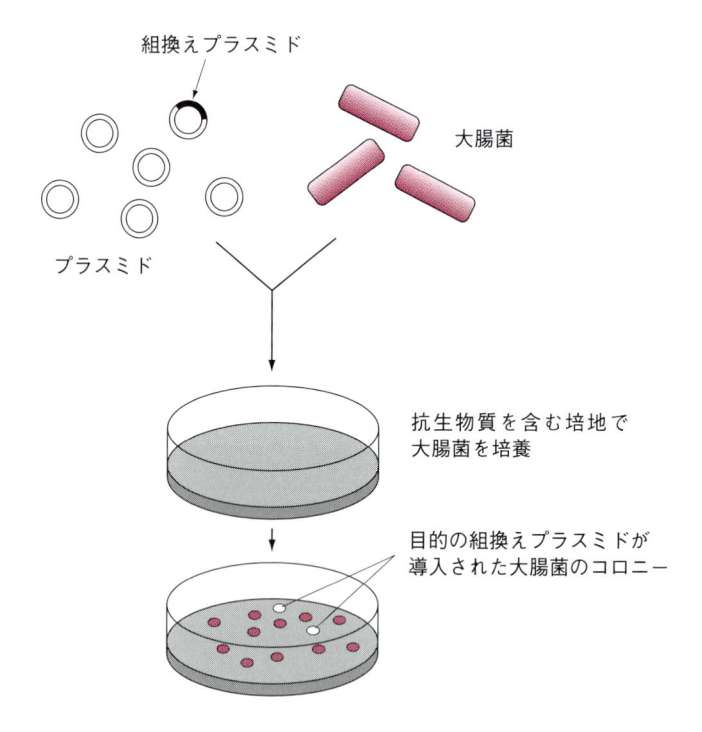

図7・4　組換えプラスミドが導入された大腸菌の選別

7・3　遺伝子のクローニング

染色体DNAを制限酵素で切断して，ベクターに組み込んだもの全体を**遺伝子ライブラリー**という．各ベクターにはどの遺伝子が組み込まれているかはわからないが，ライブラリーのサイズを大きくすればするほど，ライブラリーが

すべての遺伝子を組み込む確率が高くなる．ベクターとしてファージを用いると，約 20kb の DNA 断片を挿入することができる．ヒトの遺伝情報は約 30 億塩基対からなるが，均等に遺伝子を切断できたとすると約 15 万個のファージで全遺伝情報をカバーすることになる．実際には，各クローンの配列の重複を考慮すると，全部の塩基配列を網羅するには統計的に 100 万クローン必要となる．近年, 150kb もの断片を挿入できるベクター **BAC**（細菌人工染色体：bacterial artificial chromosome）が開発され，ゲノムの構造解析に活躍している．

　さまざまな遺伝子のクローニング方法があるが，最も一般的な場合について述べる．精製されたタンパク質が手元にあり，その遺伝子を単離（**クローニング**）する場合は，タンパク質の一部のアミノ酸配列を決定する．アミノ酸配列の情報をもとに，30〜40 塩基の塩基配列を予想する．この塩基配列の DNA を合成し，放射性同位元素などで標識する．この標識オリゴ DNA を用いて，この配列に相補する塩基配列をもったプラスミド，またはファージをライブラリーから探し出すのである．標識 DNA を**プローブ**（探り針）といい，プローブを用いてライブラリーから目的の塩基配列をもったクローンを探し出すことを**スクリーニング**という．

　ファージは大腸菌に侵入して増えた後，大腸菌を溶かして外に出て，さらに隣の大腸菌に感染する．寒天培地上で大腸菌をファージに感染させると，感染しなかった大腸菌は増殖して 12 時間ほどで寒天培地一面に広がる．ファージに感染した大腸菌からは，多数のファージが飛び出し，さらに次々と隣の大腸菌に感染して溶菌するので円形状に大腸菌がいないところができる．これを**プラーク**という．1 個のプラークは 1 匹のファージから出発しており，すべて同じ遺伝情報をもっているのでクローンとみなすことができる．1 個のプラークには数十万匹のファージがいる．

　寒天培地上にプラークを形成させ，寒天培地との位置関係が明確になるように印を付けてナイロンフィルターにレプリカを取る．ナイロンフィルター上には各プラークのファージが付着している．フィルター上のファージをアルカリ処理してタンパク質を溶かし，DNA を 1 本鎖にして，プローブの DNA 鎖と

7章 遺伝子操作

図7・5 スクリーニング

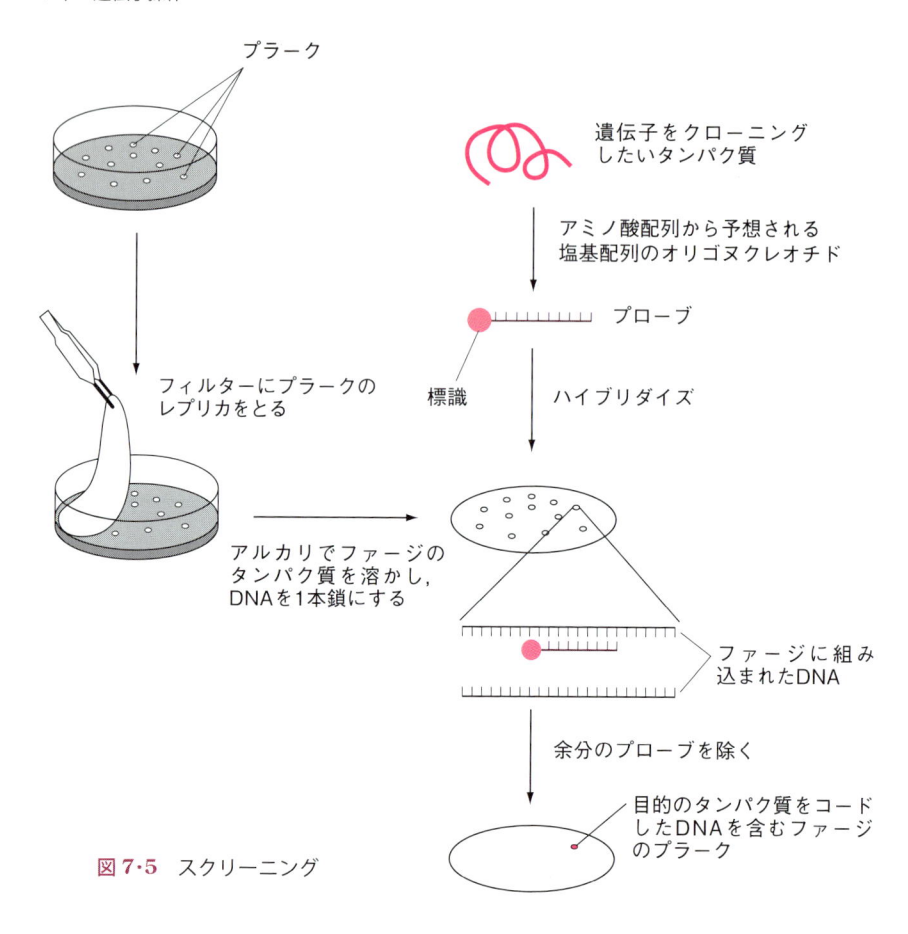

特異的に相補的結合させる．プローブが結合したフィルター上の位置は，放射性同位元素などの標識物質によって特定化することができる．レプリカフィルター上の位置と寒天培地上の位置を合わせて，目的の遺伝子を組み込んだファージプラークを特定し，プラークからファージを回収して再度大腸菌に感染させて増幅させれば，目的の遺伝子だけを得ることができる（図7・5）．

7・4 塩基配列の決定

DNA分子をアクリルアミドゲルの中で電気泳動すると，塩基数の多いDNA

7·4 塩基配列の決定

標識
プライマー
5′ ●GCAC 3′
　CGTGCCGAGCTAGTGTAGTA　　塩基配列を知りたいDNA
3′ ─────────────── 5′　　の相補鎖

DNAポリメラーゼ
＋dNTP
＋ddTTP

● GCACGGC**T**
● GCACGGCTCGA**T**　　同様にddGTP, ddCTP, ddATP
● GCACGGCTCGATCACA**T**　　存在下で反応を行う
● GCACGGCTCGATCACATCA**T**

ddNTP
次のdNTPと結合できない
（図4·4を参照）

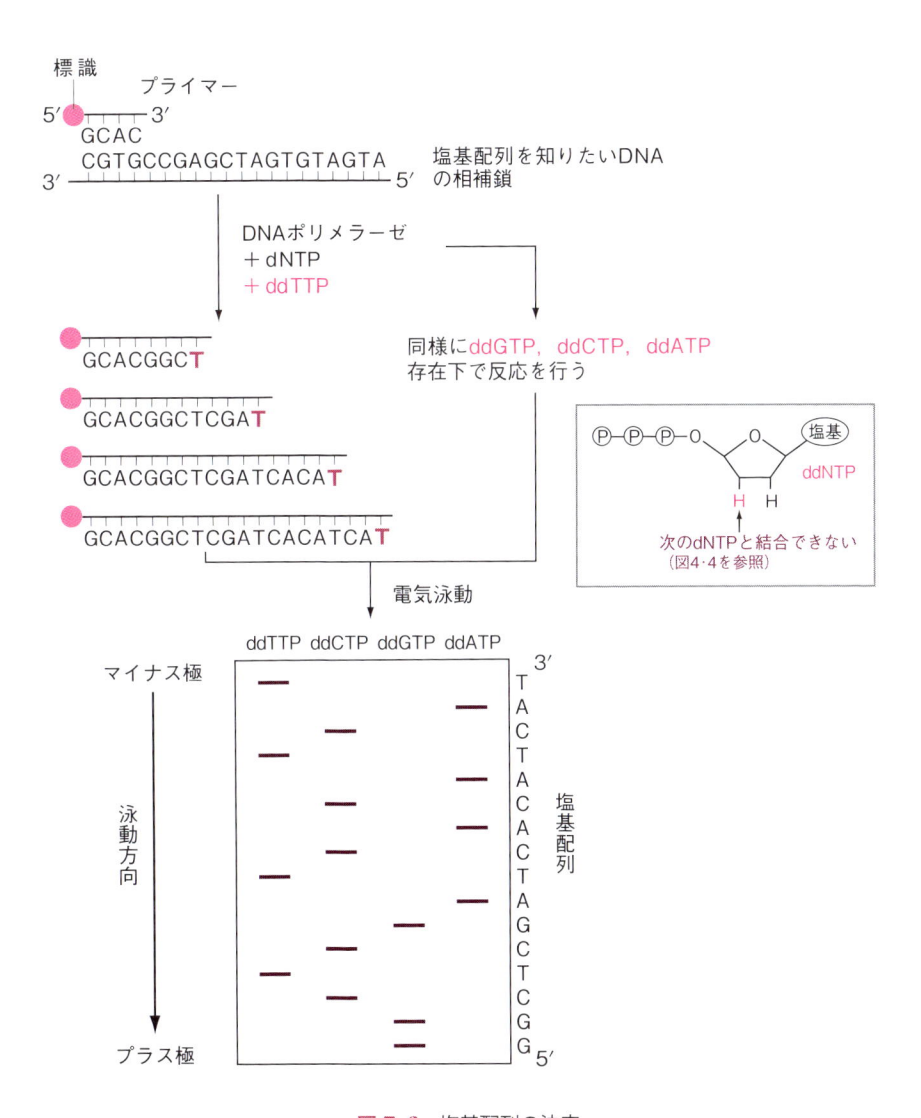

電気泳動

　　　ddTTP　ddCTP　ddGTP　ddATP
マイナス極　　　　　　　　　　　　3′
　　　　　　　　　　　　　　　　T
　　　　　　　　　　　　　　　　A
　　　　　　　　　　　　　　　　C
　　　　　　　　　　　　　　　　T
泳　　　　　　　　　　　　　　　A
動　　　　　　　　　　　　　　　C
方　　　　　　　　　　　　　　　A　塩基
向　　　　　　　　　　　　　　　C　配列
　　　　　　　　　　　　　　　　T
　　　　　　　　　　　　　　　　A
　　　　　　　　　　　　　　　　G
　　　　　　　　　　　　　　　　C
　　　　　　　　　　　　　　　　T
　　　　　　　　　　　　　　　　C
プラス極　　　　　　　　　　　　G
　　　　　　　　　　　　　　　　G 5′

図 7·6　塩基配列の決定

115

ほど移動度が遅くなり，1000塩基と1001塩基の差も区別することができる．この性質を利用して塩基配列を決定する．

　DNAポリメラーゼはDNAを鋳型にしてプライマーの3′末端にデオキシヌクレオチド（dNTP）を付加する反応を触媒する．反応系にジデオキシヌクレオチド（ddNTP）が存在すると，DNAポリメラーゼは伸長している鎖の3′末端にddNTPを付加する．しかし，ddNTPの3′位が-OHでなく-Hなので，さらに次のdNTPを付加することができず，それ以上鎖を伸長できなくなる．たとえば，ddATPを反応系に適当な割合で混合すると，塩基配列上のAのところで伸長反応が停止した，さまざまな長さのDNA鎖が合成されることになる．同様にG，C，Tについても同じ反応を行い，それぞれ別のレーンで電気泳動して，移動度を解析することにより塩基配列を決定することができる（図7・6）．

　塩基配列を決定する技術は飛躍的に進歩しており，ヒト・ゲノムの全塩基配列の解読は2003年に完了した．現在は，さまざまな生物種のゲノムの解読が進められており，有用な遺伝子の発見や，進化のしくみの解明が期待されている．

7・5　遺伝子導入

　人為的に変異を加えた遺伝子の機能を解析することにより，遺伝子の転写調節領域の役割や，遺伝子がコードするタンパク質分子内のさまざまな領域の機能を知ることができる．遺伝子機能の解析は，遺伝子を細胞や生体に導入して発現を調べることにより行われる．遺伝子の転写調節領域の研究には**リポーター遺伝子**としてホタルのルシフェラーゼ遺伝子や，クラゲの発光タンパク質GFPがよく用いられる．さまざまな変異を加えた転写調節領域にこれらのリポーターを結合し，遺伝子導入して発現量や発現領域を解析することにより，転写調節領域の役割が明らかになるのである．

　遺伝子導入法は，DNAを微小なガラス針で細胞や卵に導入する顕微注入法や，金粒子に遺伝子を付着させて散弾銃のように撃ち込むパーティクルガン法，

ウイルスに遺伝子を組み込み，ウイルスの感染力を利用して細胞に導入するウイルス・ベクター法がある．また，培養細胞では人工脂質二重膜に遺伝子を包み，これを細胞と融合させて導入するリポフェクション法がよく用いられる．導入された遺伝子は染色体外遺伝子として核に入り，発現するが時間の経過とともに消失する．しかし，一部は染色体DNAに組み込まれ，以降安定的に存在し続ける．

　遺伝子治療や，遺伝子改変による家畜や農作物の品種改良には，適当な転写調節領域を有用遺伝子に連結して遺伝子導入が行われている．しかし，導入した遺伝子を高いレベルで発現させ続けるためには，がんの原因となることが知られているウイルスの強力な転写調節領域を用いなければならない．安全性の確認と，安心して用いられる正常な遺伝子の転写調節領域を用いた遺伝子導入法の確立を急ぐ必要があると思われる．

活躍する海洋生物：クラゲと目印タンパク質 GFP

　クラゲの仲間には光るものがいる．下村 脩博士はオワンクラゲが光るしくみを明らかにし，光るタンパク質の遺伝子を単離した．緑色の蛍光を出すためGFPと名づけられたタンパク質は，すべての生物で光る．調べたいタンパク質とGFPの融合タンパク質を合成する組換え遺伝子を作成し，これを細胞に遺伝子導入して発現させると，GFPを目印としてタンパク質の挙動を生きたまま解析することができる．現在では，GFPのアミノ酸の一部に変異を加えることにより，赤，黄色，青緑などさまざまな色のGFPを作り出すことができるようになり，色の違うGFPで標識することにより複数のタンパク質の挙動を解析することが可能になった．また，レーザー光を照射すると，緑から赤に転換できるGFPも開発され，緑色の個体の中の1つの細胞だけ赤く目印をつけたり，緑色の細胞の中の特定の微小な領域に赤い目印をつけ，その領域の挙動を解析することまでできるようになっている．下村 脩博士はGFPの発見により，2008年にノーベル化学賞を受賞した．

7·6 PCR

DNAポリメラーゼがDNA複製を開始するにはプライマーが必要なことを利用して，試験管の中で，狙いどおりの配列を増幅できるようになった．この技術をPCR（polymerase chain reaction）といい，DNAの増幅ばかりでなく，突然変異の導入やRNAの定量など，遺伝子操作技術の進歩に大きく貢献している．また，髪の毛のDNAなど，微量のDNAを増幅できるので，犯罪捜査における個人の特定や，遺伝病の診断にも用いられる．

DNAの塩基配列は，同じ遺伝子であっても個体や種間で異なる領域と，変化のない領域がある．変化していない領域の配列を**保存配列**といい，特定の遺伝子の保存配列に相補的な合成プライマーを結合させると，特定の遺伝子を増幅することができる．

DNA2本鎖は100℃近くの高温にすると1本鎖にほどけ，鋳型となる．プライマーは温度を下げると相補的な配列に結合する．ここにDNAポリメラーゼと素材となるデオキシリボヌクレオシド三リン酸があれば，プライマーを起点としてDNA合成が開始される．DNA2本鎖のそれぞれに相補するプライマーを結合させ，2本鎖を1本鎖に解離する95℃，プライマーを結合させる55℃，DNAポリメラーゼを働かせる72℃を繰り返すと，2種類のプライマーが結合する間の領域が増幅され，1サイクルで特異的DNA配列が2倍になり，40サイクルで約1兆倍に増幅されることになる（図7·7）．

PCRを可能にしたのは，沸騰する温泉に棲息する細菌 *Thermus aquaticus* の耐熱DNAポリメラーゼの発見である．PCRは，1分子でもDNAがあれば，それを鋳型にしていくらでも増幅させられるので，髪の毛1本から人物を特定することができる．太古の生物の遺骸がミイラとして，あるいは氷に閉ざされて発見されることがある．それらに少しでもDNAが残っていれば，太古の生物の遺伝情報を知ることができる．また，医療の場でも微量のDNA配列を検出できるPCR特性を活かして，遺伝病の診断やがん細胞の検出に活躍している．

7·6 PCR

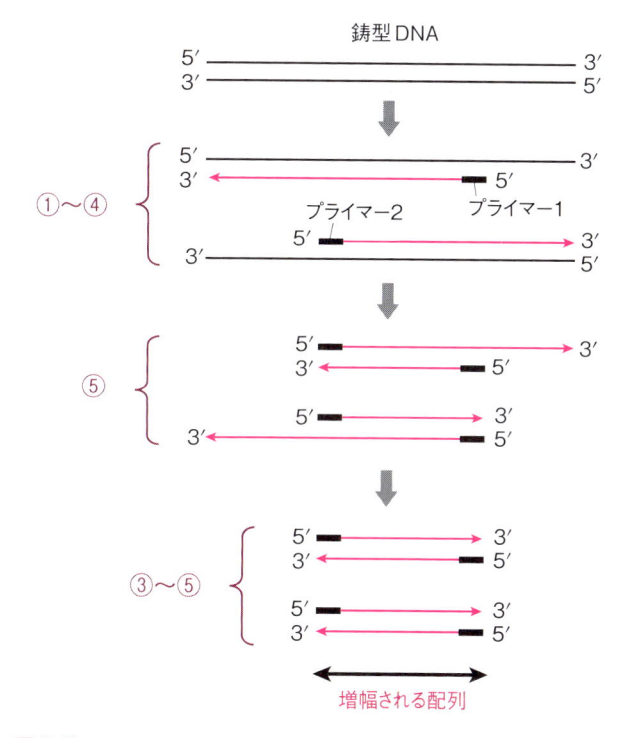

図 7·7 PCR

① 得ようとするDNA配列の5′末端と3′末端に，互いに逆向きのプライマーを合成する．
② 鋳型となるDNAにプライマーを加え，95℃にすると，DNA2本鎖が1本鎖に解離する．
③ 55℃にするとプライマーが鋳型DNAの相補配列に結合し，TaqポリメラーゼがDNA複製を開始する．
④ 72℃で，TaqポリメラーゼによるDNA複製をさらに進行させる．

　55℃で，DNA鎖の伸長反応が進んでおり，相補するDNA鎖が長くなっている．したがって，72℃にしても鎖が解離することはない．72℃にすることにより，DNA1本鎖の分子内相補結合は妨げられ，DNA鎖の伸長反応は円滑に行われる．

⑤ 1回のDNA複製反応が完了したら，再び95℃に加熱して，DNA2本鎖を1本鎖に解離する．
以降，③～⑤を繰り返す．

119

8 体の代謝の維持と活動の調節

　生命は太古の海で生まれ，外界と膜で隔てることにより，その中に秩序をつくり出していった．太古の海は生命活動を営むために最も適した条件であったに違いなく，生命体は外界の環境とほとんど一体化していたと考えられる．外界と隔てる膜の役割は今ほど大きくはなかったのかもしれない．

　陸生，淡水産，海産を問わず現代に生きるほとんどの動物の体液の塩分組成と濃度が，太古の海と一致しているということは，生命が生まれて以来体液の組成は変化しなかったことを意味している．生命活動が可能な条件は非常に限定されており，体の内部の環境を太古の海の状態に維持することが生存と進化の必要条件だったのであろう．

　海の容量は極めて大きいので，環境の急激な変化もなく，海自体が生命活動のための環境維持の役割も果たしている．しかし，地球環境も原始生命体にとって都合のよいところばかりではなかったに違いない．海水の塩濃度は徐々に増加し，現在では生命が生まれた海の3倍に達している．一方，雨水は海水の100分の1程度の塩濃度しかない．

　細胞膜の中の環境を積極的に都合のよい状態に維持できる生物が生まれると，外界の環境が最適でなくても生命活動が営めるようになり，生活範囲を広げていったと考えられる．さらに，進化によって複雑な体をもつようになると，**ホルモン**や**自律神経系**など体内の環境を維持するための特別なシステムを発達させ，より厳密に体内の環境をコントロールすることができるようになった．また，**運動器官**と**感覚器官**を発達させた動物は，外界の情報をすばやく分析して運動器官に伝え，体を自在に動かすことまでできるようになった．

8・1　体液の塩濃度の調節

　アミノ酸がいくつも連なったタンパク質は，決まった形に正確に折り畳まれ，立体的な構造を形成する．正しい形のタンパク質が働いているからこそ，生物は生きていられるのである．卵の中にある卵白は透明だが，変性すると白くなる（p.13 コラム参照）．熱を加えることによりタンパク質の分子の形が変わり，水に溶けなくなったから白くなったのである．もちろんこうなっても栄養源にはなるが，本来のタンパク質の機能は失われる．

　タンパク質には正または負の電荷をもった，いくつものアミノ酸が含まれている．タンパク質の立体構造の形成には，この電荷による反発力や引力が関わっており，塩濃度はこれらの静電力に大きな影響を与える．卵から取り出した卵白を真水に懸濁してみると白く濁ってくるのがわかる．白くなったのは本来のタンパク質分子の立体構造がとれなくなったことを意味している．体液とほぼ同じ濃度の塩水に懸濁すると白濁しない．塩濃度をさらに高めると逆に白濁する．タンパク質分子は生理的な塩濃度の中で最適な構造をとっているのである．

8・1・1　半 透 膜

　細胞と外界を隔てる細胞膜は脂質二重層でできているので，ステロイド系のホルモンや酸素，二酸化炭素などの疎水性の分子は簡単に通過することができる．親水性の分子でも，水など電荷のない低分子も比較的簡単に通過する．しかし，低分子でも電荷をもつイオンは脂質二重層をほとんど通過せず，透過率は水の10億分の1である．分子によって透過率が異なる膜を**半透膜**という．半透膜を境に片方に水，反対側に溶液を置くと水は半透膜を通過して溶液に移動する．その圧力を**浸透**

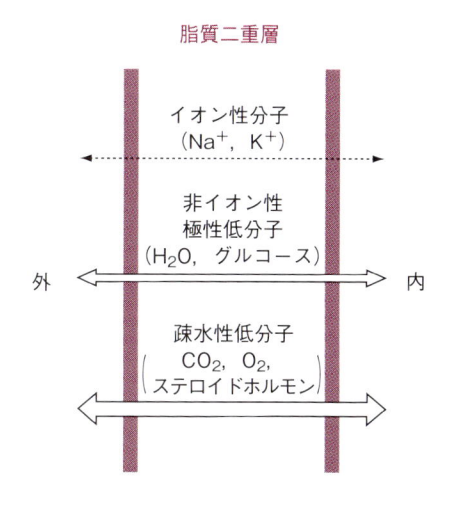

図 8・1　脂質二重層の透過性
矢印の太さは透過率を表す．

圧といい，水に溶ける塩類や糖類は浸透圧を高める（図8・1）．

　この宇宙はでたらめの方向に向かっており，濃度に差があれば差がなくなる方向に向かう．時間がたてば最終的には最も安定な，すべて均一の状態になる．

　ほとんどの塩は細胞の中ではイオンとして溶けている．イオンは細胞膜をほとんど透過しないので，細胞膜を通過できる水が移動して体液の塩濃度を外界と同じにしようとする．ナメクジに塩をかけると，体から水が奪われて小さくしぼんでしまうのを見たことがあるだろう．人も淡水プールで泳げば体に水が浸入し，海で泳げば水分が体から抜け出るのである．ところが，淡水にすむ生物もいれば，塩濃度の高い海水にすむ生物もいる．何もしなければ，たちまち体内の塩濃度は外界の塩濃度と同じになってしまうはずであるが，多くの生物はATPのエネルギーを使って，体液の塩濃度を一定に保つ機構を備えている．なお，カニやウニなどの海産無脊椎動物は体液の塩濃度調節を行わずに，高い塩濃度に耐えられるようにしている．

8・1・2　ホルモンによる体液の塩濃度調節

　腎臓は尿素などの不要物を排泄するばかりではなく，塩の排出と再吸収を行っている．腎臓では毛細血管から浸出した体液が原尿としていったん細尿管に移行するが，再び**細尿管**のナトリウムポンプでATPを消費してナトリウムイオンが回収される．回収したナトリウムイオンは取り巻く毛細血管網によって取り込まれ，再び生命活動に用いられる（図8・2）．

　体液の塩濃度はホルモンによって調節されている．脳には塩濃度を関知するシステムがあると考えられている．体が脱水症状になると塩濃度感知システムから間脳の**視床下部**にシグナルが送られ，神経分泌細胞から8個のアミノ酸からなる**バソプレッシン**が放出される．放出されたバソプレッシンは血流に乗り，腎臓に到達して水が排泄されるのを抑制する．一方，体液の塩濃度が薄くなると塩濃度関知システムから間脳視床下部に抑制シグナルが送られ，バソプレッシンの放出が抑制される．

　積極的にナトリウムを尿細管から回収し，体内に蓄える指令を伝える役割をするのはステロイドホルモンの**鉱質コルチコイド**で，**副腎皮質**から分泌される．

鉱質コルチコイドの分泌も体液の塩濃度に
よって調節されており，塩濃度が低ければ
分泌が促進され，高ければ抑制される．こ
うして，いつも一定の体液の塩濃度を保っ
ている．
　淡水硬骨魚類は体の表面から常に水が浸
入してくるが，大量の低塩濃度の尿を排出
し，鰓からは塩類を取り込んでいる．一方，
海産硬骨魚類は高塩濃度の海水を大量に飲
み込むことで水を得ており，余分な塩類は
鰓から排出し，また高塩濃度の尿として排
泄している．こうして淡水，海水どちらに
棲んでいても一定の体液塩濃度を保つこと
ができるのである．なお，淡水と海水を行
き来するサケやウナギは両方の塩濃度調節
機能をもっており，状況に応じて使い分け
ている．

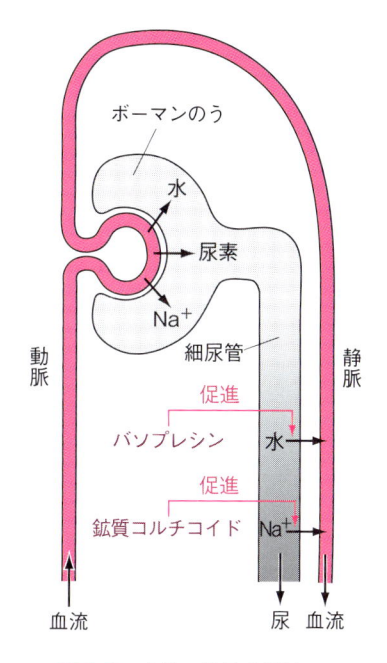

図 8·2　血液の塩濃度調節

8·2　体温の調節

　細胞の活動には，細胞膜や小胞体などの細胞内膜系が重要な働きをしている．
細胞の膜は流動性に富んでおり，液体状態の脂質の二重層に種々のタンパク質
が浮かんでいると言い表すこともできる．これらのタンパク質が相互作用して
さまざまな細胞の活動が営まれている．温度変化はタンパク質自体の機能ばか
りでなく，脂質の流動性に変化をもたらし，その結果タンパク質の相互作用に
大きな影響を与える．
　大型の魚類や，両生類，爬虫類などの変温動物も外界より体温が比較的高い
のは，生命活動に伴う化学反応の結果，熱としてエネルギーが放出されるから
である．鳥類や哺乳類などの恒温動物は積極的に体温を最適状態に維持する機

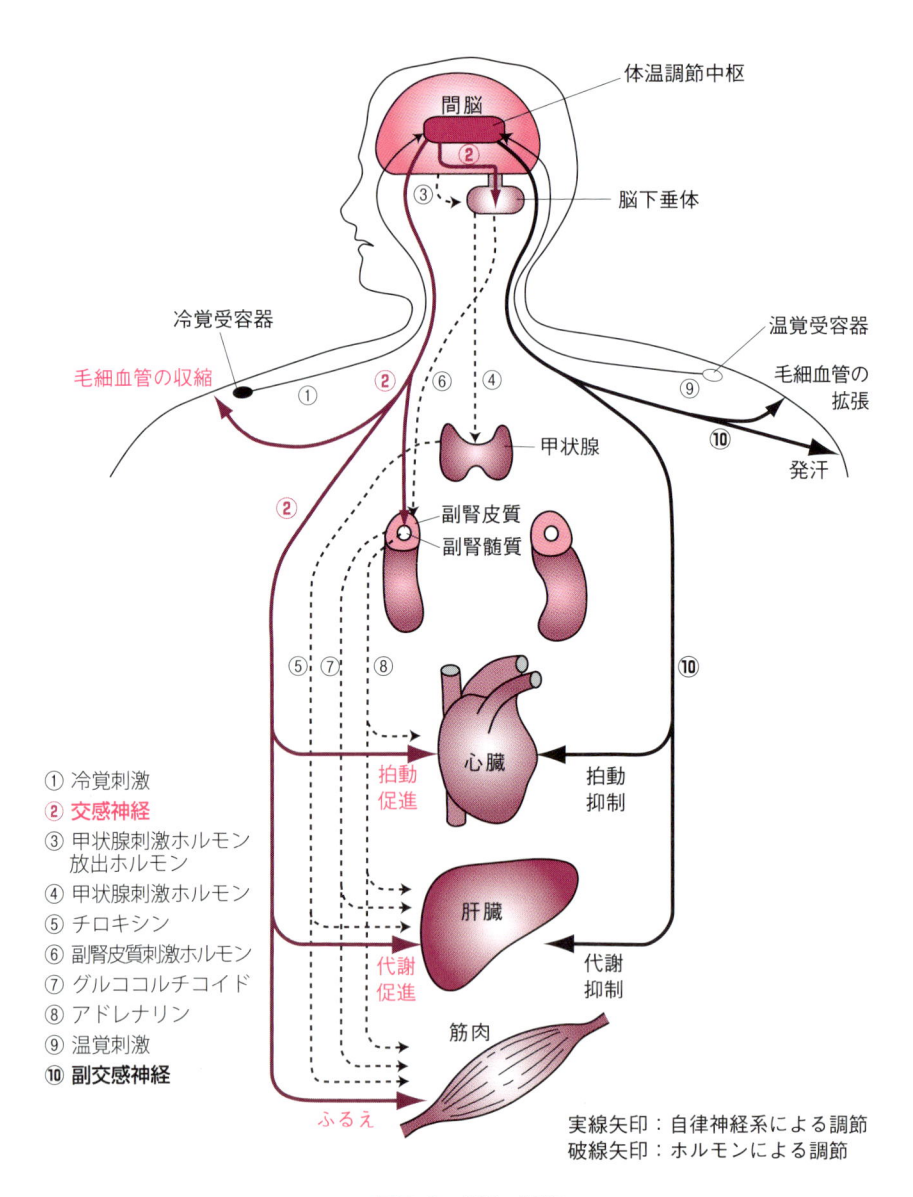

8章 体の代謝の維持と活動の調節

① 冷覚刺激
② **交感神経**
③ 甲状腺刺激ホルモン放出ホルモン
④ 甲状腺刺激ホルモン
⑤ チロキシン
⑥ 副腎皮質刺激ホルモン
⑦ グルココルチコイド
⑧ アドレナリン
⑨ 温覚刺激
⑩ **副交感神経**

実線矢印：自律神経系による調節
破線矢印：ホルモンによる調節

図 8・3　体温の調節

124

構を身につけており，寒さや暑さに適応して活動することができる．恒温動物では温度受容体が皮膚にある．ここで感知された温度差が感覚神経系を通じて中枢神経系に伝えられる．

　寒さを感じた場合は，情報を受けた体温調節中枢は交感神経を介して指令を発し，皮膚の毛細血管を収縮させ体温の放散を防ぎ，筋肉をふるわせてATPの消費に伴う熱を発生させる．一方，脳の視床下部からは甲状腺刺激ホルモン放出ホルモンが出され，これが脳下垂体に甲状腺刺激ホルモンを放出させる．刺激を受けた甲状腺からは**チロキシン**が分泌されて，チロキシンは体全体の基礎代謝率を向上させ，その結果熱が発せられる．また，交感神経を介して体温調節中枢からの情報を受け取った脳下垂体からは，副腎皮質刺激ホルモンが放出され，副腎皮質から**グルココルチコイド**が放出される．一方，副腎髄質からは，交感神経を介して体温調節中枢の情報が届くと，**アドレナリン**が分泌される．これらのホルモンも基礎代謝率を高め，熱を発することになる．

　温度が高いと感じた場合は体温調節中枢が副交感神経系を介して発汗を促す．その結果，水分が蒸散し熱が奪われる．また，皮膚の毛細血管を拡張させるため，放熱が促進され体温が下がることになる．

熱中症対策には塩と水が必要

　長時間高温にさらされると，汗をかき，体液の水分含量が減る．水分がさらに減ると脱水症状が引き起こされ熱中症になる．水分補給が必要となるが，水を飲んだだけでは熱中症は収まらない．発汗とともに塩類も奪われるからである．生命活動を担うタンパク質の立体構造を適切に保つためには，塩濃度を一定に保つ必要がある（p.13 コラム参照）．水を取り入れただけでは，体液の塩濃度が下がるため，タンパク質の機能に異常が生じることになる．塩濃度の低下を視床下部が認識すると（8・1・2参照），飲水行動が抑制されるとともに水分を尿として排出する．そのため，体液の量が減り，発汗が抑えられてさらに体温が上昇することになる．熱中症を防ぐためには，水と塩類の両方の補給が必要である．

交感神経系と副交感神経系をあわせて自律神経系という．交感神経は主に化学伝達物質の**ノルアドレナリン**を分泌し，副交感神経は**アセチルコリン**を分泌する．交感神経系はさまざまな器官を活動状態に保ち，副交感神経系は消耗の回復に適した休息状態を保つ働きがある．二つの自律神経系は相反する情報を伝達することにより，体温ばかりでなく心臓，消化管，腎臓，肺などさまざまな器官の恒常性を保っている．また，さまざまなホルモンを分泌する内分泌系も複雑なネットワークを形成しており，体の恒常性を保つ働きがある（図8・3）．

8・3 血糖の調節

運動ばかりでなく脳の活動など，あらゆる生命活動にはエネルギーが必要である．エネルギー通貨はATPであるが，動物はその元になるグルコースを体の必要な部分にいつでも供給できるように血流に乗せて待機させている．血液中のグルコースを**血糖**という．血糖は浸透圧にも大きな影響を与え，高浸透圧は細胞の機能に障害をもたらす．したがってエネルギー補給のためだけではなく，血糖をいつも一定に保つ必要がある．

血糖の維持もホルモンによって調節されている．血糖は筋肉や肝臓に蓄えられたグリコーゲンを加水分解して供給され，余分なグルコースはグリコーゲンに変えられる．絶食などで血糖値が低くなると間脳の血糖感知システムが反応し，この情報は**交感神経**を伝わって副腎髄質に伝えられ，ペプチドホルモンの**アドレナリン**が分泌される．アドレナリンはグリコーゲンの分解を促進し，血糖値を増加させる．アドレナリンは**脳下垂体**にも作用し，**副腎皮質刺激ホルモン**を分泌させ，副腎皮質刺激ホルモンは副腎皮質からステロイドホルモンの**グルココルチコイド**を分泌する．グルココルチコイドはタンパク質や脂質を分解して糖を合成する反応を促進する．また，**膵臓**の**ランゲルハンス島**の α 細胞から分泌されるペプチドホルモンの**グルカゴン**も，グリコーゲンからグルコースを合成する反応を促進し，血糖値を高める働きがある．

一方，血糖値が高くなると間脳の血糖感知システムが反応し，**副交感神経**を

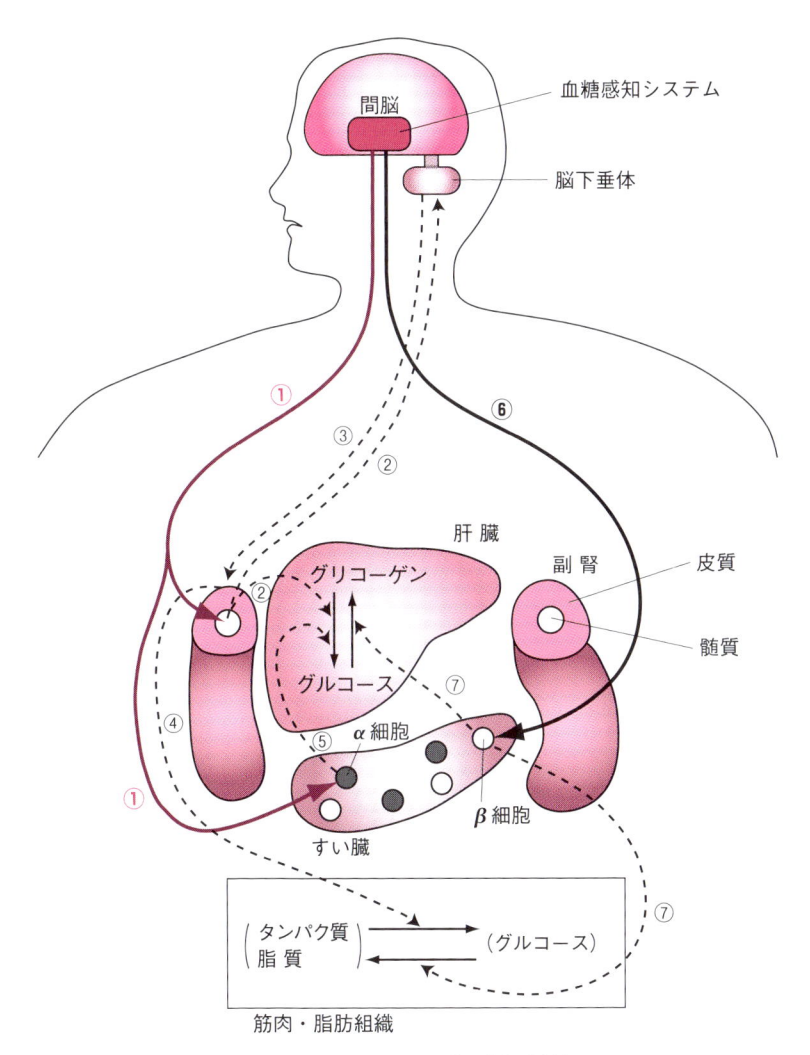

8・3 血糖の調節

① 交感神経
② アドレナリン
③ 副腎皮質刺激ホルモン
④ グルココルチコイド
⑤ グルカゴン

⑥ 副交感神経
⑦ インスリン

実線矢印：自律神経系による調節
破線矢印：ホルモンによる調節

図 8・4　血糖量の調節

伝わって低血糖の情報が膵臓のβ細胞に伝えられる．膵臓のβ細胞にも血糖の受容体があり，これが反応するとβ細胞からペプチドホルモンの**インスリン**が分泌される．血流に乗って全身に行き渡ったインスリンは，肝臓ではグリコーゲンの合成反応を，筋肉細胞では細胞へのグルコースの取り込みとグリコーゲン合成反応，脂肪組織ではグルコースから脂質への合成を促進する．また，グリコーゲンの分解も抑制する働きがあり，その結果血糖値を低下させる（図8・4）．インスリンの分泌に障害があると血糖値が異常に上昇し，浸透圧が増加する．これを**糖尿病**という．

8・4　神 経 系

細胞から細く長い突起が出ているのが**神経細胞**の特徴である．この突起を**軸索**といい，神経細胞の興奮を伝える働きがある．軸索の先端は別の神経細胞の**樹状突起**と接していて，この接合部分を**シナプス**という．シナプスでは神経突起の先端から**神経伝達物質**が放出され，接する神経に興奮が伝えられる（図8・5）．

8・4・1　神経の伝達機構

細胞膜の外側は静止状態では内側は外液に対して負に帯電（－60mV）している．この電位差を**膜電位**といい，静止状態の膜電位を**静止電位**という．膜電位は細胞膜の**ナトリウム‐カリウム交換ポンプ**の働きによるもので，このポンプはATPを消費して1回の反応あたり細胞内のナトリウムイオン3分子を細

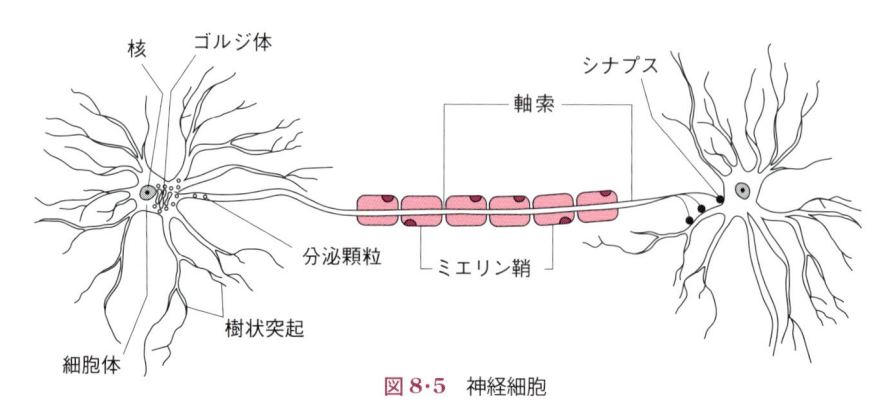

図8・5　神経細胞

胞外に運び出し，カリウムイオン2分子を中に取り込む．その結果，細胞内のナトリウムイオン濃度が低くなり，反対にカリウムイオン濃度が高くなる．両イオンとも1価の正のイオンなので，1回のポンプの反応で差し引き1個のプラスの電荷が細胞膜の外に出されることになる．したがって細胞膜の内側の電荷が低くなる．

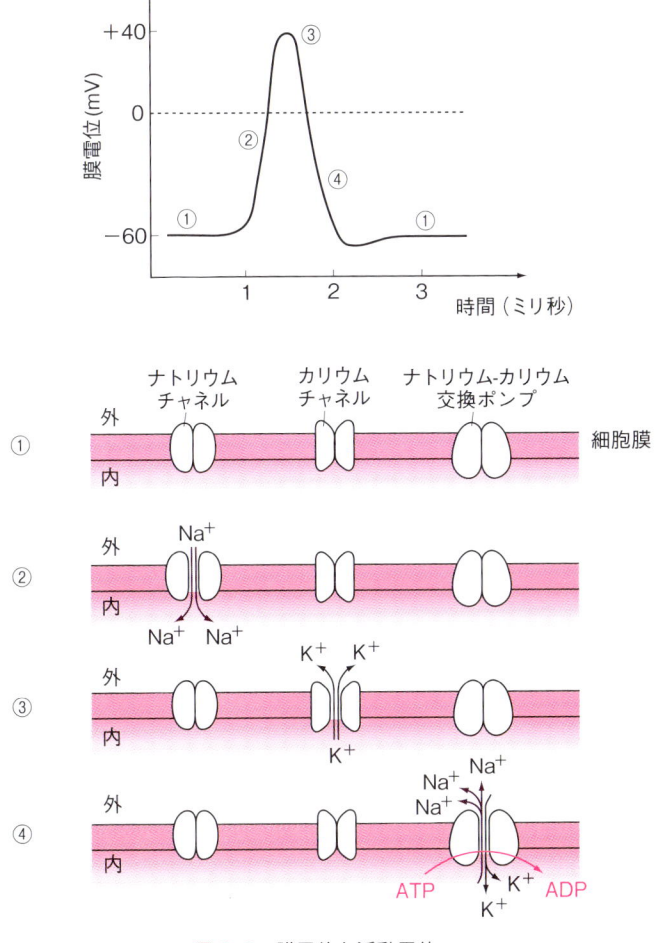

図8・6　膜電位と活動電位

細胞が興奮すると，細胞膜のナトリウムチャネルが開き，細胞外のナトリウムイオンだけが細胞内に急速になだれ込む．その瞬間，細胞内の電位は負から正（＋40mV）に転じる．これを**活動電位**という．ナトリウムチャネルが開いている時間は一瞬（1ミリ秒以下）である．次にカリウムチャネルが開いて細胞の中から外に向かってカリウムイオンが流出する．その結果，正の電荷量が相殺されて活動電位が低下する．さらに，ナトリウム-カリウム交換ポンプの働きによって静止電位に戻り，次の刺激の伝達に対応できるようになる．なお，活動電位の値は常に一定であり，刺激の強弱は発生する活動電位の頻度として伝えられる（図8・6）．

いったん活動電位が生じると，活動電位が引き金となってすぐ隣の細胞膜のナトリウムチャネルが開き，活動電位が生じる．こうして興奮は軸索を波のように伝わっていく．その伝搬速度は軸索の太さや温度によって異なるが，1秒間に約1mである．脊椎動物の軸索は**ミエリン鞘**で覆われている．ミエリン鞘は絶縁能力にすぐれており，興奮の波はミエリン鞘を飛び越して伝わる．文字どおり興奮の伝搬を跳躍することにより，伝達速度は飛躍的に増大した（哺乳類では100m/秒）．これを**跳躍伝導**という．また，静止電位に戻すためのナトリウム-カリウム交換ポンプを働かせる部分が少なくて済む特徴がある．ミエリン鞘により脊椎動物は情報の伝達速度の速さと，省エネルギー化に成功し，高い情報処理能力と俊敏な運動能力を獲得した．その結果，体の大型化と高機能化に成功したといえるであろう．

活躍する海洋生物：イカと神経伝達機構

イカの神経の軸索はミエリン鞘で覆われていないが，動きがすばやいことからもわかるように，イカの神経伝達速度は速い．ミエリン鞘がない軸索の伝達速度は，軸索の太さに依存しており，イカの軸索は太い．ホジキン博士とハクスリー博士は，イカの太い軸索の特徴を活かし，電極を挿入して細胞膜内外の電位差を測定することに成功した．神経伝達機構を解明した研究は，1963年のノーベル生理学・医学賞に輝いている．

8・4・2　神経のネットワーク

　神経細胞はシナプスを介して他の複数の神経細胞と接し，神経の回路網を形成している．軸索を伝わってシナプスに到着した電気信号はいったん，化学信号（神経伝達物質）に置き換えられ，シナプス間隙を経由して次の神経細胞に伝えられ，ふたたび電気信号として伝達される．

　神経細胞からの興奮（活動電位）が軸索を伝わって末端（シナプス小頭）まで到達すると，シナプス小頭のカルシウムチャネルが開きシナプス小頭内のカルシウム濃度が一過性に高まる．これが引き金になって小胞内の神経伝達物質がシナプス間隙に分泌される．伝達物質がシナプス後膜に到達すると，細胞膜の受容体が感知してナトリウムチャネルが開き，神経細胞の膜電位が逆転して活動電位が生じる．シナプス間隙に分泌された神経伝達物質は酵素によってただちに分解される．すべてを静止状態に戻すことにより，次の情報伝達に対応できるようにしているのである（図8・7）．

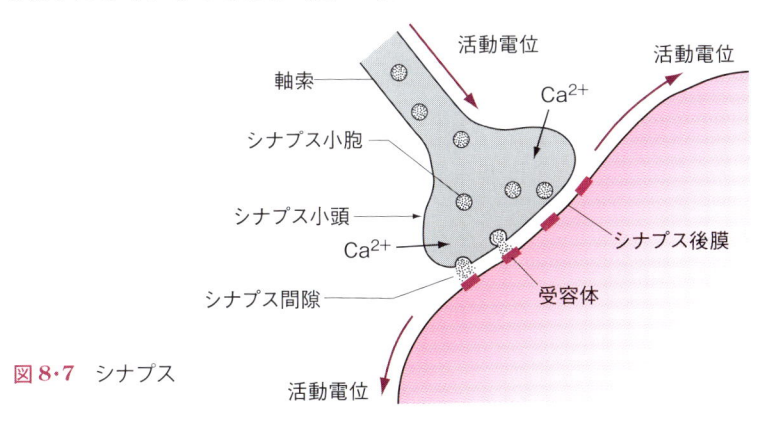

図8・7　シナプス

　活動電位が伝える情報はデジタル信号と同じで**全か無**（1か0）でしかなく，シナプスを介して伝えられた信号を受け取った次の神経細胞が発する情報も，やはり全か無の電気信号でしかない．神経細胞は最初に発せられた情報の単なる受け渡しをしているに過ぎないのであろうか．シナプスには2種類あり，それぞれ相反する作用をもつ化学信号（神経伝達物質）が分泌される．正負2種類の化学信号を組み合わせることにより，シナプスと次の神経細胞で情報の統

合が行われているのである．

次の神経細胞に活動電位を生じさせるシナプスを**興奮性シナプス**，活動電位を抑制するシナプスを**抑制性シナプス**という．興奮性シナプスでは神経伝達物質の**アセチルコリン**や**ノルアドレナリン**が分泌される．これらの伝達物質が到達するとシナプス後膜ではナトリウムチャネルが開き，神経細胞に活動電位が生じる．一方，抑制性シナプスでは神経伝達物質の **γ-アミノ酪酸**（GABA）が分泌される．GABAがシナプス後膜に達し，膜の受容体が感知すると塩素イオンチャネルが開き，負の電荷をもつ塩素イオンが流入して細胞膜の内側の電荷がよりマイナス側に傾く．したがって抑制性シナプスは興奮性シナプスと拮抗することになる（図8・8）．

神経細胞は一つの神経細胞の興奮を次の神経細胞へと伝えて行くばかりでなく，興奮性の刺激と抑制性の刺激を受け取り，これらの情報の量や頻度を総合的に判断して次の情報を発していく．こうした情報処理システムが記憶や複雑な思考を可能にしている．

コンピューターの演算も実は神経系と同じシステムを使っている．コンピューターのロジックも人間が生み出したわけではなく，もともと生物のロ

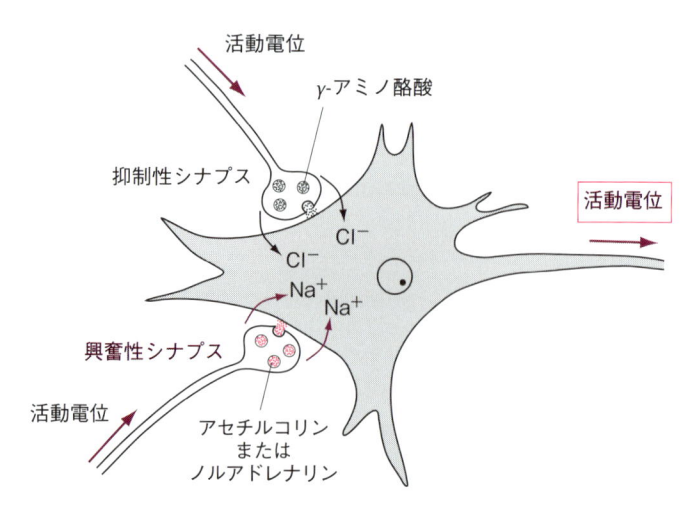

図8・8　興奮性シナプスと抑制性シナプス

後天的につくられる神経ネットワーク

　クローン動物は，まったく同じ遺伝情報をもっている．倫理的に問題はあるとしても，現代のバイオテクノロジーをもってすればクローン人間の製造は可能である．しかし，思考を司る中枢神経系の神経のネットワークの設計図は遺伝情報にあるのではなく，誕生後に形成され維持される．経験に伴ってネットワークが複雑化するが，それは不動ではなく別の経験によって漸次塗り替えられていく．ネットワークの形態は個人の経験によって異なるので，同じネットワークは二つとないことになる．コンピューターにたとえるならば，遺伝情報はハードの設計図であり，精神はソフトであると言い換えることができるかもしれない．

　人間一人ひとりのアイデンティティーは遺伝情報にあるのではなく，誕生後に形成された神経のネットワークが司っている．クローン人間ができたとしても，個々のクローン人間はまったく別の精神をもっていることになる．自分と同じコピーができるわけではない．

ジックがあって，それが人間の手を借りることにより，コンピューターとしてこの世に出現したと考えることもできる．

　脳と**脊髄**を**中枢神経系**といい，中枢神経系と体のさまざまな器官をつなぐ神経を**末梢神経系**という．中枢神経と末梢神経はシナプスを介して接している．哺乳類の中枢神経系の神経細胞は胎児の間にすべてつくられ，情報の感知，特定の筋肉の収縮や伸張，さまざまな器官の調節などの神経細胞の役割は，細胞が中枢神経系のどの位置に存在するかによって決まっている．中枢神経系の神経細胞は何らかの方法で，体の各々の器官と一対一の情報交換をする機構が必要である．体がつくられる胎児の時期に，脳や脊髄の末梢神経細胞からは神経

活躍する海洋生物：アメフラシと記憶のメカニズム

　軟体動物のアメフラシの中枢神経系の神経ネットワークは単純で，実験モデルとして適している．この特徴を活かして，エリック・カンデル博士は神経系の情報伝達機構と記憶のメカニズムを解明し，2000年にノーベル生理学・医学賞を受賞している．

8章　体の代謝の維持と活動の調節

繊維がアサガオのつるのように伸びだす．この神経繊維がさまざまな障害物を乗り越えて長く延び，正確に目的の器官に到達する．神経繊維の行き先を示す機構として，器官から何らかの信号が発せられ，それを目印として末梢神経の神経繊維が延びていくと考えられている．ある特定の器官は，それに対応する特定の神経細胞の神経繊維だけを誘引するのである（図8・9）．

5

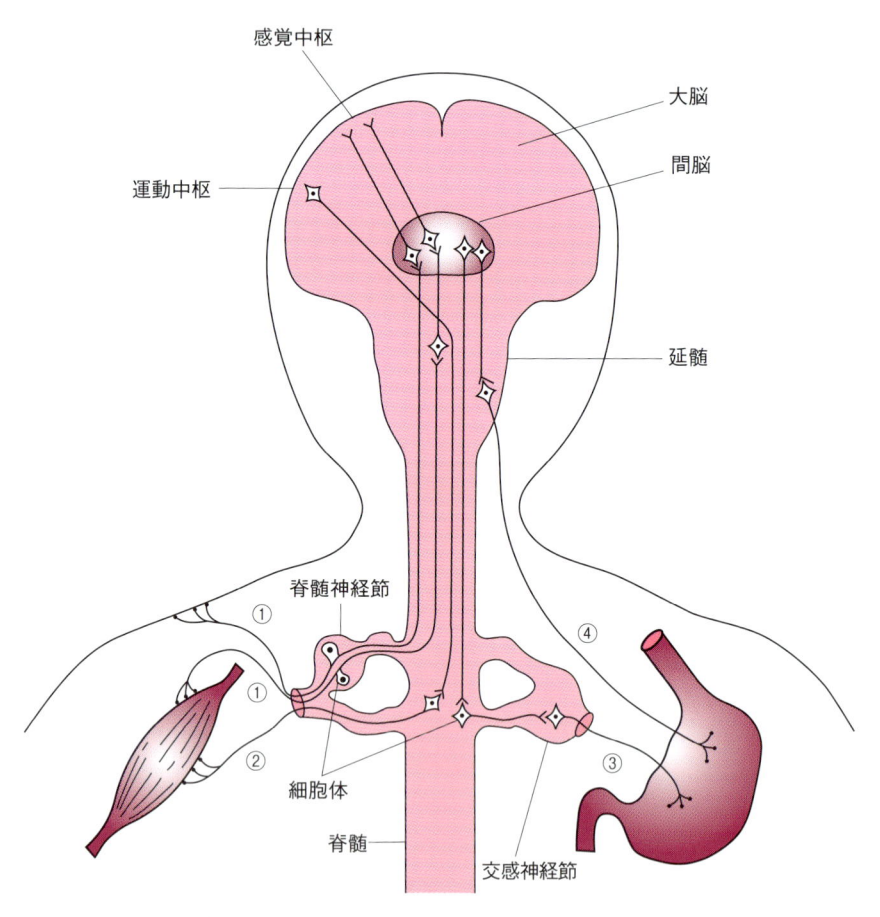

①感覚神経　②運動神経　③交感神経　④副交感神経

図8・9　中枢神経系と末梢神経系

こうして末梢神経系は，間違うことなく中枢神経系の神経細胞の指令を伝え，器官からの情報を中枢神経系の神経細胞に伝える役割をはたす．視細胞，聴覚細胞，嗅覚細胞，温度センサー，圧力センサーでは，光，音，匂い，温度，圧力の情報が活動電位として置き換えられ，すべて活動電位の波として神経繊維を通って中枢神経系に伝えられる．活動電位の波自体には全か無かの情報しかない．一方，中枢神経系からさまざまな末梢の器官に伝えられる指令も同じである．したがって，もしこの神経繊維の回路が間違っているとすると，誤った情報が中枢に伝えられ，中枢の指令も本来とは別の器官に伝わってしまうことになる．末梢神経系はロボットにたとえるならば，センサーや駆動部とコンピューターをつなぐ配線ともいえるであろう．感覚器官と中枢神経系を結ぶ神経を**感覚神経**，中枢神経系の指令を骨格筋に伝える神経を**運動神経**という．

 哺乳類の中枢神経系の細胞は胎児の間にすべてつくられ，その数は誕生後に増えることはない．しかし，神経回路網は経験とともに形成されていく．

神経回路は試行錯誤でつくられる

 中枢神経系の神経細胞と末端の感覚器官の細胞や骨格筋細胞が一対一で結ばれるからこそ，外からの刺激を空間的に認識することができ，思うように手足を動かすことができる．中枢神経系の膨大な数の神経細胞が，遠く離れた特定の感覚細胞や筋細胞に間違いなく接続できるしくみは想像を絶する．実は，神経系が形成されつつある発生期は，神経細胞は仮の標的細胞と結びついたり，複数の軸索を伸ばし，複数の標的細胞と結びついたりする．しかし，連結した複数の軸索のうち，神経細胞と標的細胞の刺激と応答がうまく行かない神経細胞を自殺させたり，連絡がうまくいかない軸索を退行させたりして，最もうまく応答する連結だけを残す．このような細胞間の相互作用が，正確で複雑な神経系の成立を可能にしている．

8・5 運 動

 動物が体を動かせるのは，食物に含まれる化学エネルギーを運動エネルギーに変換できるからである．筋肉を使う大規模な運動ばかりでなく，植物も含め

て，細胞内の小器官の移送や細胞運動，細胞分裂など，微小な運動にも同じ機構が使われている．ATPのエネルギーを利用して運動エネルギーに変えるタンパク質を**モータータンパク質**という．

8·5·1　アクチンとミオシン

筋肉では力は**アクチンフィラメント**と**ミオシンフィラメント**がATPのエネルギーを消費して滑ることにより生じる．アクチンフィラメントは，アクチン分子が一定の方向性をもって連なったものであり，アクチン分子が優先的に付加される末端をプラス端，反対側をマイナス端という．アクチン1分子が結合するには1分子のATPが消費される（図8・10）．

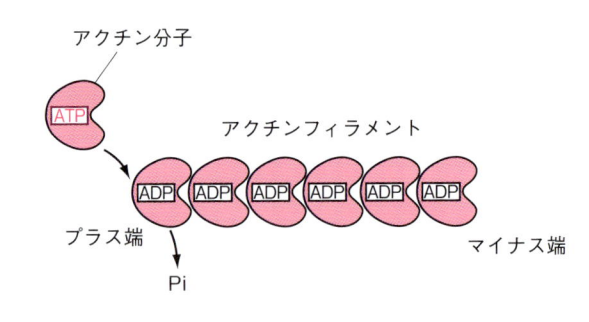

図8·10　アクチンの重合

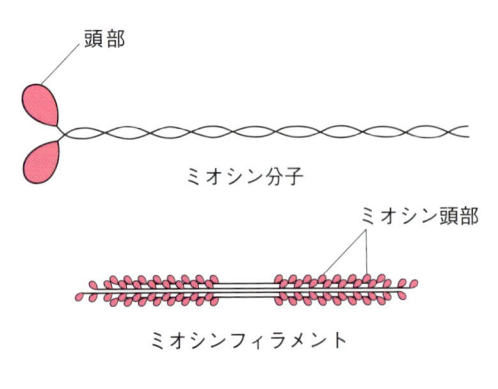

図8·11　ミオシン分子とミオシンフィラメント

ミオシンはゴルフのクラブのような形をしており，2分子のミオシンが柄の部分で互いに巻き合ってコイルを形成する．2個の頭部にはそれぞれATP分解酵素活性とモーター活性がある．2分子を基本単位とするミオシンは，筋肉では多数のミオシン分子と結合してミオシンフィラメン

トを形成している．ミオシン分子はフィラメントの中央部分から両方向に向かって，規則正しく配置されている（図8·11）．

ミオシン分子の頭部はアクチンフィラメントに強く結合する性質がある．この状態のミオシンにATPが結合すると，ミオシン分子の形が変わりアクチンフィラメントから解離する．ミオシンがATPを消費するとミオシン分子の構造が大きく変化し，ミオシン頭部の先端はもとの位置から約5nmずれる．この時，遊離されたリン酸はまだミオシンに結合している．ミオシン頭部がアクチンフィラメントに接すると，それが引き金となってミオシンからリン酸が放出され，ミオシン頭部がアクチンフィラメントに強く結合すると同時にミオシンの形がもとに戻る．その結果，ミオシンフィラメントがアクチンフィラメント上を5nmだけ移動することになる．この反応が繰り返されることによりミオシンフィラメントがアクチンフィラメントに沿って一定方向に進むことができる（図8·12）．

骨格筋ではアクチンフィラメントとミオシンフィラメントが方向性をもって規則正しく配置されており，その基本単位を**サルコメア**という．サルコメ

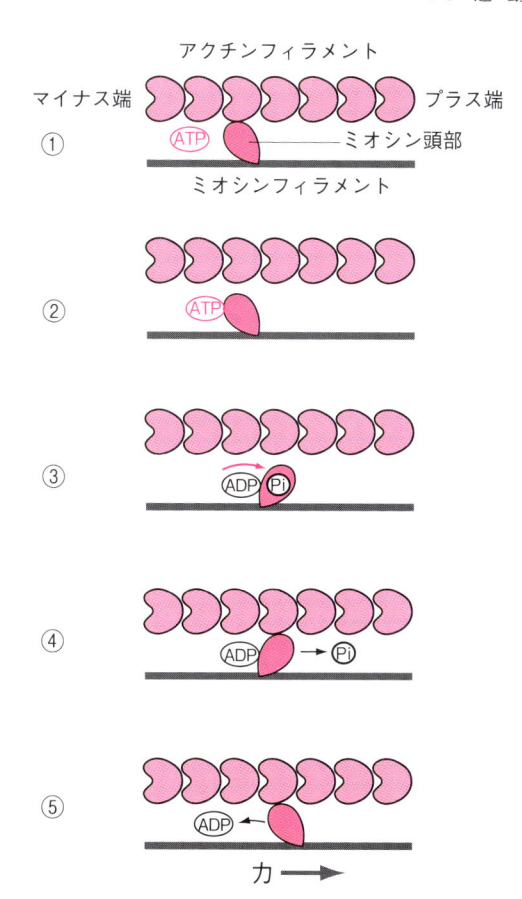

図8·12 ミオシン分子とアクチン分子による力の発生

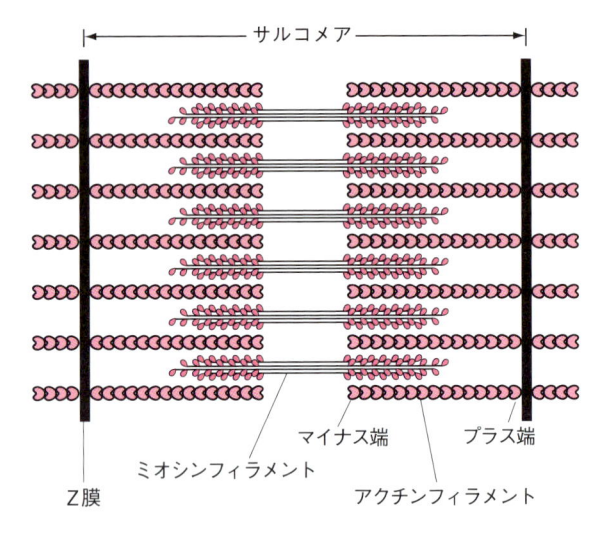

8章 体の代謝の維持と活動の調節

図8・13 サルコメア

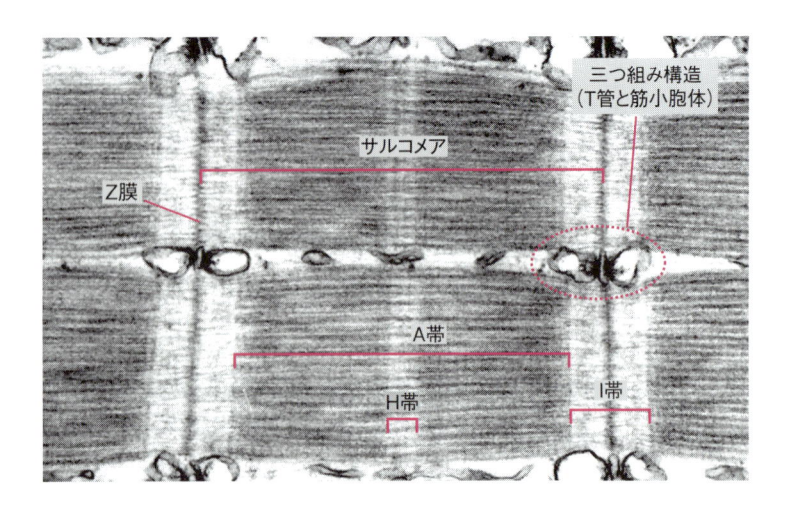

図8・14 両生類の横紋筋
（写真提供：駒崎伸二博士）

アの両端はZ膜で仕切られており，Z膜の両側には多数の同じ長さのアクチンフィラメントがプラス端で結合している．このアクチンフィラメントの束はミオシンフィラメントを介して隣のアクチンフィラメントと結合している（図8・13）．サルコメアは同じ方向に沿っていくつも横に連なっているので，筋肉全体が同じ方向に収縮することができる．顕微鏡で観察するとミオシン部分が濃い帯のように見えるため，骨格筋や心筋は**横紋筋**とよばれる（図8・14）．

ATPのエネルギーは直接には筋肉の収縮に使われない．むしろATPはミオシンとアクチンの結合を解き放ち，筋肉をリラックスさせる働きをする．激しい運動をすると筋肉がけいれんして収縮したままになるのは，ATPの供給が間に合わなくなるからである．死後硬直も同じである．

8・5・2 筋肉の収縮

中枢神経系の指令に従って筋肉の収縮が精巧に調節されているからこそ，自在に動くことができる．指令はどのようにして筋肉に伝えられるのであろうか．

骨格筋のアクチンフィラメントには3種類のタンパク質からなる**トロポニン複合体**と**トロポミオシン**が結合している．トロポニン複合体はトロポミオシンと結合して，アクチンフィラメント上のトロポミオシンの位置を決めている（図8・15）．トロポミオシンはアクチン分子のミオシン結合領域を覆っており，この状態ではアクチンはミオシンと結合できない．**カルシウムイオン**（Ca^{2+}）がトロポニン複合体に結合すると，トロポニン複合体とアクチンとの結合力が弱まる．その結果，トロポニン複合体と結合したトロポミオシンの位置がずれて，アクチン分子のミオシン結合領域がむき出しになる．こうしてアクチンとミオシンが結合できるようになり，力が生じる．

Ca^{2+}は**筋小胞体**から供給される．筋小胞体はサルコメアを網のように覆っている．中枢神経系から発せられた情報は，活動電位として運動神経の軸索を伝わり，先端のシナプスに到達する．シナプスは筋細胞の細胞膜に接している（図8・16）．筋細胞の細胞膜は細胞の内部に細い管として入り込んでいる．これを**T管**といい，筋細胞の中にいくつもある筋原繊維のZ膜上に位置している．シナプスから神経伝達物質が放出されると筋細胞の細胞膜に活動電位が生じ，

8章 体の代謝の維持と活動の調節

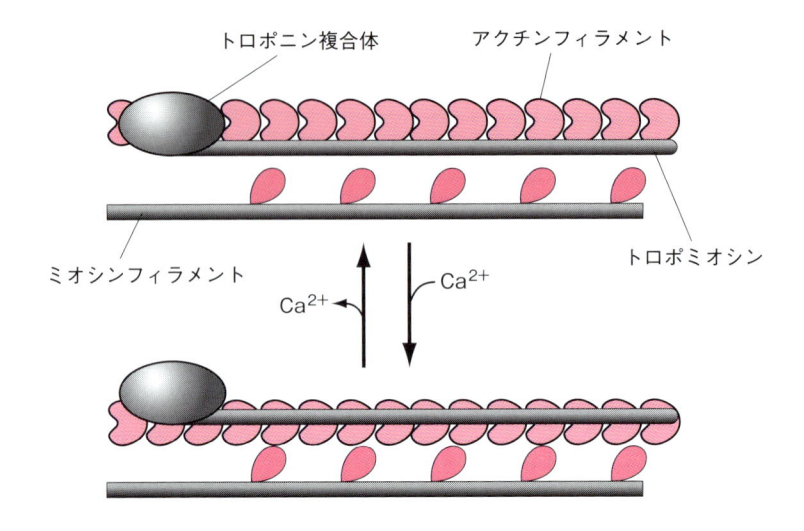

図8·15 トロポニン・トロポミオシンとアクチンフィラメント

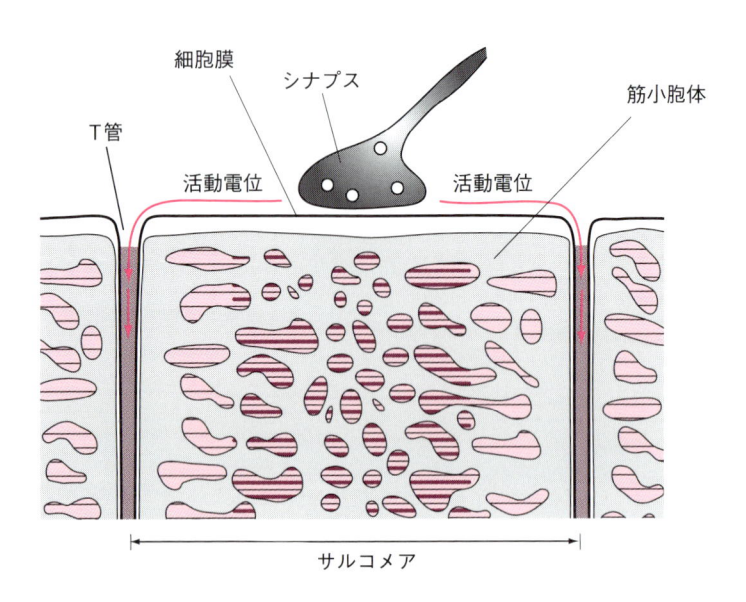

図8·16 筋小胞体
筋小胞体からのぞいている太く赤い線がミオシンフィラメント，細い線がアクチンフィラメントを表す．

T管系を伝わって活動電位は筋細胞の内部にまで到達する．T管系の先端は筋小胞体と接しており，活動電位が到達すると，T管系の先端にある電位感受性タンパク質が応答して，電位感受性タンパク質と接している筋小胞体のカルシウムチャネルを開く．こうして筋原繊維に Ca^{2+} が供給され，アクチンとミオシンが結合して力が生じる．活動電位の波が来なくなると，放出された Ca^{2+} はただちに筋小胞体に取り込まれ，筋原繊維は弛緩して次の収縮に備える（図8・17）．

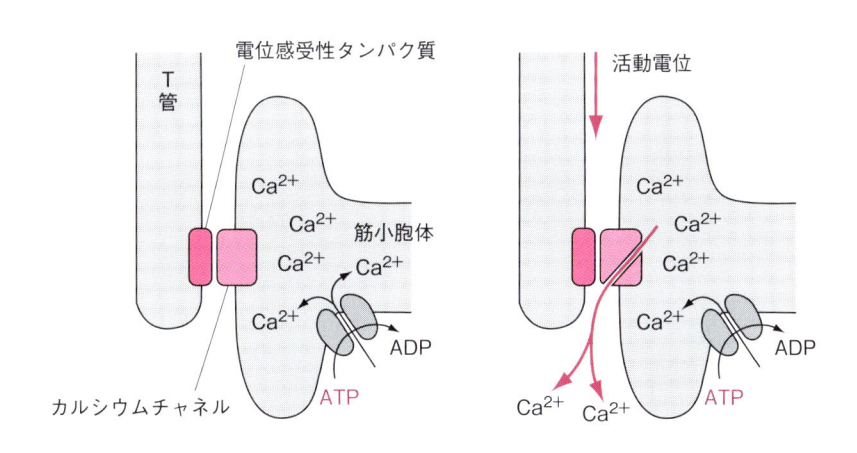

図 **8・17**　電位感受性タンパク質とカルシウムタンパク質

心筋はアクチンフィラメントとミオシンフィラメントからなる横紋がある点で骨格筋と似ているが，次の点で異なる．骨格筋細胞は多くの筋細胞が融合して多核細胞になっており，直径 5μm，長さ数 cm にも達するのに対し，心筋は単核で各々の細胞は比較的短い．平滑筋には横紋がなく組織的な収縮装置はないが，骨格筋や心筋と同様にアクチンフィラメントとミオシンフィラメントの滑りにより力を発生する．ゆっくりとした持続的な運動をする消化管，子宮，動脈壁に存在する．

8·5·3 非筋細胞の運動

アクチン，ミオシンによる運動は筋肉細胞に限られているわけではない．細胞分裂の分裂面に生じるくびれは，アクチン・ミオシンフィラメントからなるリングが収縮するからである．これを**収縮環**という（図8·18）．細胞分裂が始まる前は，ミオシン分子は細胞全体の細胞膜直下に均等に分布しているが，細胞がくびれ始める頃になると分裂面の細胞直下にリング状に集まり，収縮環を形成する．アクチンフィラメントとミオシンフィラメントがATPを消費して滑ると収縮環が縮んで，ついには細胞が絞り切られる．細胞分裂が終了すると収縮環を構成していたミオシンは解離して再び均一に分布するようになる．

受精卵は分裂を繰り返し，ある程度の細胞数になると1層の上皮細胞からなる中空の胞胚になる．発生が進むと，この1層の細胞層が陥入したり，幾重にも折り畳まれたりして複雑な成体ができあがっていく．この造形運動にもアクチン・ミオシンフィラメントのリングが重要な働きをする（図5·28参照）．このリングを**接着帯**という．造形運動が起きる細胞層の上皮細胞では，細胞層が湾曲する側に面した細胞表面直下に接着帯が形成される．上皮の接着帯は細胞自体の運動というよりも，個々の細胞の片側をいっせいに収縮させることにより，組織全体の形態を大きく変える働きがある．

単細胞のアメーバはもちろんのこと，ヒトの細胞も動く．発生の過程では湾曲や陥入に加えて細胞の配置換えも起こり，複雑な形態が造られていく．成人になっても細胞は動く．細胞は常に新旧交代していて，役目を終えた細胞は死に，新しく生まれた細胞がそれにとって代わるなど，細胞は常に動いている．この細胞運動にも細胞質アクチンが働いている（図5·30参照）．

細胞内の小胞も，リニアモーターカーが軌道に沿って走るように，ミオシン・アクチンの滑り運動の連続によりアクチンフィラメントに沿って運ばれる．

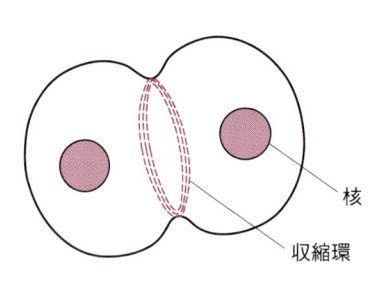

図8·18 細胞分裂の収縮装置

8·5·4　収縮装置の力を細胞の外に伝える

　収縮装置だけでは細胞は動くことができず,筋肉も力を発揮することができない.力を発するためには細胞外の支点が必要であり,細胞膜を介して支点と収縮装置を結びつける機構が存在しなければならない.

　インテグリンは細胞膜貫通型のタンパク質で,細胞の外側では細胞外マトリックスのフィブロネクチン,糖タンパク質と結合する.これらの細胞外マトリックスのタンパク質はさらにコラーゲンや多糖体と結合し,安定な支点を形成している.一方,細胞内ではインテグリンはテーリンと結合し,テーリンは他の数種類のタンパク質とともにアクチンフィラメントと結合する.こうして支点と収縮装置が結びつき,運動が可能となる(図 8·19).

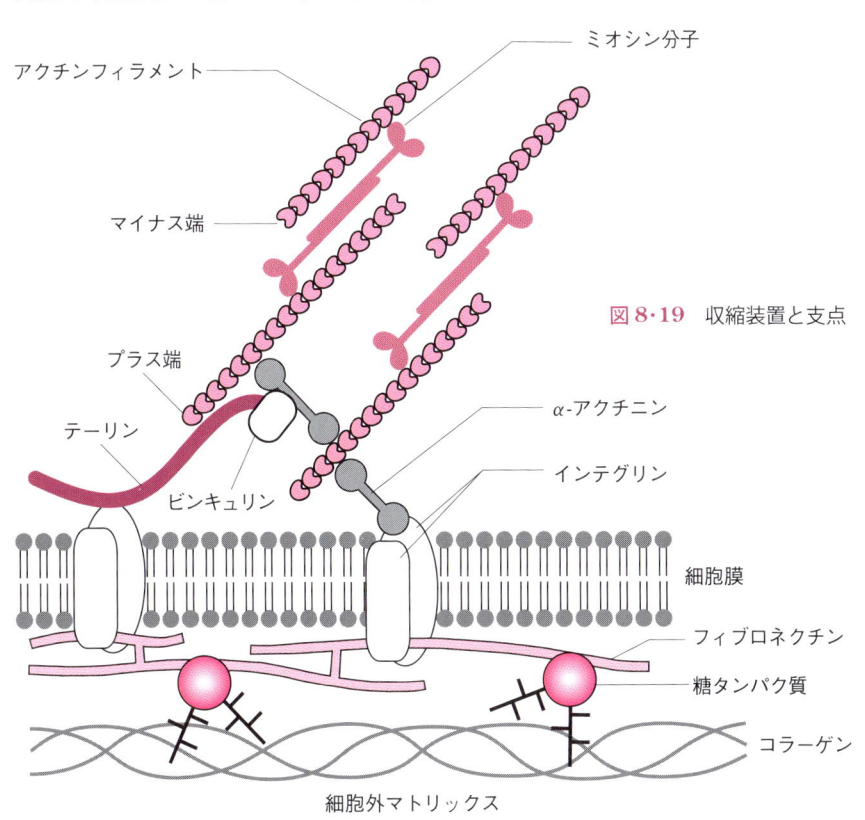

図 8·19　収縮装置と支点

筋細胞ではジストロフィンというタンパク質がアクチンフィラメントと筋細胞膜を結びつけている．**筋ジストロフィー**は遺伝性の疾患であり，患者はジストロフィンの機能が異常で，骨格筋，心筋の変性と壊死が起きる．

8·5·5 微小管

チューブリンはアクチンと同様に，方向性をもって重合する性質をもつタンパク質である．優先的にチューブリンタンパク質が付加される端をプラス端，反対側をマイナス端という．重合体は中空の管状であり，これを**微小管**とよぶ．重合にはチューブリンに GTP が結合することが必要である．

微小管に沿って動くモータータンパク質は 2 種類あり，**ダイニン**と**キネシン**である．両タンパク質ともに頭部に ATP 分解酵素活性とモーター機能があり，ダイニンは微小管のプラス端からマイナス端に，キネシンはマイナス端からプラス端に動く（図 8·20）．一方，尾部は特定の細胞質成分と結合する性質があり，運搬する物質の選択機能がある．微小管は傘の骨のように，核のすぐ隣にある中心体から放射状に細胞全体に張り巡らされている．ダイニンとキネシンは微小管に沿って行き来しており，細胞機能に必要な物質や老廃物がダイニンとキネシンによって運ばれる．1m を越えるような神経軸索の先端にも，このようにして神経伝達物質が運ばれていくのである（図 8·21）．

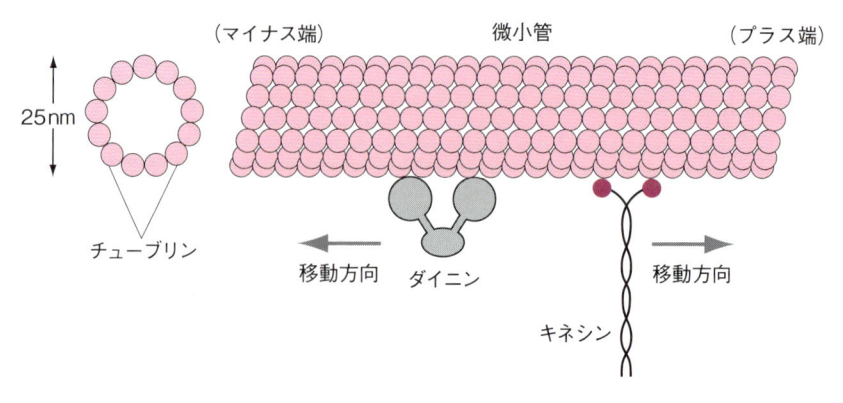

図 8·20 微小管モーター

8·5 運 動

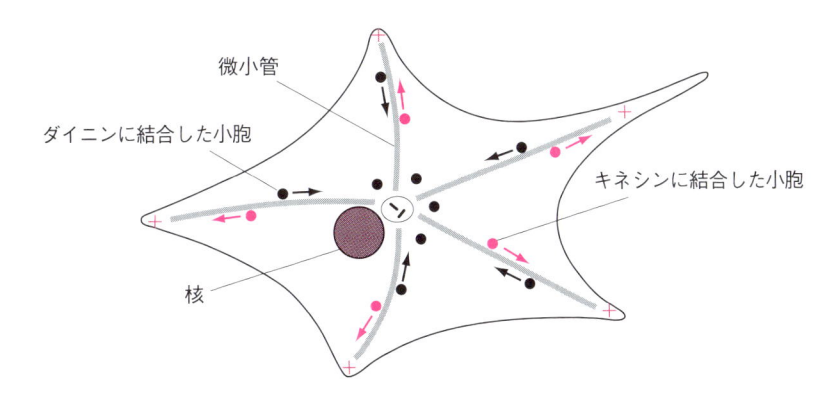

図 8·21 微小管システムによる小胞移送

8·5·6 繊毛と鞭毛

のどには無数の**繊毛**が生えていて，粘膜に張り付いたほこりや死んだ細胞を押し出そうと，常に口に向けて波をおくり続けている．卵巣から放出された卵が輸卵管を通って子宮に運ばれるのも繊毛の働きによる．精子は**鞭毛**によって

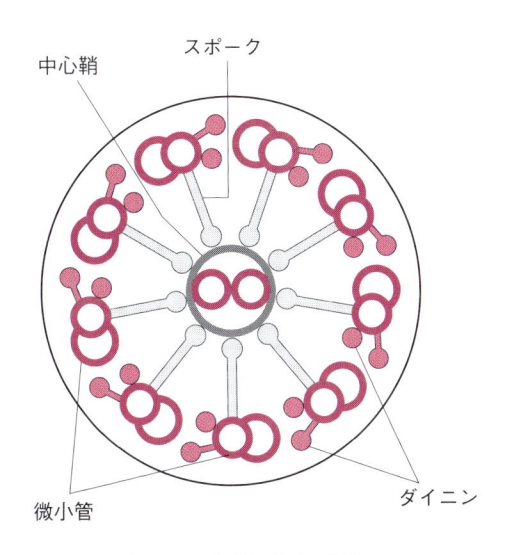

図 8·22 繊毛と鞭毛の構造

145

前進するが，鞭毛も同じ機構で動いており，波打ち運動を引き起こす実体は微小管とダイニンである（図 8・22）．

　繊毛も鞭毛も 2 本の微小管を中心に 9 本の微小管が取り囲んだ構造である．9 本の微小管の間にはダイニンが規則正しく結合しており，ダイニンが ATP を消費して同じ方向に滑る．微小管どうしはタンパク質によって架橋されているので，滑り運動は，湾曲運動に変換される．こうして波打ち運動が起こり，周囲の液体を動かして物質を移動させ，推進力となる．

　なお，細菌の鞭毛は微小管から構成されておらず，それ自体は湾曲しない．らせん状の鞭毛が細胞膜のモーターによって回転することにより推力を発生させている．

9 生体防御

　生物は，常にいろいろな環境要因にさらされて生きている．環境要因は，生命体（生体）の維持にとって必要なものから，生存を損なうものまでさまざまである．生体を損なう環境要因には，物理的，化学的な作用の他，ウイルス，細菌，寄生虫などが含まれる．これらの多様な要因に対して，生体は複数の**生体防御系**を発達させ，40億年の進化の道筋を生きながらえてきた．

9・1　防御の基本戦略とその階層性

　防御の第一段階は，損傷性因子の認識であり，損傷が生じないようにする回避機構と，損傷性の因子を攻撃して撃退する機構がある（図9・1）．第二段階は，損傷の修復，損傷の排除，さらに排除された部分の再生である．これらの防御は，分子，細胞，組織，個体，群集団のレベルにおいても見られ，分子から集団までの各々のレベルで，生体防御系として専門化した分子，細胞，組織，個体が存在する．

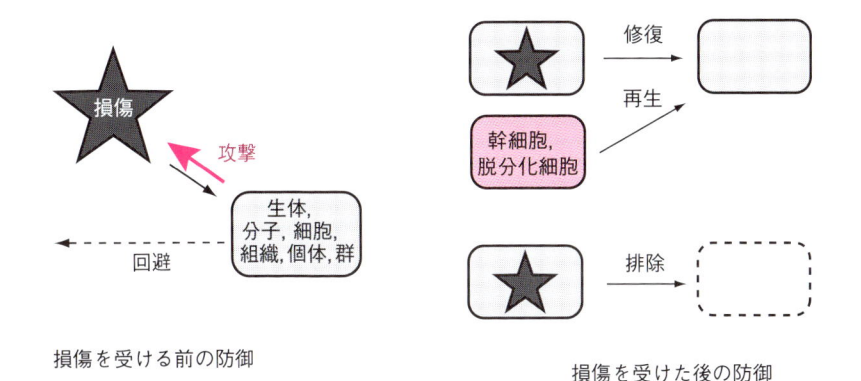

損傷を受ける前の防御　　　　　損傷を受けた後の防御

図9・1　生体防御系の分類

9・1・1　分子レベルの生体防御

　タンパク質は折り畳まれ，特異的な立体構造をとって機能している（図1・11参照）．タンパク質の折り畳みのパターンは幾通りもあり，mRNAから翻訳されただけでは機能を発揮する立体構造にならない場合が多い．正しく折り畳まれるには，細胞小器官の正しい配備と共に，**分子シャペロン**とよばれるタンパク質の介添えが必要である（図9・2）．

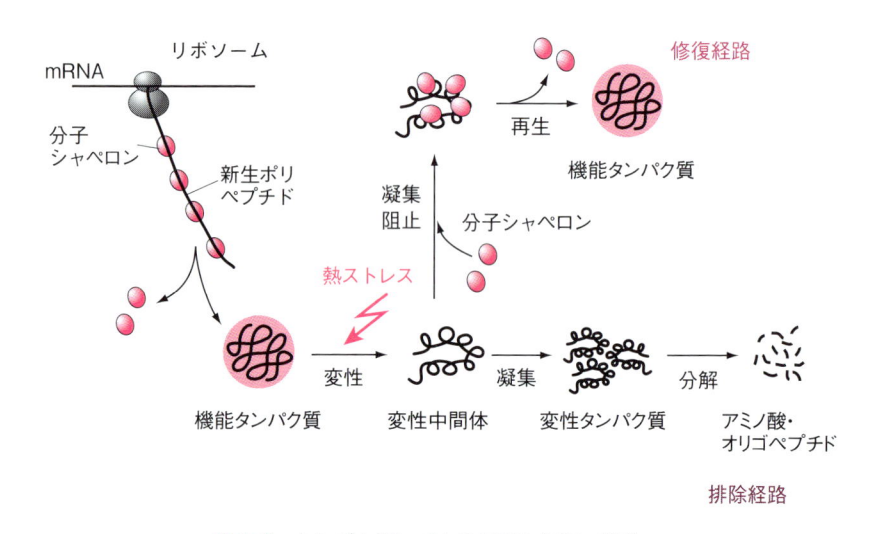

図9・2　タンパク質レベルの損傷と修復・排除

　生物は様々な温度環境にさらされる．熱などのストレスが与えられたとき**熱ショックタンパク質**とよばれるタンパク質の発現が誘導される．この多くは分子シャペロンで，熱変性によって異常になった折り畳みパターンを修復し，再生タンパク質として機能を回復させる．もし，修復が不可能な場合は再生を放棄し分解して排除する．

　細胞内には**プロテアソーム**とよばれる排除専用のタンパク質分解酵素の複合体がある．不要と認識されたタンパク質には**ユビキチン**という小さなタンパク質が結合し，これが目印となってプロテアソームに運ばれ分解・排除される．

　核酸のような情報分子が細胞に侵入されては生体にとって危険である．細菌

が**制限酵素**（7・1参照）をもつのはこれを分解する備えで，自分のDNAの標的配列はメチル化して切断されないようにしている．RNAに対しては，細胞の内外には強力な**RNA分解酵素**（RNase）が大量に存在し，分解・排除している．一方，この分解から必要なRNAを防御する機構が必要となる．転写されたRNAの5′末端のキャップ構造（図4・14参照）は，翻訳開始の目印となる以外に分解防御の機能がある．3′末端側のポリA配列にはポリA結合タンパク質が結合し，それが5′側のキャップに結合してRNaseによる分解を防いでいる．消耗によりポリA配列が短くなると，キャップ構造が露出し，分解される．使い古しのmRNAが細胞内に残ることはない．翻訳開始のすぐ下流に誤って終止コドンが入った場合にも，ここで翻訳装置のリボソームが停止することで高次構造がこわれ，キャップが露出して分解を受け排除される（図9・3）．

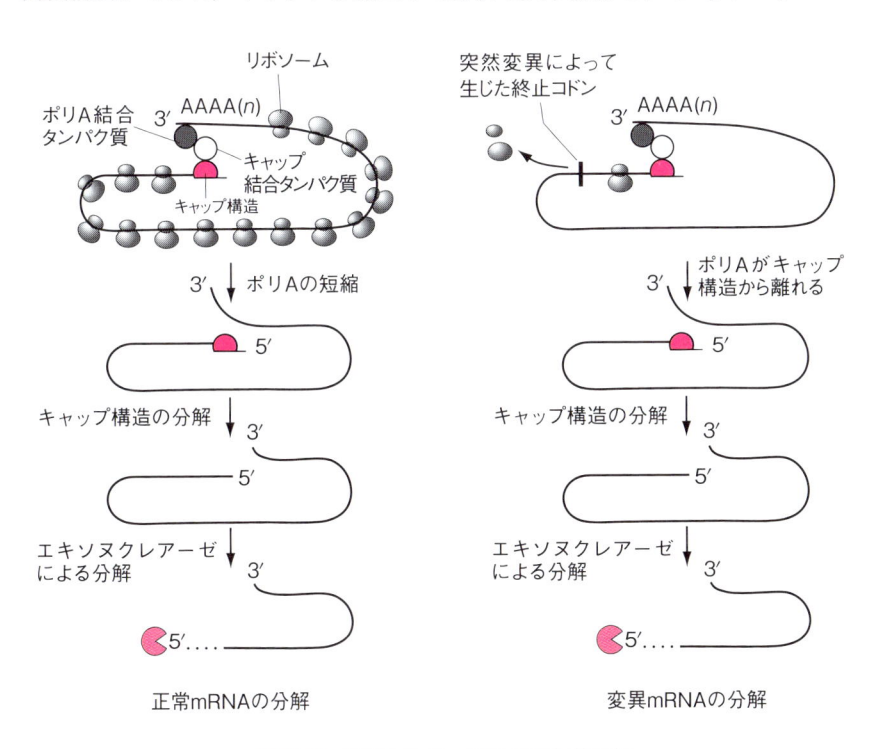

図9・3 変異をもつmRNAの選択的分解

9章　生体防御

　呼吸をする生物の避け難い内的障害として**酸化ストレス**がある．酸素が化学的に活性になったものを活性酸素といい，生体高分子物質に酸化作用を示す毒物である．活性酸素は，DNAに対する変異誘発だけでなく，血管系，脳神経系の劣化などさまざまな障害を引き起こす．この酸化からの防御は酸素呼吸をする生物の成立の前提であり，活性酸素を分解，無毒化する**スーパーオキシドジスムターゼ（SOD）**などの酵素系を完備させている．老化とは，加齢と共にこの防衛線が劣化し，活性酸素が生体の各所で不都合を生み出すことでもある．

9・1・2　細胞の自殺 ──アポトーシス──

　アポトーシスは細胞の「自殺」である．自ら自殺を選ぶ場合と外から命じられて死ぬ場合とある．前者では，タンパク質や核酸，膜などに生じた損傷や劣化を修復しても元に戻らない場合や，代謝ストレスなどの内部要因で誘起される．後者は，健全な細胞が細胞外からの特異的シグナルを受ける場合である．発生に伴って細胞が組織をつくり上げていくときや，免疫反応が完了する場合にも，アポトーシスは必須である．

　アポトーシスが細胞外からのシグナルを受けて引き起こされる場合は，細胞膜の受容体がシグナルを受け取り，アポトーシスの細胞内シグナル伝達系を介して細胞の自殺システムが作動する．

　きっかけは異なっても，いずれもアポトーシスの細胞内シグナル伝達系を介して自殺に導かれる．死んだ細胞は，マクロファージなどに捕食されることにより組織から除外され，残った細胞が増殖して，すみやかに補充される．

9・2　細胞・組織レベルの生体防御

　広い意味での生体防御としては，個体の**適応行動**（生活圏の確保や怪我の回避）が第一義であり，これらは神経系(8・4)の反射や学習などにより獲得される．ここでは細胞と組織が示す防御反応について述べる．

9・2・1　上皮組織の修復と再生

　生体が外界と接する境界は，皮膚，気道，腸管などの**上皮組織**である．皮膚の上皮組織は角質層で覆われており物理的な障壁となる．表面は皮脂腺の分泌

物により弱酸性に保たれるため，通常の病原体は増殖できない．また，皮膚の色素細胞は，紫外線を吸収してその障害から体内を守る．

　皮膚が傷つくと出血し，血液凝固によって，体内が外界にむき出しになる危機を回避する．続いて，炎症反応（次項）と同時に，傷口の細胞の活性化に伴う遊走と増殖により傷口を閉じる（図9・4）．これは上皮組織の本源的な働きであり，多細胞動物の体表を包む上皮組織が備える特徴である（5・6参照）．

　粘膜上皮組織には，**粘液**と**繊毛運動**がある．粘液はウイルスや細菌の拡散や運動を妨げ，気道粘膜では粘液に捕捉された病原体を繊毛運動により体外に排出する．粘液，唾液，涙などの分泌液中にはリゾチームが含まれ，細菌の細胞壁多糖類を分解・殺菌する．胃では，胃酸が病原体に対して殺作用を示す．

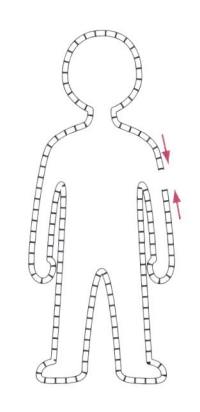

表皮に傷が付いて切れ目ができると，切れ目の細胞が伸展運動を示して傷口が閉じる．

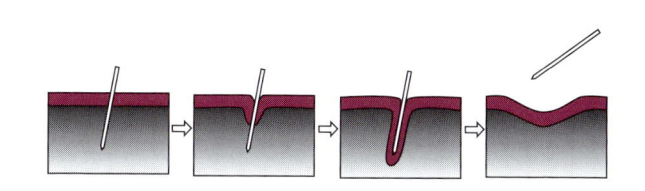

傷口にプラスチック板を差し込んでも，プラスチック板は排除され，傷口は閉じる．

図9・4　上皮組織は「切れ目」を許さない

9・2・2　炎症と食細胞

　組織は，障害にあうと炎症（発赤ー腫脹ー発熱）とよばれる顕著な反応を示す．いわゆる「腫れ」である．風邪による鼻咽頭の不快感，歯の痛み，怪我による腫れ，肝炎に伴う肝臓の腫れなど身近な存在である．

　多くの炎症反応では，傷が刺激となって肥満細胞（結合組織や粘膜下組織に

存在し免疫・炎症にかかわる）がヒスタミンを放出する．ヒスタミンの影響で血管壁に隙間ができ，血液の液体成分（血清）が漏れ出すと，血清が結合組織に浸潤して組織の体積が増し，腫れる．さらにこの部分に**食細胞**（白血球の仲間）が集まり活性化されると異物の貪食活性が高まる．続いて免疫反応（後述）が引き起こされ，障害を最小としながら修復，再生へと進む．

　この他，炎症反応による腫脹は，毛細血管を圧迫して失血を抑え，腫脹や発熱がもたらす不快感は，個体の防衛行動を導く働きもある．組織細胞から放出されるプロスタグランジン（不飽和脂肪酸から合成される局所ホルモン・細胞機能調節因子）による「痛み」がこれを増強する．

9・2・3　抗菌物質

　生活環境には危険な細菌があふれているが，生物は細菌を死滅させる物質を産生して感染を防いでいる．カビなどの微生物が合成する抗生物質も抗菌物質に他ならない．多細胞動物や植物も多種多様な抗菌物質を分泌して自らを守っている．

9・3　免疫系による生体防御

　免疫系には**自然免疫**と**獲得免疫**がある．獲得免疫系は，哺乳類や鳥類において高度に発達しており，感染性の病原体を攻撃してこれを排除する発達した特異的生体防御系である．免疫細胞の受容体に結合し，免疫反応を引き起こさせる物質を**抗原**という．

9・3・1　自然免疫

　自然免疫は，非特異的な病原体の認識と，それに対する攻撃よりなっている．主に食細胞が担当しており，厳密な抗原特異性を示さない代わりに，核酸，脂質，細菌壁など「大まかな生体因子」の構造を識別し，排除に働く．これらの異物を細胞外で特異的に認識し結合するのは，細胞膜に埋め込まれた受容体（TLR）である．TLRに異物が結合すると，その情報は細胞内シグナル伝達系を介して伝えられ，抗菌物質の分泌をはじめ食細胞や炎症など，多くの生体防御システムが活性化される．脊椎動物では自然免疫は獲得免疫と相乗的に働いている．

9·3 免疫系による生体防御

血液中の毒素分子や小さな病原体は自然免疫では対応できない．

9·3·2 獲得免疫

一度感染すると同じ病原菌に罹患しにくくなる．この免疫（疫から免れる）現象を予防に利用した種痘によって人類は天然痘の脅威から解放され，以来，人間社会に対するワクチンの恩恵ははかり知れない．しかし，天然痘に免疫をもつ人も他の病原菌に対する免疫はない．マムシに噛まれた人はマムシ抗血清の静脈注射により回復するが，マムシ抗血清はハブの毒には無効である．これらは獲得免疫の特異性を示す典型的な例である．

獲得免疫は血液とこれに付随するリンパ系を主舞台に営まれる．血液は，血管と血液細胞と液体成分（血漿：凝固成分となる線維素と凝固因子を除いたも

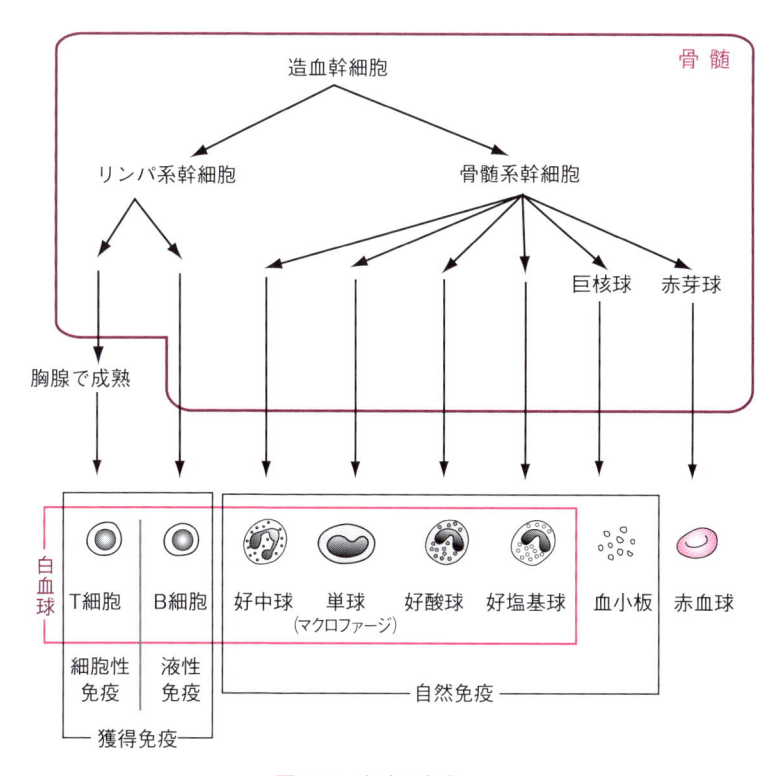

図9·5 血球の生成

のを血清という)からなる．リンパ系は血管に開放部をもつリンパ管からなり，駆動体（心臓）と赤血球をもたない．血液細胞は赤血球と白血球と血小板からなり，すべて造血幹細胞から発生する（図9・5）．白血球には獲得免疫の主役であるリンパ球（T細胞，B細胞など）と，自然免疫にもかかわる食細胞（マクロファージ，樹状細胞などの抗原提示細胞や細菌を貪食する好中球）が含まれる．なお，血小板は出血時の血液凝固で主役を演じるほかに，傷口にサイトカインとよばれる細胞間シグナル伝達分子を放出して怪我の治癒を早める働きがある．

9・4 獲得免疫の働き

獲得免疫の機構の研究は，近年大きな進歩があった．しかし，いま新たに，移植・再生医療における拒絶反応，アレルギー・アトピー，成人病としての自己免疫疾患とがん，そして広域化・潜在化する感染症など，免疫学が基礎になる医療課題が山積している．

9・4・1 細胞性免疫と液性免疫

獲得免疫には**細胞性免疫**と**液性免疫**がある（図9・6）．細胞が直接に異物を認識し，排除する免疫を細胞性免疫という．ウイルスなどの細胞内で増殖する病原体に細胞が感染すると，細胞表面の分子構成が変化する．細胞性免疫は，**T細胞**（リンパ球の一つ）の細胞膜貫通型タンパク質**T細胞受容体**（TCR）が，変化した細胞表面の分子構成を特異的に識別・結合することによりはじまる．TCRの細胞外領域の立体構造は多様で，特異的に抗原を結合する性質がある．TCRの抗原結合部位の多様性は，後述する抗体の遺伝子と同様に，遺伝子が再編成されることによりもたらされる（9・4・4参照）．T細胞にはいくつかの種類があり，自己・非自己を認識し，サイトカインの働きにより免疫反応を促進する**ヘルパーT細胞**，感染した細胞やがん細胞を認識し，これに結合して殺す**キラーT細胞**，免疫反応全体の調節にかかわる**制御性T細胞**などがある．

液性免疫は，抗原を認識する抗体が液体の血清にのって体中をめぐることから名づけられた．液性免疫は，**B細胞**（リンパ球の一つ）の表面に埋め込まれ

9・4 獲得免疫の働き

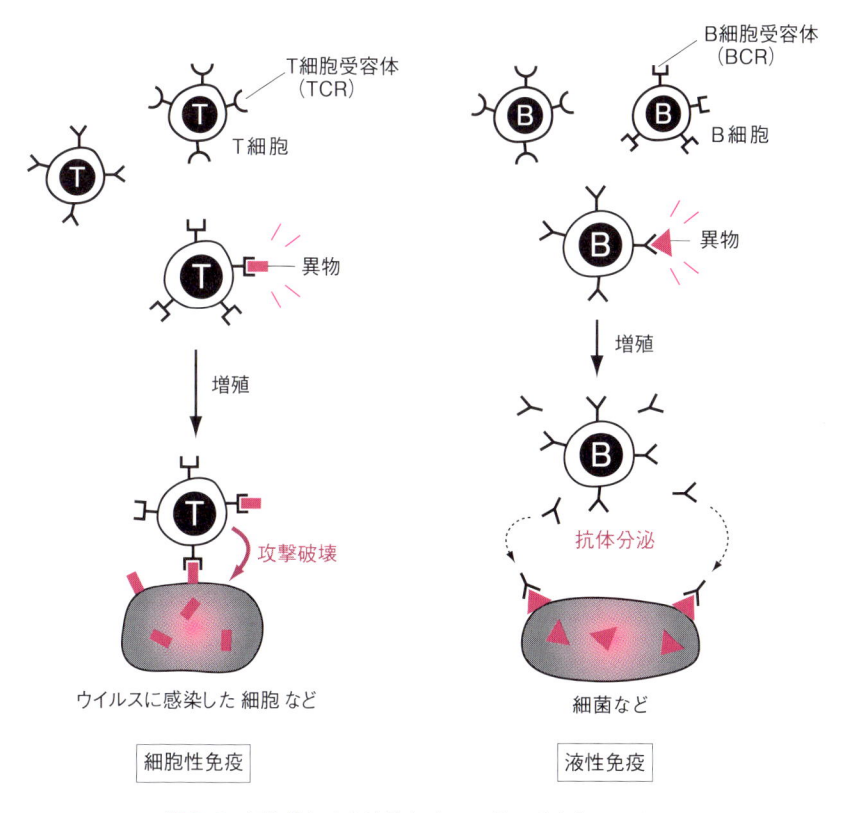

図9・6 細胞性免疫と液性免疫──抗原受容体 TCR と BCR

たB細胞受容体（BCR）が異物を識別・結合することによりはじまる．BCRはTCRと異なり遊離の化学物質にも結合できる．ヘルパーT細胞が分泌するサイトカイン（9・4・4参照）によってB細胞が活性化されると，BCRは細胞膜を離れて血清中に大量に分泌されるようになる．この分泌型のBCRのことを**抗体**という．血清中に分泌された抗体は，体内を循環して遠隔の標的まで到達し，異物を特異的に認識して結合し，無毒化したり，異物の存在を知らせる目印になったりする．

　液性免疫においてもT細胞の助けが必須であり，すべての獲得免疫はTCRを介したT細胞の異物認識を基礎に成立する（9・4・4，図9・12参照）．B細胞

による液性免疫とは，いわば抗体により超高効率に進化した生体防御法であり，細胞性免疫を基礎に成立したと考えられる．

　蛇毒に効果がある抗血清の本体は抗体であり，抗体に覆われた毒素は毒性を失う．細菌のように細胞が異物の場合は，細菌表面の抗原物質に対して抗体が結合すると，補体（免疫反応にかかわる血中タンパク質）が活性化され，補体が菌体の細胞膜を破壊することにより死滅させる．抗体や補体は，病原体に結合して異物の存在を示す標識の役割を果たし，**好中球**（白血球の一つ）のような食細胞を誘引し，貪食機能を亢進させる．有害な細菌を貪食して，自らも死んだ好中球の死骸の山が膿である．

> **活躍する海洋生物：ヒトデと白血球の食作用**
> 　ヒトデの幼生は透明で，細胞の動きが観察しやすい．メチニコフはヒトデ幼生の間充織細胞を観察していて，細菌やゴミなどの異物を食べる食細胞が存在することを発見した．この発見は免疫の研究に発展し，メチニコフはエールリヒとともに1908年にノーベル生理学・医学賞を受賞している．

9・4・2　抗原の提示

　細胞がもつ抗原（自己か非自己か，感染しているか，がん細胞であるかなどの情報）は，細胞膜貫通型タンパク質**主要組織適合複合体**（MHC；major histocompatibility complex）が提示する．MHCには，体のすべての細胞が発現するMHCクラスⅠと，食細胞やB細胞などの抗原提示細胞が発現するMHCクラスⅡの二種類ある．MHC分子の細胞外領域には籠型の凹みがあり，抗原はここに結合するペプチド断片としてMHCと共に提示される（図9・7）．

　提示されたペプチド断片はT細胞のTCRが，かぎと鍵穴の原理で相補的に特異的に結合し，免疫反応が起こる．キラーT細胞が自らのTCRを介して，相手細胞のMHCから非自己抗原となるペプチド断片の情報を受け取ると，細胞内シグナル伝達系を経て自らが活性化され，増殖するとともに，抗原性が変化した細胞を特異的に攻撃・破壊する．

MHC は個体によって大きな多様性（多型）があり，MHC は自己・非自己の目印になっている．T 細胞が，自己と異なる MHC をもつ細胞に出合うと，免疫反応が引き起こされ，非自己細胞は排除される．移植された他個体組織が拒絶反応を受けるのはこの識別による（組織適合の名称の由来）．

免疫系の過剰な反応は自己の攻撃（自己免疫疾患）ももたらす．制御性 T 細胞は自己免疫を抑制する**免疫寛容**にかかわる．制御性 T 細胞によって抗原特異的に免疫反応の強弱が調節されている．制御性 T 細胞の増殖による強化は免疫の抑制に，劣化はその免疫を亢進に傾ける．

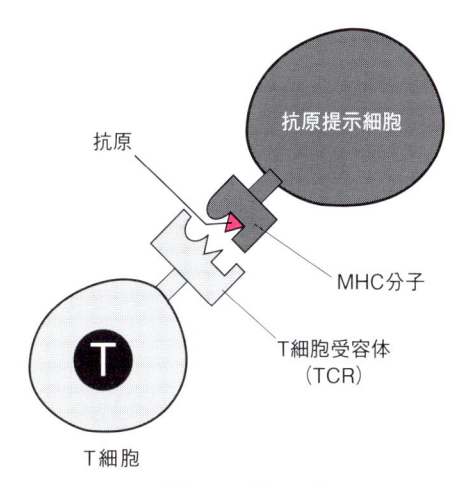

図 9·7　抗原の提示

すべての組織の細胞がもつ MHC クラス I が提示するのは，その細胞内で合成されて分解されたタンパク質のペプチド断片（アミノ酸約 10 個）である．提示されるのは細胞自身のタンパク質が大部分であるが，ウイルスのように感染した細胞内で増殖する病原体や，がん細胞特異的なタンパク質，細胞の老化に伴う異常なタンパク質が抗原として提示されると，免疫反応が起き，排除される．いわば，MHC クラス I とは体内を巡回するキラー T 細胞に「診てもらう」ためにすべての体細胞が備える掲示板である．このシステムを**免疫監視**とよぶ．

MHC クラス II は，細菌などの細胞外で増殖する病原体や毒素に対して働く．細胞外の異物を，マクロファージなどの食細胞が貪食し，分解したタンパク質のペプチド断片（アミノ酸約 15 個）を，MHC クラス II を介して提示する．このペプチド断片を認識して結合する TCR をもつヘルパー T 細胞は，活性化され，増殖するとともに，種々のサイトカインを分泌して B 細胞の成熟を促し，液性免疫（抗体産生）を促す．

9·4·3 クローン選択による自己・非自己の確立

免疫的排除の標的は自己であってはならず，自己を回避するしくみが必要となる．自己を攻撃するT細胞は，胸腺で排除される．造血幹細胞の一部が骨髄から出て，血流に乗って**胸腺**に到達すると，胸腺の中で未成熟なT細胞となる．未成熟T細胞は多様で，1個1個がそれぞれ異なるTCRをもつ（次項）．未成熟T細胞が胸腺の組織細胞表面と接し，TCRがMHCクラスIおよびMHCクラスIが提示する自己タンパク質ペプチドの複合体と強く結合すると，それが刺激となりアポトーシスが起きる．これを負のクローン選択といい，自己を攻撃するT細胞が排除される（図9・7参照）．

一方，未成熟T細胞のTCRが，MHCクラスIとMHCクラスIが提示する自己のペプチドとの複合体に弱く結合する場合は，アポトーシスが引き起こされず，反対にT細胞の分化が誘導される．これを，正のクローン選択という．正のクローン選択により，自己のMHCと自己のペプチドの複合体を弱く認識する多様なT細胞をそろえることができる．このT細胞の中には外来の抗原に強く結合するTCRをもつものもある．こうして，自己を攻撃せず，遭遇したこともない外敵に備えている．なお，T細胞は胸腺（thymus）で分化し成熟することから，Tと名づけられた．

不完全なTCRや，自己のMHCとまったく結合しないTCRをもつT細胞もアポトーシスを起こす．これを無視による死といい，無駄な備えを省いている．

ヒトのMHCは多様性が大きく，移植臓器の拒絶反応の原因抗原となっている．人類が，厳密に非自己を認識する免疫機構を進化させた結果，移植臓器の強い拒絶反応がもたらされたともいえる．

脊椎動物の6億年の爆発的進化は，発生学的に下アゴの獲得（第一鰓弓の進化的変形）によって他の生物体の効率的捕食が可能になったからである（10·2·2を参照）．胸腺はこれとカップルして隣接する第三鰓弓から発生する．胸腺のMHC-TCRシステムはこの鰓弓の大進化と同調したと考えられる．

9·4·4 B細胞の分化成熟と抗体遺伝子のDNA再編成

抗原は多様であり，多様な抗原の一つ一つに対応する抗体遺伝子が必要とす

ると，2万2千個の遺伝子では足りない．この問題もクローン選択によって解決される．B細胞に分化する前は1コピーであった抗体タンパク質の遺伝子から，膨大な種類のアミノ酸配列パターンをもつ抗体タンパク質が生み出されるのである（この研究で利根川 進博士は1987年にノーベル生理学・医学賞受賞）．

B細胞の分化は，抗原に依存しない初期分化と，骨髄から出てリンパ節や脾臓の中で起こる抗原依存性の後期分化に分けられる．

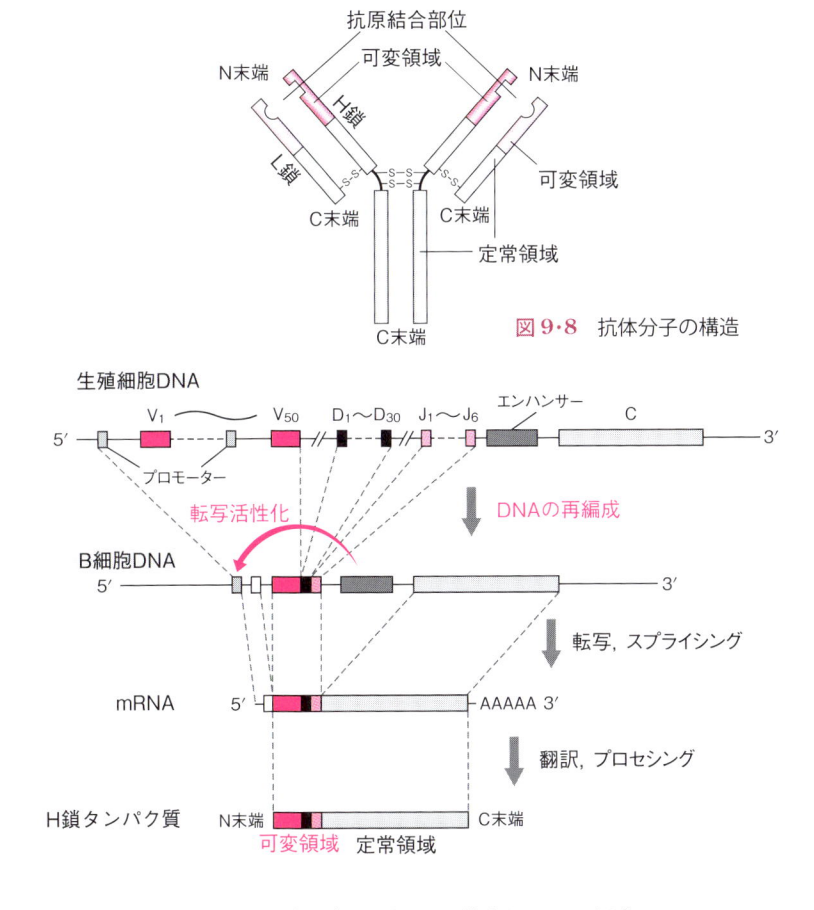

図 9・8　抗体分子の構造

図 9・9　グロブリン遺伝子の構造と DNA 再編成

9章 生体防御

　抗体分子はL鎖（軽鎖）とH鎖（重鎖）が各2分子ずつ，計4本が会合している．L鎖とH鎖のいずれも，N末端側の非常に変化に富む可変領域（約110アミノ酸残基）と，C末端側の定常領域で構成され，抗原結合部位は可変領域の4つが会合してつくられる（図9·8）．B細胞に分化する前の生殖細胞では，L鎖とH鎖の遺伝子は，一倍体あたりそれぞれ1コピーしか存在しない．抗体のH鎖の可変領域は，V，D，Jの3つの分節に分かれている．ヒトでは，少しずつ配列が異なるVが約50個連なっており，Dも少しずつ配列が異なるDが約30個，Jも少しずつ配列が異なるJが6個連なっている．B細胞が分化する過程で，多数連なったV，D，Jの中から無作為に一つ選び出され，他の繰り返し部分は切り捨てられるという遺伝子の再編成が起こる．V，D，Jの組合せは 50 × 30 × 6 = 9000 となる．細胞ごとにV，D，Jの組合せが異なるので，H鎖について9000種類のB細胞ができることになる（図9·9）．

　L鎖の可変領域も，少しずつ配列が異なるVが35個と，少しずつ配列が異なるJが5個連なっており，H鎖と同様に組み合わされ，175種類のL鎖を生じる．H鎖とL鎖が組み合わされて一つの抗体となるので，9000種類のH鎖

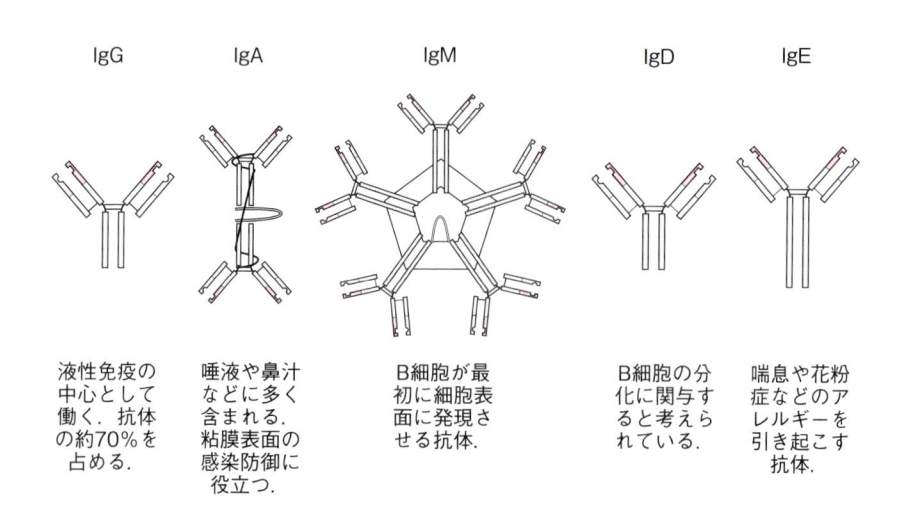

IgG	IgA	IgM	IgD	IgE
液性免疫の中心として働く．抗体の約70%を占める．	唾液や鼻汁などに多く含まれる．粘膜表面の感染防御に役立つ．	B細胞が最初に細胞表面に発現させる抗体．	B細胞の分化に関与すると考えられている．	喘息や花粉症などのアレルギーを引き起こす抗体．

図9·10　抗体の種類

9·4 獲得免疫の働き

と175種類のL鎖の組合せは9000×175＝約150万となる．一つのB細胞は1種類の抗体しかつくらないので，抗体について150万種類のB細胞が生じることになり，各々のB細胞は，細胞ごとに異なる特異抗体（BCR）を発現するクローンとなる．

抗体分子の可変部の遺伝子再編成が完成したあと**クラススイッチ**とよぶ別の組換えがさらに起こる．同じ可変部（抗原特異性）をもつ抗体分子が，定常領域の配列だけ取りかえて5種類の抗体分子（図9·10）がつくり出される．

B細胞が最初に細胞表面に発現させる抗体はIgMであり（図9·10），IgM

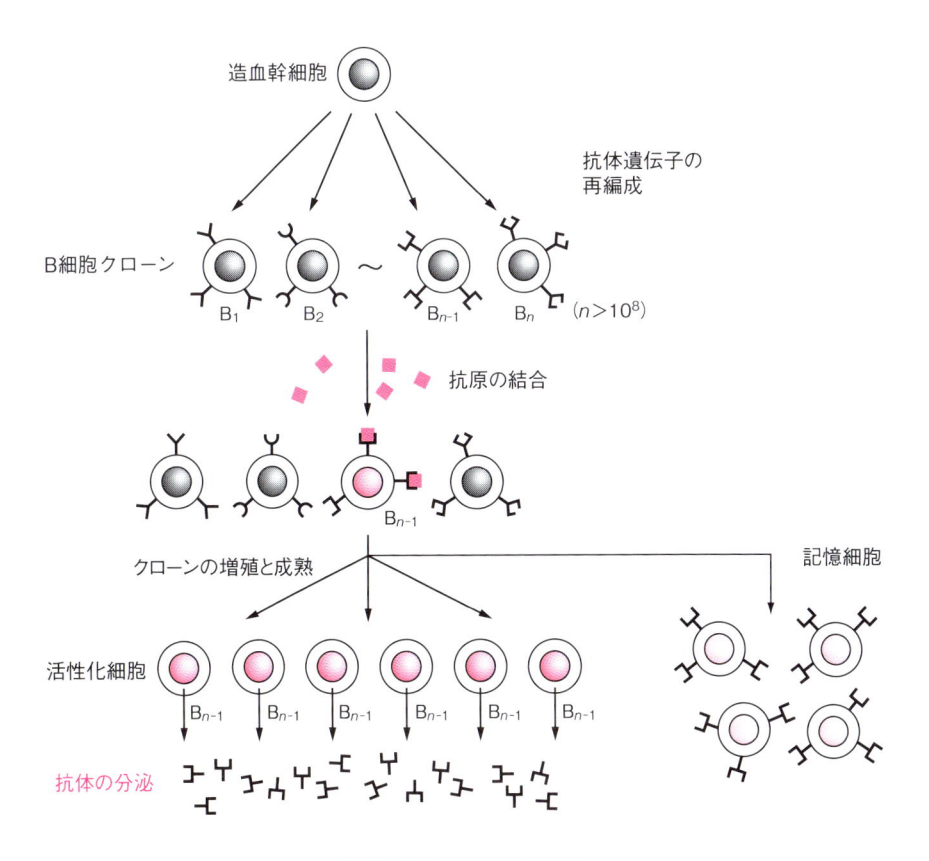

図9·11　特異抗体の産生

が自己と反応すると，その B 細胞はアポトーシスを起こし排除される．その結果，自己を免疫的に攻撃することはなくなる．自己の抗原に反応しない B 細胞は骨髄から出て血流に乗ってリンパ組織に移り，後期の分化に備える．

多糖体や脂質が抗原の場合は，抗原が細胞表面の BCR と特異的に結合すると，結合が刺激となって，そのクローン B 細胞は選択的に細胞増殖し，抗体産生を始める（図 9・11）．タンパク質が抗原の場合は，T 細胞との相互作用が働く．B 細胞が，1 BCR を介して抗原特異的に取り込んだタンパク質の 2 分解産物（抗原）を 3 MHC クラス II を介して提示すると，その抗原と特異的に結合する TCR をもつ T 細胞が，TCR を介して B 細胞に結合することになる．これが刺激となって，4 T 細胞がサイトカインを分泌し，サイトカインが 5 B 細胞の増殖と抗体産生を促進する．抗原特異的に増殖した B 細胞の数は約 5000 個にもなり，一部は記憶細胞となる（図 9・12）．

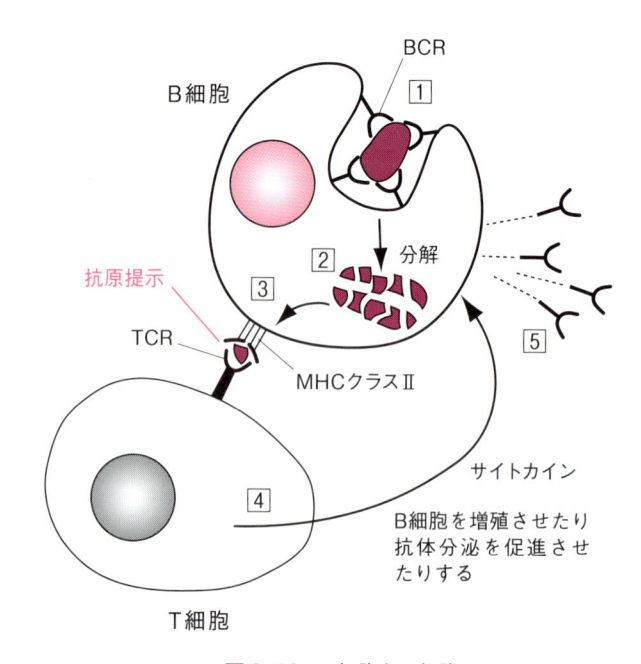

図 9・12　B 細胞と T 細胞

サイトカインは，さまざまな場面で，細胞間の協調ある働きを司る．その種類は多く，それぞれ特定の条件下で特定の細胞が分泌し，これに対する受容体を発現した細胞だけがこれを結合して活性化される．サイトカインは免疫，炎症のみならず，細胞の増殖，分化，細胞死，創傷治癒などにもかかわる．

なお，T細胞のTCRの可変領域もV, D, Jの分節に分かれており，遺伝子再編成によって完成したTCR遺伝子となる．その結果，TCRの種類も膨大になる（1986年解明）．

9・4・5 免疫記憶

記憶細胞はすぐに抗体を産生せず，細胞表面に抗原特異的なBCRを発現しながら何か月も何年も生きつづけ，同じ抗原に再会するとたちまち活性化する．一度感染した病原体に罹りにくいゆえんである．T細胞にも似た記憶細胞があり，B細胞と協力して，繰り返し侵入する外敵に立ち向かっている．**ワクチン**はこの働きを応用したものであり，感染力を低下させた抗原で記憶細胞を誘導して感染症を予防する（図9・11参照）．

インフルエンザの場合，同じ種類のウイルスに何度も感染を繰り返すのは，ウイルスがその表面を覆っているタンパク質の抗原性を頻繁に変えて，あらかじめ準備されたBCR，TCRの攻撃をかわすからである．

感染源が消えると免疫反応は消滅しなければ無駄も危険も大きい．受容体にリガンド刺激がなくなるとアポトーシスが誘導され，サイトカイン環境も変化して免疫反応は減弱していく．

9・5 生体防御と疾病

疾病は内因と外因の双方の寄与により発症する．人類の歴史をたどると，疾病構造は外因性から内因性へと変遷している．石器時代には，飢餓が最大の外因であり，農業の出現で飢餓が制御されると，感染症などの外因が人類の主な死因となった．そして衛生状態の改善と抗生物質の登場，栄養の改善などにより感染症の多くは制御できたようにみえる．今も外因が大きな役割を果たしている地域も地球上に多くあるが，多くの先進国では疾病には内因の寄与が大き

9章　生体防御

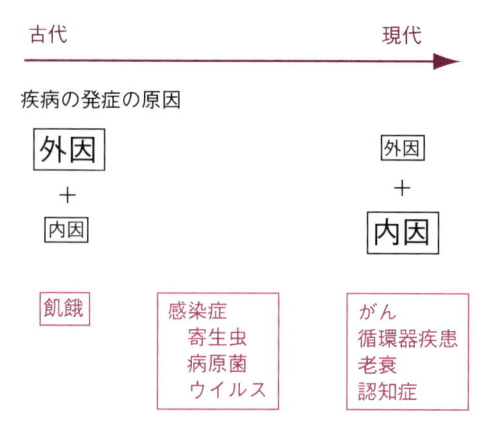

古代　　　　　　　　　現代

疾病の発症の原因

外因		外因
+		+
内因		内因

飢餓　　感染症　　　　がん
　　　　寄生虫　　　　循環器疾患
　　　　病原菌　　　　老衰
　　　　ウイルス　　　認知症

図9・13　人類の歴史と疾病構造の変遷

くなった（図9・13）．

9・5・1　生体防御の破綻とがん

　がんは内因性の死因中でも最も深刻である．がんは，体細胞に生じた突然変異が原因で発症する．細胞の分裂にかかわるものに**がん遺伝子**とよばれる一連の遺伝子があり，細胞の増殖と分裂にとってアクセルのような役割を果たす（図9・14）．一方，細胞の分化や死に関連する遺伝子群として**がん抑制遺伝子**があり，細胞の分裂・増殖を抑制するブレーキ役となっている．このように正常細胞の分裂・増殖と分化・死は，陽と陰の関係にある遺伝子群により支配されている．がんはこのがん遺伝子が突然変異を起こして機能が亢進する一方で，がん抑制遺伝子が突然変異により機能低下・喪失することによって起こる．がんは細胞の無制限な増殖に対する生体防御系の破綻により生じるともいえる．がん化にかかわるこれらの遺伝子には複数の種類があり，細胞のがん化にはやはり複数の突然変異がかかわる．

　これらの遺伝子の突然変異の多くは，細胞の通常の呼吸や炎症反応に伴って産生される活性酸素による傷が原因となっている（6・1参照）．若くて健康なときは活性酸素を無毒化する酵素SOD（9・1・1参照）を産生して，遺伝子の損傷を防いでいるが，加齢に伴ってSODの産生量が減り，細胞は突然変異を

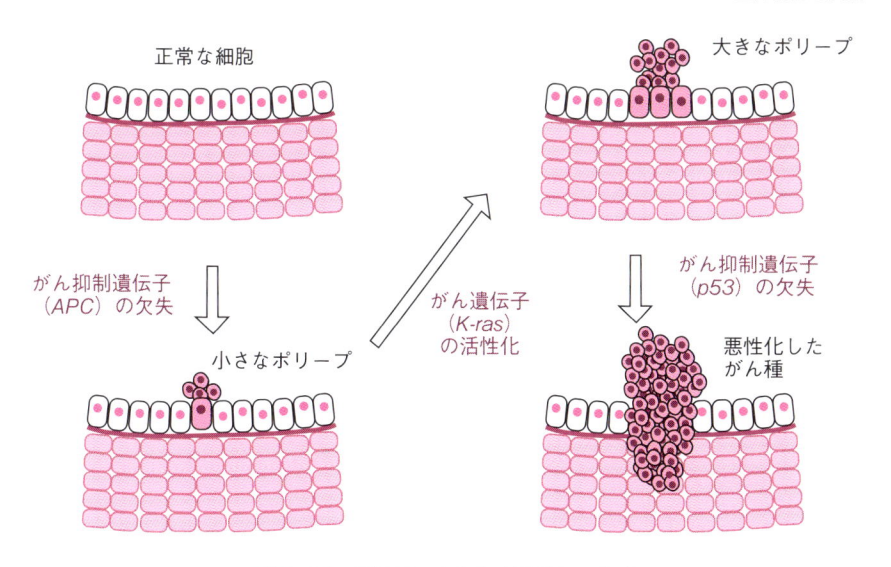

図9・14　遺伝子の変化と大腸がんの生成

蓄積して行くことは避けがたい．たとえ細胞ががん化しても，免疫監視などによって排除され，ほとんどは発症を免れているが，老化に伴い生体防御のバランスが乱れると，防ぐことができなくなり発症する．したがって，年齢とともに急速にがん化する細胞の発生頻度が高くなる（図9・15）．

獲得免疫による生体防御は，すべてのしくみがデリケートなバランスのもとに効率的に働くように仕組まれている．逆にいえば破綻もきたしやすい．がん以外にも，免疫反応の過剰な促進がもたらすリウマチなどの自己免疫疾患や，免疫反応の過剰な抑制がもたらす潜伏感染症の顕在化など，多くの深刻な疾患に免疫の破綻がかかわる．これらの疾患は免疫制御のシフト（促進か抑制）が原因といえる．

生活の近代化によって，人類が進化の過程で経験しなかった生活因子や環境因子が激増した．生体防御系の進化的適応の時間スケールをはるかに超えたスピードである．乳幼児期は，胸腺で自己・非自己（9・4・3参照）の確立が進みつつある時期であるが，この時期の怪我や寄生虫の侵入の激減が免疫応答の閾

9章 生体防御

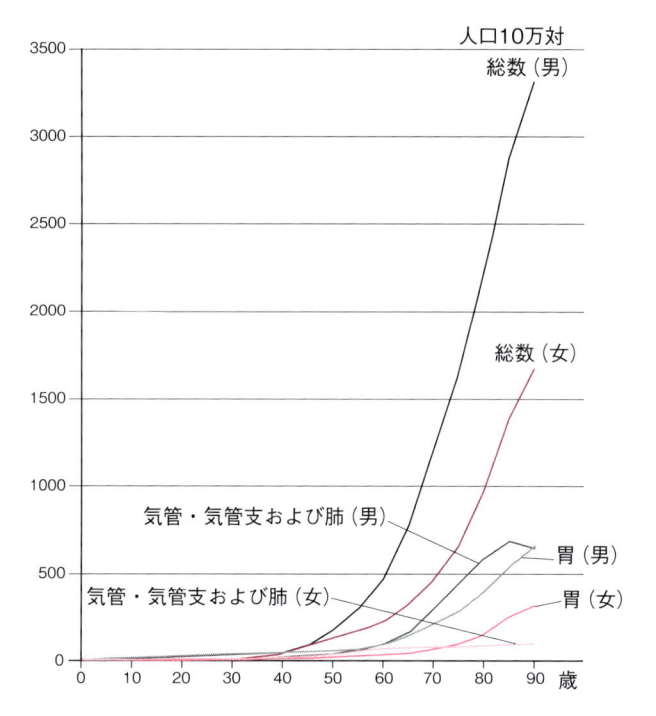

図9・15 わが国における年齢階級別がん死亡率（平成15年）
（厚生省統計情報部「人口動態統計」より）

値を下げる一方，離乳食に含まれる母乳にはない物質や，スギ花粉，ハウスダスト，大気汚染など，環境の変化による新たな抗原が免疫系を異常に刺激し続ける．アレルギー・アトピーなど，若年期から深刻な免疫的疾患の激増は，これを象徴する克服すべき新たな課題となっている．

9・5・2 プリオン

狂牛病は，もともとスクレイピーとよばれる病気に罹った羊の肉を飼料に用いたため，牛に発症したと考えられている．羊のスクレイピーや牛の狂牛病と同様の疾患は，古くからヒトにおいても知られており，ニューギニアにあるクルとよばれる病気とクロイツフェルト・ヤコブ病がそれである．

これらの原因となる病原体はDNAをもたない**プリオン**とよばれるタンパク質で

9・5 生体防御と疾病

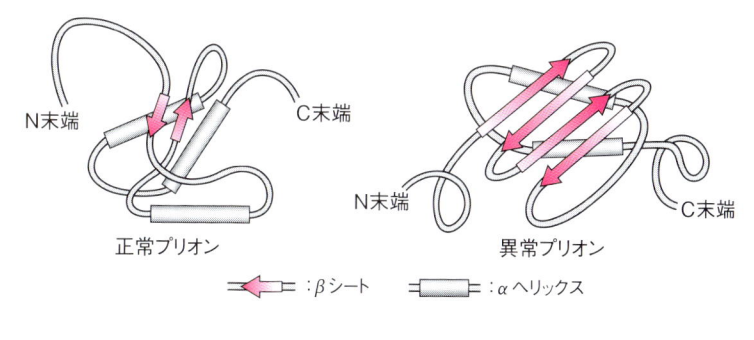

図9・16 プリオンの立体構造

ある．プリオン遺伝子は，哺乳類に広く保存されており，ヒトにもある．プリオンタンパク質は神経系の何らかの機能に必要と考えられており，2種類の立体構造をとることが知られている（図9・16）．正常プリオンタンパク質は，機能を果たしたあと分解される．しかし，異常プリオンの立体構造は異なり，重合して不溶性の巨大な複合体をつくる．この複合体は，タンパク質分解酵素に抵抗性があるため，神経組織に蓄積し，細胞を破壊して病気を発症させる．すなわち，プリオン病は不要なものの排除に問題が生じたために起こる病気である．

ヒトのプリオン病の発症メカニズムとして，以下が考えられている．異常プリオンを食べても，多くは消化されてアミノ酸やペプチドとして消化管から吸収されるが，消化されないまま消化管を通じて個体に取り込まれるものもわずかではあるが存在する．これが血流によって運ばれ，脳に到達する．脳の入り口には血液脳関門とよばれる特定の物質しか通さないバリアーがあり，異常なタンパク質は通らないが，ここをくぐり抜け，大脳の神経細胞に到達すると，正常のプリオンタンパク質に働いてその立体構造を感染性がある異常プリオンに変化させる．異常プリオンは，さらに正常なプリオンに作用して変化させる．この連鎖反応により，最初はごく微量であった異常プリオンが神経細胞に蓄積する．そのため，ついには病気の発症にいたるのである．プリオン遺伝子は，さまざまな種で保存されている．したがって，ある動物の異常プリオンが他の種にも同じ病気を引き起こすことになる．

10 生物の多様性と進化

　身近な自然の中で生物たちの素晴らしい形態や行動を見つけよう．生物は豊かな自然観や人間観を私たちに与えてくれる．なにより，それを想う私たち自身は，どこからやってきたのだろうか．最新の分子生物学や古生物学の成果から，壮大な生物世界の成立を説明する統一的な科学体系が見え始めている．

10・1　生物仲間の親戚関係

　現在の地球上に生活するすべての生物は，核膜をもたない**原核生物**と核膜をもつ**真核生物**に大別される．さらに原核生物は真正細菌と古細菌に，真核生物は原生生物界，菌界，動物界，植物界に分けられる（図10・1）．これは，生物の姿かたちだけでなく，生化学的機能やDNAの構成などの比較と類型化に基づいて，繰り返し検討された結論である．

10・1・1　動物と植物

　動物が属すグループを動物界といい，植物のグループを植物界という．動物も植物も起源は海にある．動物界で最も成功したグループは，われわれヒトを含む**脊索動物門**（背骨がある魚綱，両生綱，爬虫綱，鳥綱，哺乳綱の五綱などを含む）と，**節足動物門**（昆虫綱，甲殻綱などを含む）といえよう．

　脊椎動物は，頑丈な下アゴを発明することによって，効率よく他の生物を捕食する方法を開発し，5億年前に海の中で大型化に成功した．そして，ついに陸上に上がってヒトまで生み出したのである．なお，上アゴは頭骨の一部に他ならず，動かすことができない．一方，昆虫綱は，節足動物の名のとおり分節（体節）化と，体節の徹底的な応用によって，特に陸上の多様な環境のすみずみにまで適応し，100万を越える多くの種をつくり出した．水域に留まった節足動物は甲殻類（エビ，カニの仲間）である（図10・2）．

10·1 生物仲間の親戚関係

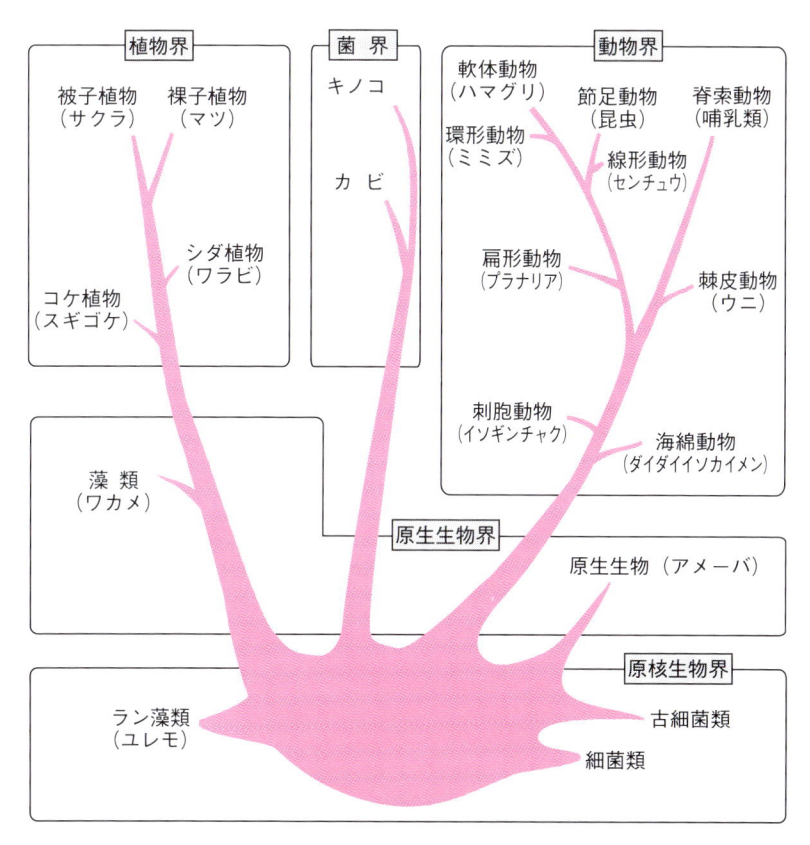

図10·1 生物世界の大分類の最近の学説

　植物の祖先は，水分吸収と重力に耐える骨格となる**維管束**を開発できたことにより，約4億5000万年前に陸上への進出を果たし，光合成（無尽蔵の二酸化炭素と水から体をつくり上げる能力）によって大型化にも成功した．森や草原をつくり上げた**維管束植物**（シダ植物，裸子植物，被子植物）と，維管束をもたない**コケ類**に大別される．
　最初の陸上大型植物は**シダ植物**のような胞子植物であったが，古生代の終わり頃，胞子嚢を胚珠で覆った種子を発明した**裸子植物**が現れた．その後，中生代の終わりまでには，種子をさらに心皮で覆った**被子植物**が出現した．以後，

169

10章　生物の多様性と進化

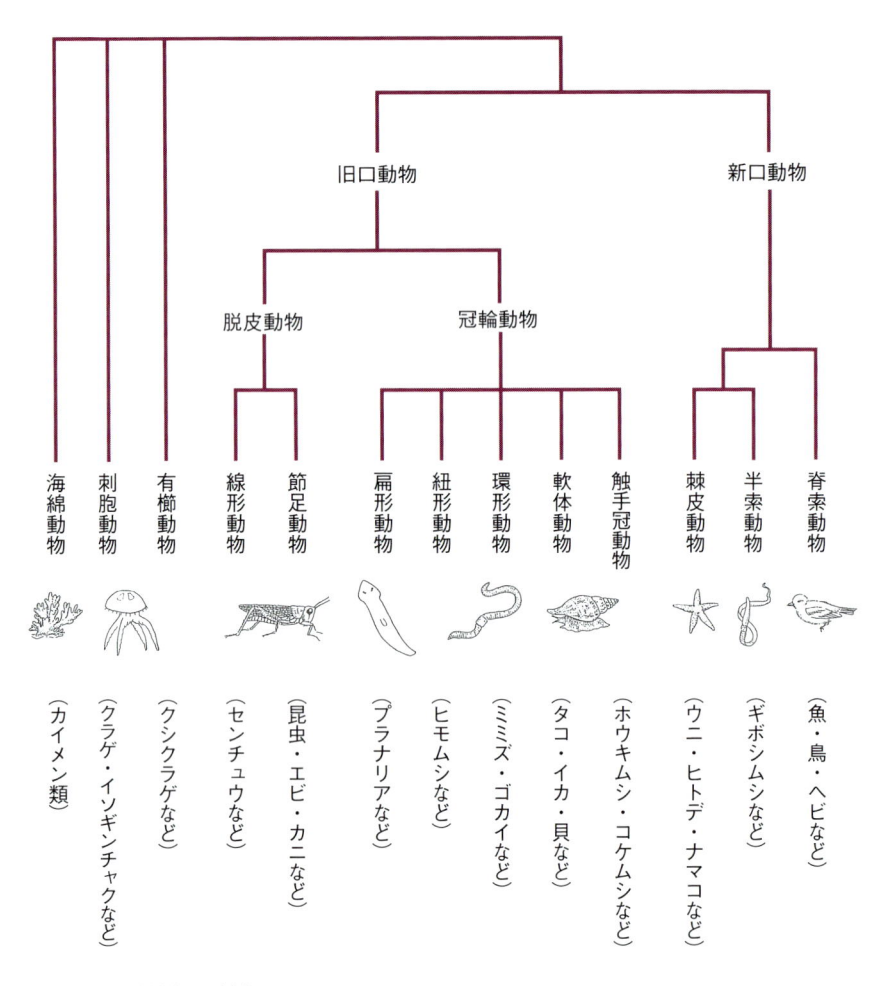

（系統樹図：海綿動物（カイメン類）、刺胞動物（クラゲ・イソギンチャクなど）、有櫛動物（クシクラゲなど）、旧口動物〔脱皮動物：線形動物（センチュウなど）、節足動物（昆虫・エビ・カニなど）；冠輪動物：扁形動物（プラナリアなど）、紐形動物（ヒモムシなど）、環形動物（ミミズ・ゴカイなど）、軟体動物（タコ・イカ・貝など）、触手冠動物（ホウキムシ・コケムシなど）〕、新口動物：棘皮動物（ウニ・ヒトデ・ナマコなど）、半索動物（ギボシムシなど）、脊索動物（魚・鳥・ヘビなど））

古典的な系統樹との対比
(1) 旧口動物と新口動物の違いはやはり本質的．
(2) 半索動物は脊索動物よりむしろ棘皮動物に近縁．三者で一つのグループを構成．
(3) 線形動物は節足動物に近縁．扁形動物は口が肛門を兼ねるなど単純な構造であるが，原始的な動物ではない．
(4) 無体腔，擬体腔，真体腔による大分類は支持されず，冠輪動物，脱皮動物と新口動物の三つの動物群の等質性が支持される．カンブリア大爆発で想定された三大分岐によく対応．

図 10・2　大型動物の進化系統
18S リボソーム RNA の塩基配列を中心にした最近の考え方 (Adoutte ら，1999 をもとに改変)

昆虫との共進化によって受粉の効率が上がり，種子は乾燥などの厳しい環境に長期間耐えうる結果，被子植物はあらゆる地球環境へ展開していった．これは同時に哺乳類との共進化を爆発的に加速させ，今日に至っている．

10・1・2　微小な生物

原核生物の真正細菌と古細菌は微小な単細胞生物である．真正細菌は**バクテリア**とも称され，大腸菌や乳酸菌などの**細菌類**と，光合成を行う**ラン藻類**がある．**古細菌**は原始地球と似た環境で棲息する種が多く，メタン生成細菌や，高塩濃度，強酸性，高温などの極限で棲息する種が含まれる．進化系統的には，古細菌は真正細菌より真核生物に近く，DNA複製やタンパク質合成のしくみが真核生物に似ている．

細菌は水とわずかな栄養があれば増殖できるが，これを欠くと多くが死滅し，一部だけが休眠個体となって長期間を耐え抜く．休眠体は大気中を分散することができ，好環境に出会うと，休眠状態を脱して爆発的に増殖する．

細菌は腐敗や伝染病の原因ともなるが，生物圏全体では，ほとんどの細菌は他の生物の死体や排出物を二酸化炭素，アンモニアとして大気に返す自然の清掃者である．また，マメ科植物の根に寄生してアンモニアを有機物に転換する根粒細菌など，植物の根の周囲に発達する菌根叢は，地球大気中での物質循環に大きく貢献している．海洋の全域で光合成（炭酸同化）を行い，地球生物圏の基礎を支えるラン藻類や，硫化物をエネルギー変換する硫黄細菌なども，生態系の物質循環に大きな役割を果たしている．農薬や医薬品（抗菌性物質）は，これらの目立たない自然界の細菌や，人体に有益な腸内細菌を死滅させる危険を伴っている．

真核生物に属する微生物は**原生生物界**と**菌界**に分けられる．原生生物には単細胞のアメーバやゾウリムシ，葉緑体をもつクラミドモナスがある．

朽ち木のウロに溜った水に光をあて目を凝らすと，小さなゴミのようなものが動いているのが見える．また，きれいな生活排水の中には不思議な運動をするたくさんのアメーバ類が見られる．原生生物は，細菌類と比較して非常に大きな体（細胞体）と複雑な構造（細胞の一部が口や運動器官に分化）を備える

10章 生物の多様性と進化

原生生物界

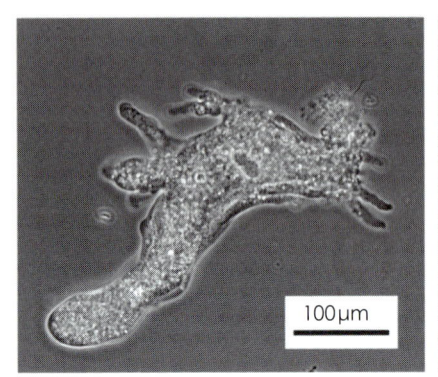

アメーバ 100μm

タイヨウチュウ 100μm

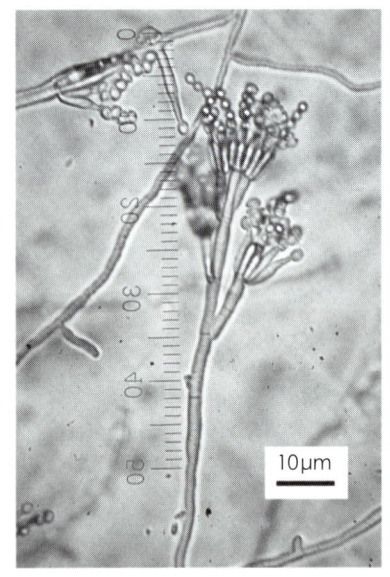

菌　界（担子菌類）

アオカビ（ペニシリウム属）の菌糸と胞子 10μm

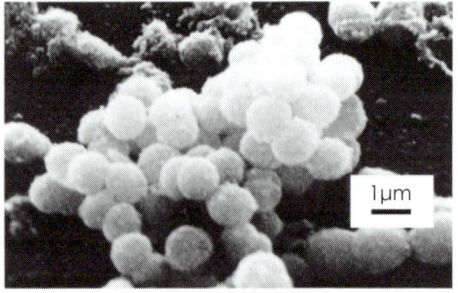

原核生物界

腸炎ビブリオ菌（桿菌の例） 1μm

ブドウ球菌（球菌の例） 1μm

図 10・3 微生物の世界
　微生物とは，細菌界，菌界，原生生物界に属する小型生物の総称である．
　（写真提供：原生生物界は重中義信博士，菌界は森永 力博士，原核生物界は本田武司博士）

ものが多い．乾燥すると硬いシストに身を包み，風に乗って大気中を浮遊し移動する．原核生物の細菌類が急速な増殖と大量死によって剛直に環境の変化に適応しているのに対して，真核生物は穏やかな増殖と環境適応によって柔軟に生き延びている．ごく一部の病原性のものを除いてヒトの生活への関与はほとんどない．ワカメやコンブなどの藻類は大型で多くの細胞からなるが，組織化の程度が低いため，原生生物に分類される．

　菌界ではカビとキノコがよく目に触れる．細菌と区別するために真菌ともよばれる．菌類には単細胞の酵母や，菌糸とよばれる糸状の細胞が集まった構造をつくるアオカビや白癬菌（水虫）などのカビの仲間，比較的大型のキノコがある．

　モチや食品の表面に生えるカビは，菌糸を伸ばし，やがてその密なところから粉状の胞子を飛ばす．キノコとは，この菌糸がいく筋も束になって特徴ある柄や傘の形をつくり上げたもので，胞子を効率よく産生，拡散させる意味ではカビと違いはない．自然の中における役割も，生物の死体や生物がつくり出す物質を栄養とし，分解して地球大気に戻す働きをもつ．

　地球上の生物体総体積のほとんどを占める植物の遺体の最終分解者は，これらの微生物群であり，地球生物圏への役割の大きさは計り知れない（図10・3）．

10・1・3　生物の分類と学名

　以上の生物群（界）はそれぞれ，**門**，**綱**，**目**，**科**，**属**，**種**の世界共通の分類単位により細分される．個々の生物個体を指す単位である種の段階では，未知種を含めると1000万種を越えると推定される．

　学名とは国際命名規約によって定義される生物種の世界共通名で，**属名**（大文字で始める）と**種名**（小文字で始める）を連記した二名法で表記する．学名を一目すれば，属以下の近縁種との類縁関係が一目で判別できる．

　ヒト（学名：*Homo sapiens*）を例にとり，類縁関係を調べよう．ヒトは，動物界，脊索動物門，哺乳綱，霊長目，ヒト科，ヒト（*Homo*）属，ヒト（*sapiens*）種に属する．**脊索動物門**は，三つの亜門に分けられ，哺乳綱は**脊椎動物亜門**に

10章　生物の多様性と進化

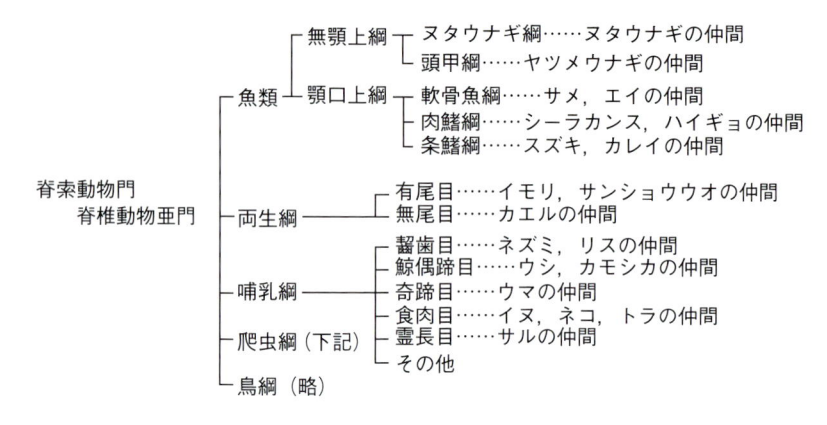

```
                      ┌ 無顎上綱 ┬ ヌタウナギ綱……ヌタウナギの仲間
                      │         └ 頭甲綱……ヤツメウナギの仲間
              ┌ 魚類 ─┤
              │      └ 顎口上綱 ┬ 軟骨魚綱……サメ，エイの仲間
              │                 ├ 肉鰭綱……シーラカンス，ハイギョの仲間
              │                 └ 条鰭綱……スズキ，カレイの仲間
              │
              │         ┌ 有尾目……イモリ，サンショウウオの仲間
脊索動物門    ├ 両生綱 ─┤
 脊椎動物亜門 │         └ 無尾目……カエルの仲間
              │
              │         ┌ 齧歯目……ネズミ，リスの仲間
              │         ├ 鯨偶蹄目……ウシ，カモシカの仲間
              ├ 哺乳綱 ─┤ 奇蹄目……ウマの仲間
              │         ├ 食肉目……イヌ，ネコ，トラの仲間
              │         ├ 霊長目……サルの仲間
              │         └ その他
              │
              ├ 爬虫綱（下記）
              │
              └ 鳥綱（略）
```

図 10・4　身近な脊椎動物の大まかな分類

含まれる．脊椎動物亜門に含まれる哺乳綱以外の代表的な綱は，条鰭綱（硬骨魚類など魚類の大部分），軟骨魚綱（サメ，エイの仲間），両生綱（カエルの仲間），爬虫綱（トカゲの仲間），鳥綱（鳥の仲間）である（図 10・4）．いずれも背骨があり，内臓は腹側にあり，目鼻口のある頭がある共通の構造（相同性）に気がつくだろう．爬虫綱，鳥綱，哺乳綱は，すべて羊膜（図 5・13 参照）の中で発生する有羊膜類の仲間である．

　動物界には脊索動物門の他にどんな門があるのだろうか（図 10・2 参照）．身近な生物として**節足動物門**と**軟体動物門**をあげておこう．節足動物門には六脚亜門（昆虫綱などが含まれる），甲殻亜門（カニの仲間の軟甲綱などが含まれる），多足亜門（ムカデ綱などが含まれる），鋏角亜門（クモの仲間の蛛形綱などが含まれる）があり，体の外側に硬いキチンの皮をまとい，体全体や肢が節に分かれているといった，いくつもの共通点に気がつく．軟体動物門には頭足綱（イカの仲間），腹足綱（タニシなど巻貝の仲間），二枚貝綱（ハマグリなど二枚貝の仲間）などが含まれる．棘皮動物門（ウニの仲間），環形動物門（ミミズの仲間），刺胞動物門（クラゲの仲間）などを合わせると，魚屋や森や海辺で目に触れやすいほとんどの動物になるだろう．このほかにも実は多数の小門，小綱の動物たちが人の目に触れない海域に特に多くいることを忘れずにおきたい．

10・2 化石が語る進化

　動物の化石は約6億年前の海に現れる．それ以降，約2億4千万年前までの海の世界を**古生代**という．さらに，生物が陸域へ上陸し，大型の動植物が新たな大進化を始め，6500万年前の大隕石衝突に伴う気候の激変に至るまでの時代を**中生代**といい，以後，被子植物，昆虫，哺乳類が繁栄する現在までを**新生代**という（図10・5）．

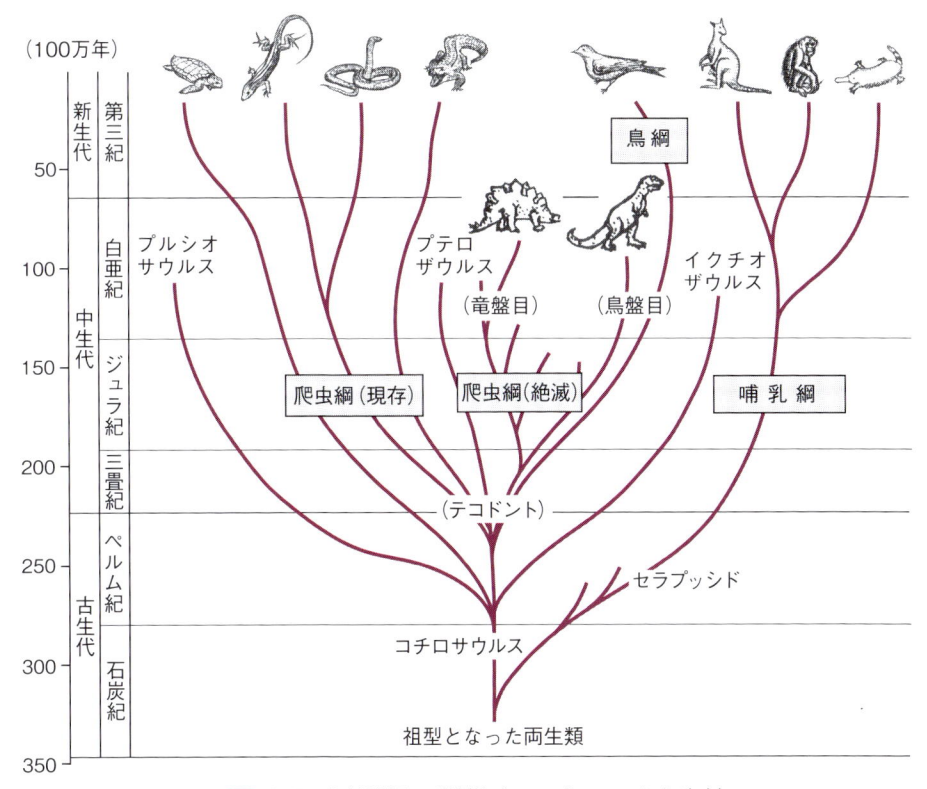

図10・5　有羊膜類の系統樹（Wessells, 1986から改変）

10・2・1　カンブリアの大爆発

　カナディアンロッキー山中で発掘された化石群は，多細胞動物の出現に関する重要な情報をもたらした．古生代初期は三葉虫やウミユリだけの世界ではな

く，ほとんどすべての発生（形態形成）様式の可能性がいっきに生まれた時代だった．これを動物世界の大爆発という．進化とはそれまで考えられていた小さな変化の積み重ねだけではなかった．この**カンブリアの大爆発**が，以降5億年の生物進化を可能にしたのである．

10・2・2　アゴの発明と捕食

　古生代の海の中では，多くの生物が目まぐるしい栄枯盛衰を繰り返したが，デボン紀に下アゴを発明した脊椎動物，すなわち**魚類**が出現しヒトへとつながる進化が起こった．食べていくことは生命存続の基本である．アゴは他の生物体を丸ごと奪い取り入れることを可能にし，栄養手段の高能率化をもたらした．また，それは巨大な物質循環系（食物連鎖）を成立させることにもなった．古生代の動物はこのほかにも，さまざまな摂餌様式を試みており，その痕跡が化石として現存している．

10・2・3　生物たちの上陸

　海で発祥した生物が，陸上生活するための条件は厳しい．最大の問題は乾燥である．有害な紫外線の直射から身を守り，重力に耐える骨格の獲得も必要になる．最初の陸上生物は，コケ植物であった．彼らは乾燥から逃れるため，細胞壁の外側にクチクラ層を発達させた．やがてこの中から維管束系を発明したシダ植物が出現し，陸上に大型の植物集団が栄えるようになった．

　この準備が整ってはじめて，動物は陸上で植物体という餌（栄養源）を得ることができるようになり，水辺や湿地から本格的な陸域生活への道を踏み出すことが可能になった．この新たな環境の中で成功した動物の一つが**節足動物**である．彼らは外皮に多糖類キチンを発達させて乾燥に耐え，分節構造によって複雑な環境への多様な適応形態を生み出した．

　成功した動物のもう一つは，**脊椎動物**である．彼らは，皮膚の外にタンパク質のケラチンを発達させ，乾燥に耐えた．また，中胚葉性の結合組織を発達させ，体を支える内骨格を獲得し，立ち上がった．こうして中世代の幕が開くのである．

　中生代における脊椎動物の進化上の最も大きな出来事は，有羊膜類の出現で

ある．有羊膜類の胚は羊膜内の羊水中で守られ，さらには卵殻または母胎により保護されて陸上での発生を可能にした．前者は鳥類まで生み出した爬虫類となり，後者は胎盤で胎児を育む哺乳類となった（図 5・13，図 10・4 参照）．

　大恐竜時代とは，爬虫類が裸子植物の繁栄巨大化と同調しながら大型化を遂げた時代である．中生代の後半，裸子植物よりはるかに生殖効率が高い被子植物が現れた．花と，胚珠が心皮でつつまれた種子を発明したのである．花と共進化した昆虫の繁栄は，捕食性動物である哺乳類の祖先に豊かな進化の場を提供した．被子植物の繁栄が裸子植物を追いつめ，これを食べていた大型恐竜を追いつめたと思われる．被子植物と昆虫と哺乳類は，6500 万年前の大隕石の衝突による地球気候の大変動（長年に渡る低温）にも，その高い適応力により生き残った．

　隕石衝突で巻き上げられた粉塵が地球全体を覆った超低温気象が回復すると，被子植物の大展開による新しい豊かな植物環境と，ここで生活する昆虫たちと哺乳類の目ざましい進化が始まった．これが新生代である．アフリカ大陸で樹上生活から地面に降り立ち，二本足で歩くようになった霊長目の一種が，ヒトへの進化の道を歩みはじめたのは今から約 500〜600 万年前のことと考えられる．

10・3　ヒトの発祥と進化

　別々に発展してきた化石人類学，分子進化学，地球環境学の研究成果が統合され，ヒトの進化の道すじが明らかになってきた．ヒトへとつながるアウストラロピテクス属が，チンパンジー（パン属）の祖先と枝分かれしたのは 500〜600 万年前であった．一方，ゴリラの祖先（ゴリラ属）は，700 万年前には別の道を進んでいた（図 10・6）．

10・3・1　二本足のサル

　ヒトの形態には，他の動物たちと大きく異なる点がある．顔は平たく二個の目が平面的に前を向いており，直立二足歩行し，体毛がほとんどなく表皮が裸出している．

10章　生物の多様性と進化

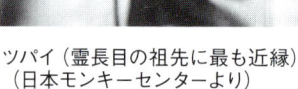

ツパイ（霊長目の祖先に最も近縁）
（日本モンキーセンターより）

ガラコ（原猿亜目：顔面の平面化に注意）（広島市安佐動物公園より）

チンパンジー（約600万年前にヒトの祖先と分岐した）（広島市安佐動物公園より）

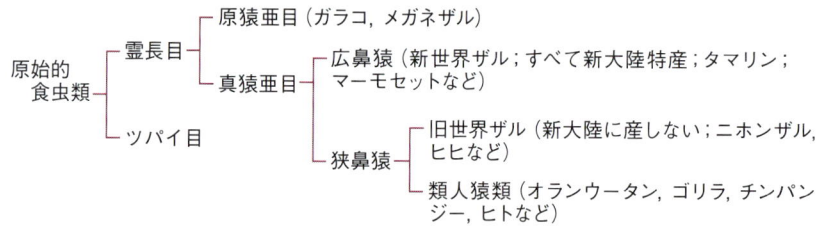

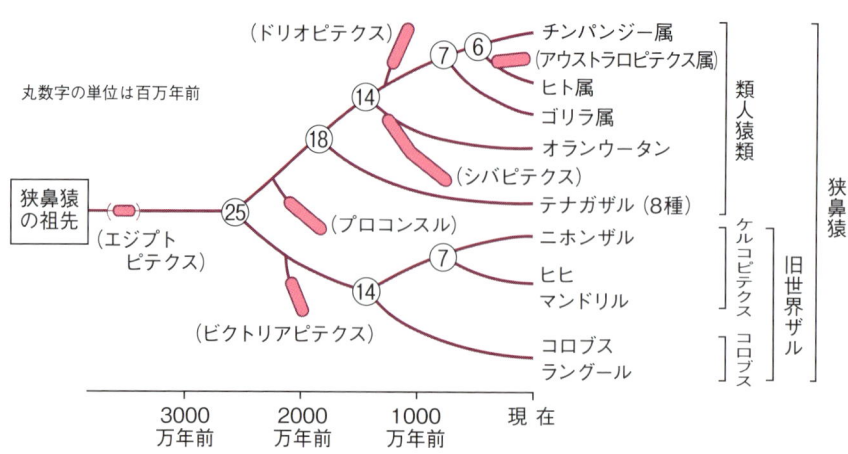

原始的食虫類 ─┬─ 霊長目 ─┬─ 原猿亜目（ガラコ, メガネザル）
　　　　　　　│　　　　　└─ 真猿亜目 ─┬─ 広鼻猿（新世界ザル；すべて新大陸特産；タマリン；マーモセットなど）
　　　　　　　│　　　　　　　　　　　　└─ 狭鼻猿 ─┬─ 旧世界ザル（新大陸に産しない；ニホンザル, ヒヒなど）
　　　　　　　│　　　　　　　　　　　　　　　　　└─ 類人猿類（オランウータン, ゴリラ, チンパンジー, ヒトなど）
　　　　　　　└─ ツパイ目

丸数字の単位は百万年前

図10·6　ヒトの仲間たちとその進化（Stewart and Disotell, 1998より改写）

10·3 ヒトの発祥と進化

　中生代が終わった6500万年前以降,哺乳類の爆発的な**適応放散**(10·4·5参照)が起こる中で,サルの仲間(霊長目)は現在の食虫目に近い祖先から,果実を主食として樹の上で生活する動物として進化した.手と目と脳の進化がサルをつくったといえる.手(前足)はものをつかむ能力を与え,目の平面化は立体視を可能にした.脳の発達は感覚と運動の統合をさらに効率化した.これらは樹上生活になくてはならない性質だった.

　約1000万年前になるとアフリカ大陸の大きな地殻変動が始まり,中央山岳東側一帯の乾燥化と広大なステップ型草原をもたらした.森林の減少と草原の拡大にともなって,樹上生活をしていた類人猿(ヒトとチンパンジーの共通祖先)の一部が,草原に生活の場を求めた.これがヒトへの第一歩とする考えが受け入れられている.見通しのよい草原への進出が**直立二足歩行**への移行を促した.樹上に残った方が現在のチンパンジーの祖先となり,地上に降りた方からのちにヒト属を生み出す二足歩行の**アウストラロピテクス属**が生じた.その化石は,すべてアフリカ中央山岳東側から発見されるのである(図10·7).

地名	発見されている化石人類
①ハダール	アファール猿人(ルーシー)
②オモ渓谷	アファール猿人 アフリカヌス猿人 ハビリス原人 エレクトゥス原人
③ツルカナ湖	エレクトゥス原人
④コービ・フォラ	ハビリス原人 エレクトゥス原人
⑤オルドバイ	ハビリス原人 エレクトゥス原人
⑥ラエトリ	アファール猿人
⑦クロムドライ	ロブストス猿人
⑧スワルトクランス	ロブストス猿人 ハビリス原人 エレクトゥス猿人
⑨タウング	アフリカヌス猿人

:チンパンジーの分布地

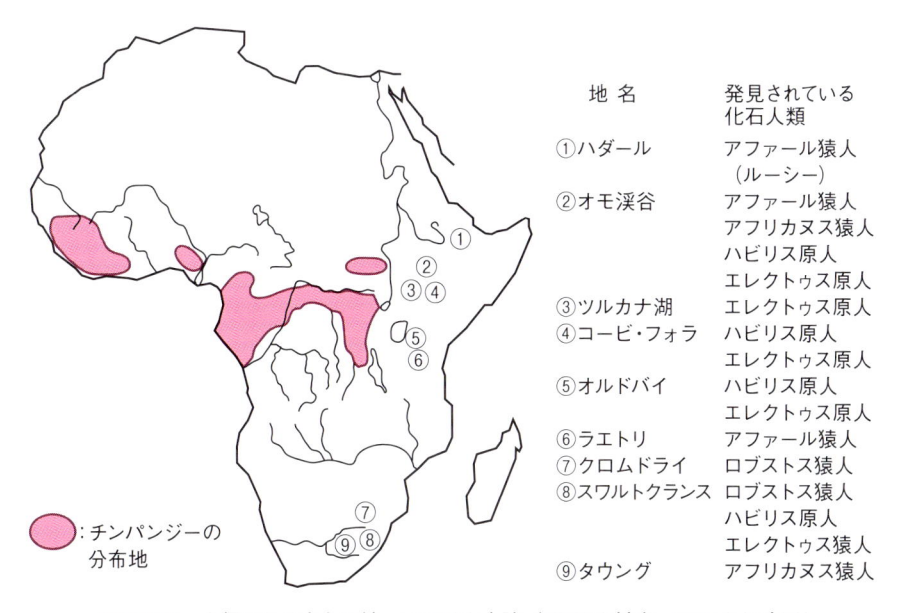

図10·7　人類のふるさとの地,アフリカ大陸(NHK取材班,1995より改写)

二足歩行により自由になった両手は細かな手先の作業を可能にした．また，直立歩行は，頭部を骨盤と背骨全体で支えることになり，脳容積の増加を可能にした．四肢動物は重い頭を首で支えきれないのである．さらに，咽頭が下がったことにより，複雑な音声を発することができる発声器官を発達させることができた．これらは道具の発明，火の利用，言語の成立の源となり，環境への適応性を飛躍的に高めることになった．

顔の形を決める口蓋や歯は，そしゃく器官であると同時に攻撃や威嚇の武器でもあり，その形状と役割の変化は，生活場所，雌雄の行動，餌の種類などと密接に結び付いている．また体から毛を失ったことは，個体の嗅覚識別標識となるアポクリン腺の退化と，汗腺の発達を意味し，性行動の変化，暑さへの適応などの生活様式の変化と連動した．

480万年前から100万年前までにわたって出土するアウストラロピテクス属は，頭部を含む上半身はチンパンジー的であるが下半身は明らかに直立二足歩行しており，**猿人**とよばれる．これに対してわれわれと同属のヒト属の出現は，そのはるか後年の200万年前頃に始まる．アウストラロピテクス属との根本的な違いは，脳の大きさの飛躍的な増大と，道具（旧石器）の使用にあり，これを**原人**という．

10・3・2　アウストラロピテクスの時代

1973年エチオピア北部のアファール地方のハダール（図10・7参照）で発見された右足のケイ骨と大腿骨の構造は，この動物が直立歩行をしていた証拠を示していた．さらにこの地で，世界中に**ルーシー**という愛称で呼ばれる，320万年前のほぼ完全な若い女性の化石が発見され（図10・8），これらは，*Australopithecus afarensis*（**アファール猿人**）と命名された．タンザニアのラエトリで発見された初期人類の足跡化石もアファール猿人のものと考えられている．350万年前に噴火した火山灰の上を二人が25m程歩いた足跡の化石である．

ヒト属はアウストラロピテクス属のアファール猿人かアフリカヌス猿人の中から進化したと考えられている．同じアウストラロピテクス属のロブスツス猿人は，その体格，とくにアゴの骨が頑丈で，多くは南アフリカのタウング近郊

10·3 ヒトの発祥と進化

アファール猿人の骨盤

チンパンジーの骨盤

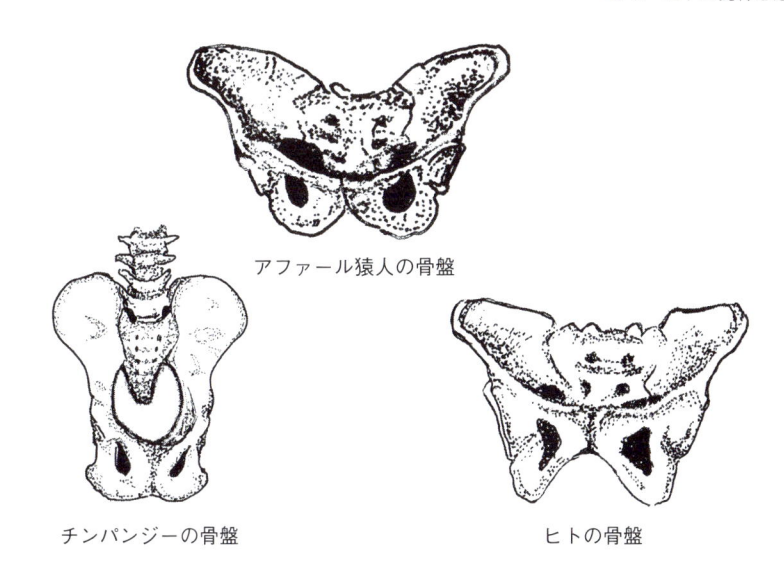

ヒトの骨盤

図 10·8　アファール猿人は直立二足歩行していた
細かく断片化した化石を再構成する研究者（O. Lovejoy）の驚異的努力によって再現したアファール猿人（ルーシー）の骨盤は，ヒトと同様に腸骨が幅広く，直立して上体の内臓を受けるお椀型になっていた（Johansonら，1994から改写）．

の石灰岩地帯から発見されている．250万年前から化石が発見され，東アフリカのオルドバイ渓谷では120万年前に，また南アフリカでは90万年前の洞窟で記録が途絶えている．ロブスツス猿人は，現生人類へとつながる進化の道とは独立に最近まで生き続けた別系統の猿人である．ヒトに至る進化は一直線ではなかった．

10·3·3　ヒト属の成立

はじめて地球上に現れたヒト属（ホモ属）の化石は，東アフリカのオルドバイ渓谷で発見された**ハビリス原人**である．ルーシーより100万年以上新しく，およそ200万年前から化石が現れる．脳容積（平均650ml）が，アウストラロピテクス属や現生の類人猿（380〜530ml）と比べて，明らかに増大している．彼らは，この渓谷で発見される石器の製作者でもあった．

現生人類の直接の祖先種と考えられる**エレクトゥス原人**（*Homo erectus*）の

181

10章　生物の多様性と進化

化石は160万年前頃から現れ，アウストラロピテクス（猿人）やハビリス原人と比べ，大きくたくましい体を備えていた．北京原人とジャワ原人として知られる約50万年前に生活していた火を使う人類もエレクトゥス原人で，種としては20万年前頃まで生存していたと推測されている．ケニアで発見された約160万年前の少年のほぼ完全な化石から，エレクトゥス原人は成人すれば身長185cm，体重70kg前後にもなったと考えられる．スマートで頭が小さく，胸がぶ厚く，すばらしい運動能力を備えていた．脳容量は1000ml前後で，現在のヒト（約1400ml以上）の約3分の2に達し，現生類人猿（チンパンジーで約500ml）よりはるかに大きい（図10・9）．彼らは火を道具として使い，大きく生活能力を向上させ，はじめてアフリカを出て，少なくともユーラシアからジャワにまで分散し生活を切り開いていった（図10・10）．

		アファール猿人	ハビリス猿人	エレクトゥス原人	サピエンス人
		〜600万年前	320〜300万年前	240〜200万年前	160〜40万年前	20万年前〜
身長		110〜140cm	110〜150cm	160〜180cm	160〜170cm
体重		30〜50kg	30〜60kg	50〜70kg	50〜60kg
脳容積		400ml	600〜700ml	850〜1100ml	1400ml
		道具の出現？	石器の使用	火の使用 言葉の出現？	

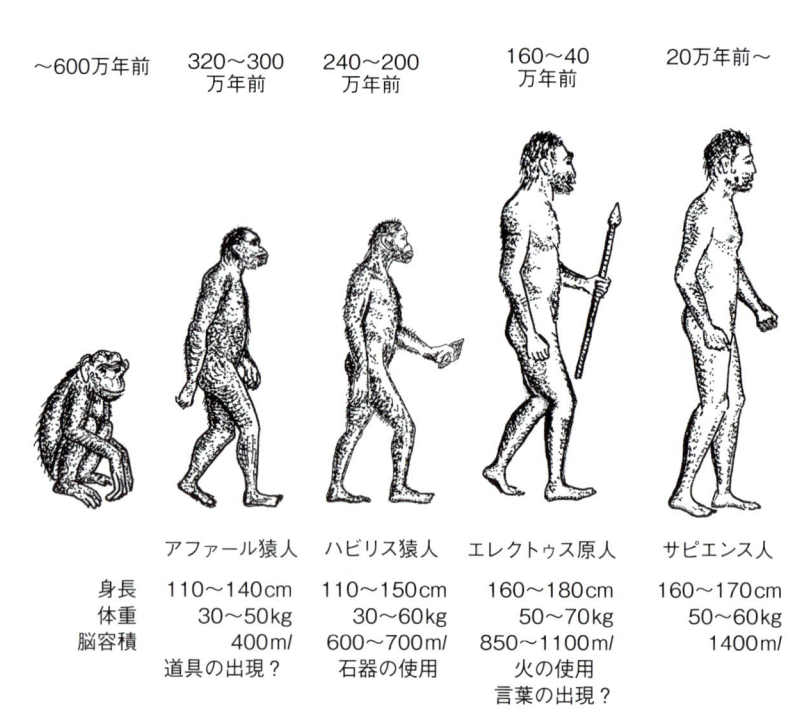

図10・9　ヒト属（原人およびサピエンス人）への飛躍

図 10·10 ホモ属の人類の推測される分散経路
人種間のDNA塩基配列の比較と古生物学を総合して描かれた（NHK取材班，1995より改写）．

10·3·4　現生人類の発祥とネアンデルタール人

　50万年前から20万年前までの間に，エレクトゥス原人の中から現生人類（サピエンス人）が生じた．DNA解析の結果は，少なくとも地球上の現在のすべてのヒトの共通の祖先がアフリカに発しており，それは15～20万年前という数値を示している．地球上に広く分散したエレクトゥス原人のごく限られた個体群からサピエンス人が生じたことになる．

　アフリカ，ユーラシア全域から化石が見つかるネアンデルタール人も，サピエンス人と同様にエレクトゥス原人から発祥したのだろうか．それともサピエンス人成立後にここから新たに分岐したのだろうか．ネアンデルタール人の化石が地球から消えるのは，ヒトの進化史からみればごく最近の約3万年前のことで，相当期間にわたってわれわれとこの地上を共有していたのである．

10・4　進化の原動力

　かつての進化学は，個体や集団の形態のレベルの研究が中心であったが，近年の分子生物学の進歩により，遺伝子レベルで進化を理解することができるようになった．多細胞動物の形態はハエからウニ，ヒトまで変化に富むが，さまざまな生物の全ゲノム情報が得られると，遺伝子の種類と数は，ほとんどの多細胞動物でほぼ同じであることがわかってきた．頭も眼もないウニですら，頭や眼をつくるための遺伝子を備えているのである．同じ遺伝子をもちながら，なぜ姿形が違うのだろうか．生物の形態は発生によってつくられる．発生過程における形態の形成や機能を調節するセレクター遺伝子（マスター遺伝子）の働きが明らかになり，進化研究は大きく展開することになった．

10・4・1　遺伝子の変異と進化

　生物の世界は多様であると同時に分類系統群ごとに見事な類似性がある．いかに生物の世界が多様で構造が複雑であっても，昆虫の足は常に6本であり，カエルの足が6本になることはない．この形態の相同性は，種が「おおもと」から順次変化を繰り返して，現在の複雑にして整合性のある生物世界にまで展開したことをよく示している．多様な脊椎動物も，個体発生の初期ほどよく類似していることは意味深い（図10・11，図10・12）．

　また，化石は過去に現在とは異なる生物種が実在したことを示している．過去の年代を推定できる地層から採集される化石を調べると，時代順に種の変化を系列化することができ，形態が順次に連続的に進化したことが示される．これは，進化の直接的な証拠といえるだろう（図10・13）．

　すべての生物が共通の祖先から進化してきたことは，すべての生物がDNAをもち，その機能が共通であること，さらに生命の基礎を担う多くの分子システムも共通性が高いことからも十分うかがえる．また，ある特定のタンパク質のアミノ酸配列や，その情報を担うDNAの塩基配列を，さまざまな生物の間で比較してみると，近縁度の高い種間ほど配列の共通性が高いことがわかる．これは，これらの配列が共通の配列から順次変化して，種ごとの特有の配列ができてきたことを示しており，タンパク質やDNAの塩基配列の置換は時間あ

10·4 進化の原動力

Ⅰ

Ⅱ

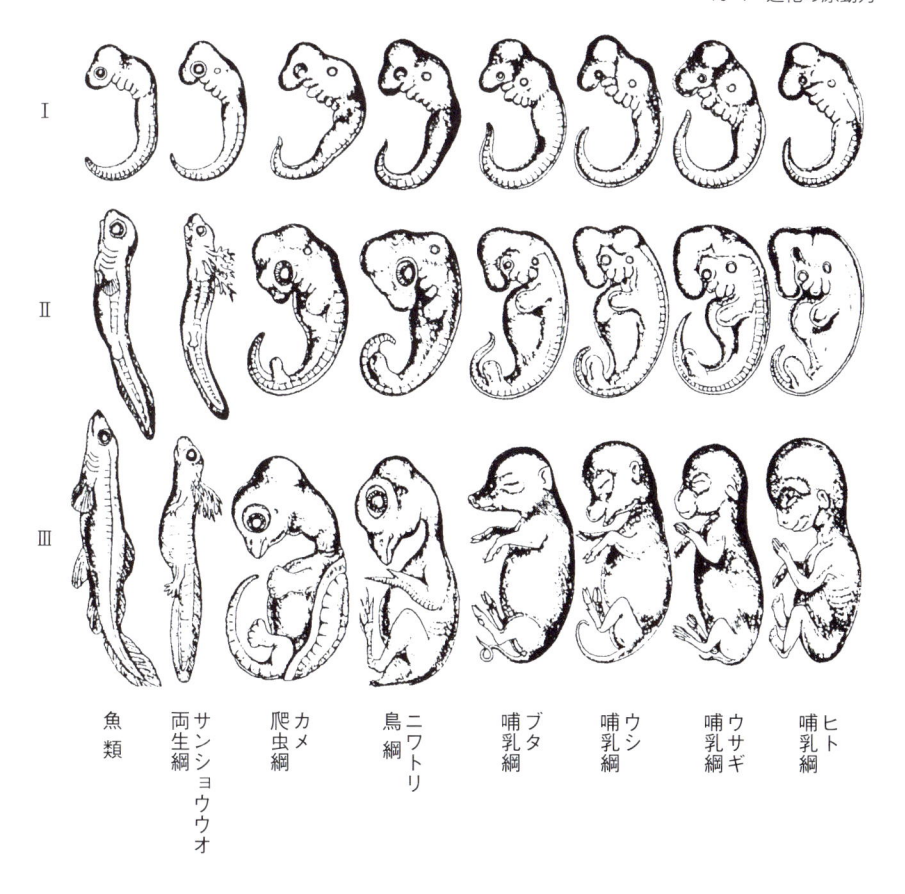

Ⅲ

魚類／サンショウウオ 両生綱／カメ 爬虫綱／ニワトリ 鳥綱／ブタ 哺乳綱／ウシ 哺乳綱／ウサギ 哺乳綱／ヒト 哺乳綱

図 10·11 　脊椎動物は個体発生を初期にさかのぼるほどよく類似してくる
尾の湾曲，鰓弓，頭部に対する目の大きさなどに注意．はじめて指摘した 19 世紀の発生学者にちなんでフォン・ベアの法則という（Romanes, 1901 による）．

たり一定の確率で（ランダムに）起こることも意味している．
　有利でも不利でもない中立的な変異は，1 塩基対あたり年に 10^{-9} の確率で起きるとされている．塩基対の変異の程度を**分子時計**といい，塩基配列やアミノ酸の違いの程度を調べることにより，どのような枝分かれの順序（**分岐進化**）で現存生物がつくり出されたのか，またその分岐が起きたのはどのくらい昔の

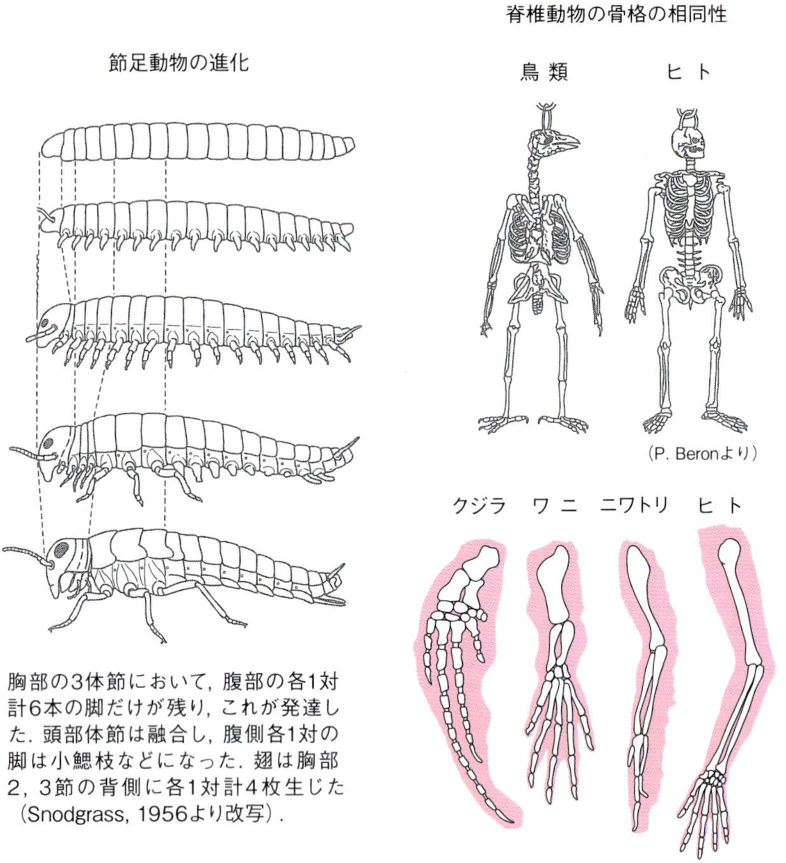

10章 生物の多様性と進化

節足動物の進化

脊椎動物の骨格の相同性

鳥類　　ヒト

(P. Beronより)

クジラ　ワニ　ニワトリ　ヒト

胸部の3体節において、腹部の各1対計6本の脚だけが残り、これが発達した。頭部体節は融合し、腹側各1対の脚は小鰓枝などになった。翅は胸部2、3節の背側に各1対計4枚生じた（Snodgrass, 1956より改写）。

図 10・12　動物の体制は相同性に基づいて多様化した

ことか（**絶対年代**）を推理することが可能になった（図10・14）。しかし、遺伝子によっては配列の置換速度は一定ではない。たとえば、生命活動に不可欠な遺伝子配列に置換が起きると遺伝子が機能しなくなり死に至る。その結果、置換された配列は子孫に受け継がれなくなるからである。一般に生理的意義の大きい遺伝子の変異ほど淘汰圧が強くかかり、置換速度は遅くなる。進化の過

10・4 進化の原動力

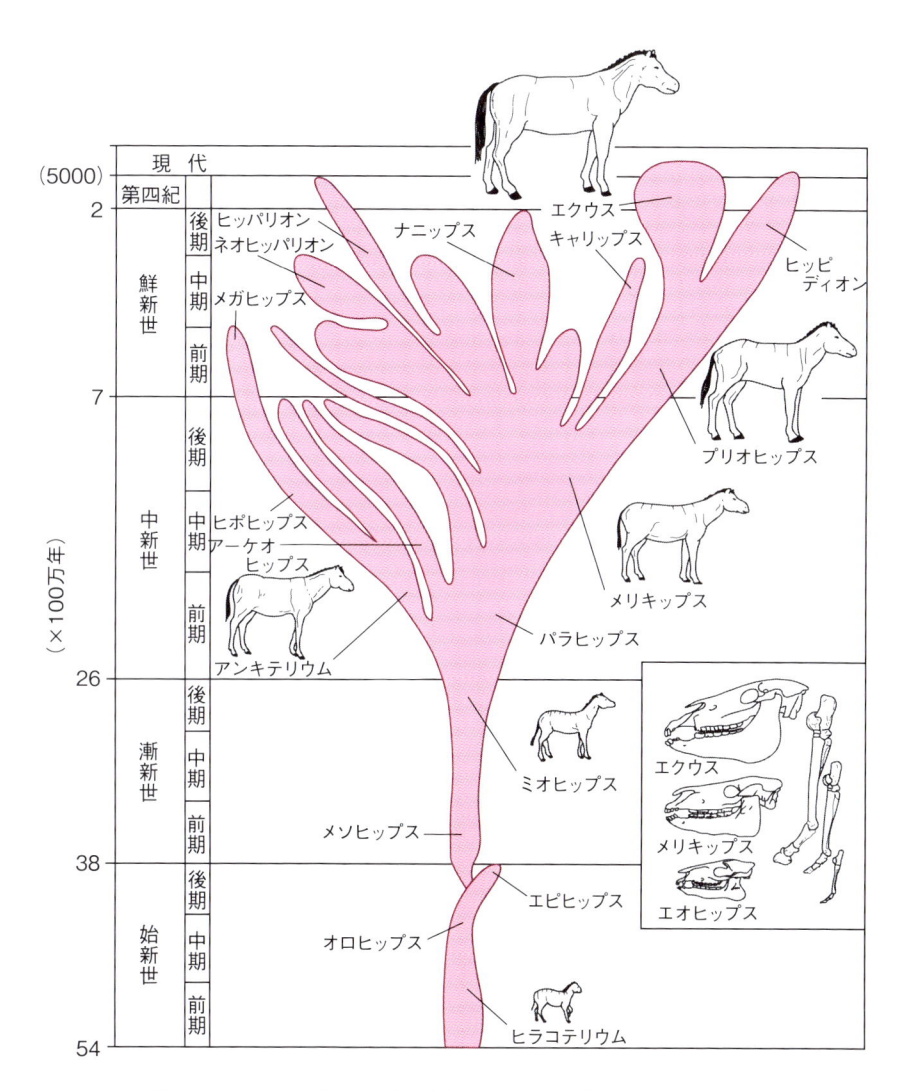

図 10・13 ウマの仲間（哺乳動物綱奇蹄目）進化の序列
多くの属は大型化したがナニップス属のように再度小型化に転じたものもある（Wessells and Hopson, 1988 より改写）．

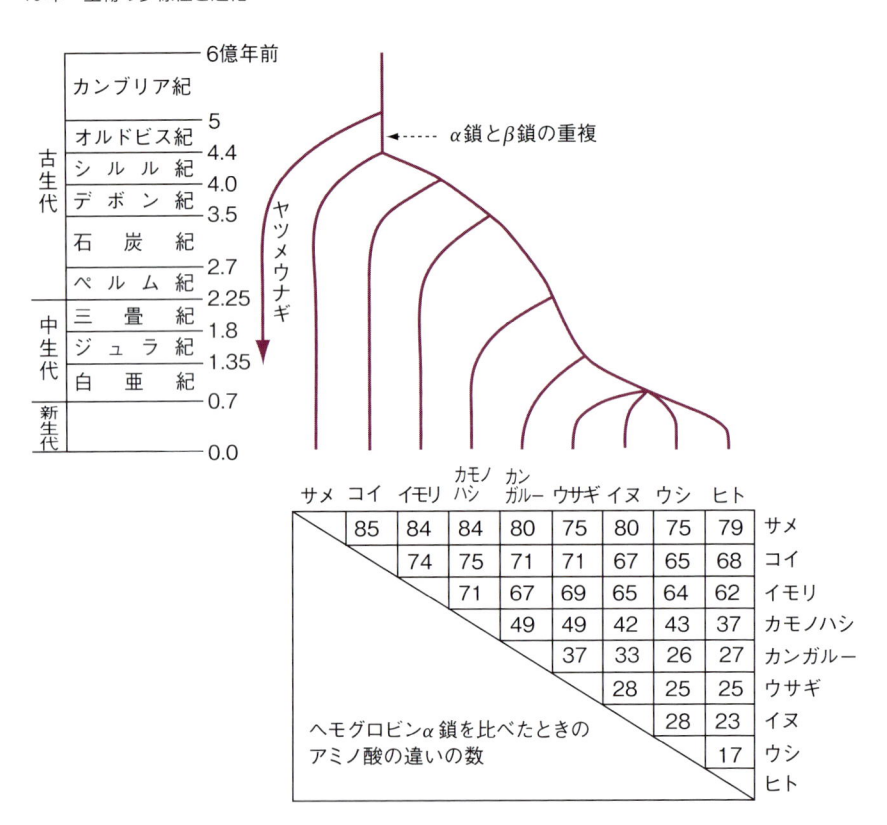

図10·14 分子進化

ヘモグロビンα鎖の比較による脊椎動物の系統樹を示す．分岐してからの時間の長さを反映してアミノ酸が変わっている（木村資生編，1984より改変）．
近年，遺伝子中に進化の途中で挿入されるDNA断片（レトロポゾンなど）の塩基配列を利用して，さらに明確な系統樹が描けるようになった．これによって，哺乳動物門偶蹄目の中では，クジラとカバは最近縁で，ウシやキリンにも近く，ブタやラクダはずっと遠縁であることが確実視されるようになった．

程で配列が変化しないことを保存といい，変化しなかった配列を保存配列という．

10·4·2 遺伝子変異を緩衝する体細胞適応

　遺伝情報として意味をなさないDNA配列（4·1·4参照）は別として，遺伝子の変異の大部分は生存を脅かすと予想される．しかし，ヘモグロビンのアミノ酸配列が大きく変化しても酸素を運搬するタンパク質としての機能に大きな

変化がないことからもわかるように（図10·14），遺伝子（遺伝子型）の変異が直接的に表現型に結びつくことは少ない．どのタンパク質でも，アミノ酸配列が変化すれば立体構造が変化し，機能が変化するはずであるが（注：機能をもつためのコアとなるアミノ酸配列は保存されている），細胞内のタンパク質の自律的な相互作用や，細胞間相互作用（5·6·2参照），浸透圧・体温などの個体レベルでの調節システムが遺伝子の変異の影響を緩衝する（8·1, 8·2参照）．これを**体細胞適応**といい，遺伝子変異の蓄積を可能にし，生物の集団内の遺伝子の多様性を高める．遺伝子の多様性を獲得した集団は，進化の可能性を拡大させることになる．

10·4·3　遺伝子重複による新機能の獲得

遺伝子の変化は塩基配列の置換，欠失，挿入，重複，遺伝子の染色体中における配置転換，レトロトランスポゾンによる外来遺伝子の導入によって引き起こされる．これらの変化が，種の形成や種の分化にとって多様な意味をもつことになる．中でも特に重要なのは，遺伝子の重複である．遺伝子の重複は減数分裂の過程で起こる．同質倍数体ができると一つの染色体全体が重複する（図10·15）．染色体の数が変わると，もとの生物との間で交配しても，子孫は不稔となったり，**生殖的隔離**（10·4·4参照）が進んだりする．その場合は種分化が促進されることになる．相同染色体の乗換えに異常が生じても，遺伝子重複は起きる（図10·16）．遺伝子重複により，生存に不可欠な遺伝情報をそのまま保持したまま，重複した遺伝子の情報を書き換える冒険が可能になるのである．遺伝子重複による遺伝子の多様化によって，生物は新しい構造，新しい機能を試行し，淘

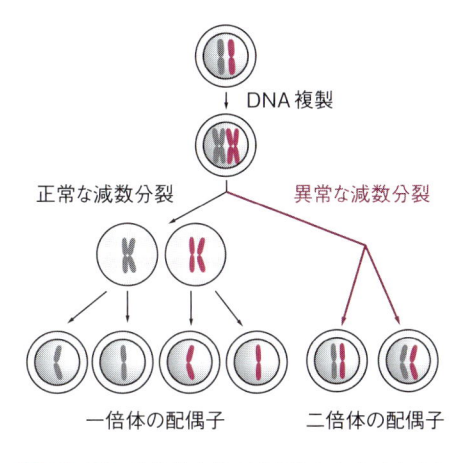

図10·15　染色体全体の重複をもたらすしくみ

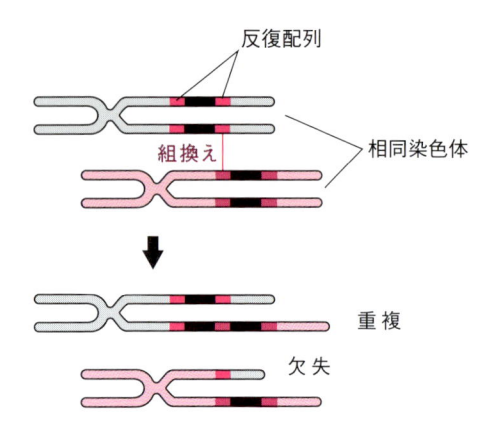

図 10·16　遺伝子重複のしくみ

汰の洗礼を受けては獲得していった.

10·4·4　種の安定性と種分化

　環境が時間と共に変化するとき,その環境に種はどの程度まで対応(適応)可能なのだろうか.種の分化は種をつくり出す個体発生プログラムの変更が原動力となる.この個体発生プログラムは同種個体群の中で常に少しずつ変化しては,**淘汰**を受けている.一つの環境に適応した種の,ある形質が変異したとき,それが大きな変化であるほど,その種がもつ他の形質と両立しにくくなるはずである.それゆえ,種内では一定度以上の変異が保存されることはほとんど起こりえず,種が安定化する.したがって,種が変化するのは,変化への原動力と環境側のストレスが,これに十分に打ち勝つほど強いときということになる.

　種分化とは,ある一つの同種個体群から独立種と判定するに足る新しい性質(形質)を備えた個体群が分岐することをいう.実際には種の安定性を前提として,個体群の隔離が種分化の最大の原因となる.**地理的隔離**が原因の種分化を**異所的種分化**という.しかし,隔離は同一の地域内でも充分に起こりうる.これを**同所的種分化**という.種個体群内の発生プログラムが,遺伝的に変化し,生殖行動,摂食行動などにずれを生じる場合は,生殖的隔離を生み,やがて長い時間のなかで同所的種分化をもたらすのである.環境ストレスの増大は同所

的種分化を促進する．

10・4・5　種の多様性の成立

　地球上には多様な，形態，行動，環境条件に対する適応生理をもつ数百万を越える種が生活している．そして，その形態，生理，行動の一つ一つが，それぞれの種ごとに異なる環境にみごとに適応している．さらに同じ種でも卵から成体となりやがて老化して死ぬまでの生活史の間，時間と共に変化する生活環境に対応して，驚くほど適応している．

　種が，絶え間なく変動する環境に，生活史のすべてにわたって適応している理由を**ダーウィン**は次のように説明している．「生物種が著しい増殖をするなかで，生き残ることができる個体は一部のみである．生物に遺伝する個体変異を生み出す性質がある限り，その種の生活史のすべてにわたって，わずかでも適応していない性質をもつ個体は，淘汰によって除去され子孫を遺すチャンスが統計的に減少する．したがって，すべての生物種は自然の多様性の一つ一つに徹底的に適応した性質をもつもののみが遺されることになる．」

　絶え間なく変動する環境の中で，増殖性と変異性をもつ生物は，少しでも空いた役割（ニッチ）があれば，そこを埋めるように働くことになる．動物，植物，原生生物，菌，細菌まで，さまざまな生理的生態的特性をもつ生物たちが，新たな棲息場所と自然全体の中での役割を求めており，常にその生活圏を拡大しようとしている．その結果もたらされる種の多様化を**適応放散**といい，地球上の生物多様性はその結果である．

10・5　ダーウィンのジレンマを解く発生生物学

　遺伝子のランダムな変異だけで，眼などの複雑な器官が進化できるのだろうか．ジグソーパズルのピースを，ランダムに並べることを繰り返すだけでは，完成した絵にすることはできそうもない．ランダムな遺伝子変異がランダムな表現型を生み出し，自然淘汰されるだけでは，先カンブリア紀から6億年という短い時間は決定的に足りない．これが，いわるゆダーウィンのジレンマである．発生生物学はこのジレンマを解きつつある．

遺伝子で規定されない形態形成——タンパク質・細胞の自律性——

　体の設計図は遺伝子にあるといわれるが，遺伝子型が同じであっても，異なった形質を生み出すことができる．一卵性双生児は互いにクローンであるため，遺伝子型は完全に同じであるが，たとえば，心臓の冠動脈の配置は双子でも大きく異なる．血管が形成される時期の心臓が置かれた環境（酸素分圧）が，血管の構成に影響するのである．酸素を心臓に満遍なく供給できさえすれば，血管の配置は重要な問題ではない．一卵性双生児でも，異なる精神をもつのは，脳の神経回路の構成も環境に影響されるからである．

　働きバチと女王バチも，胚の時期はどちらにもなれるが，与える餌によって女王バチ（生殖に特化，ほとんど動けない大きな体，小さな脳，長寿）か，働きバチ（高機能の脳，活発に行動する小さな体，短命）になる．加齢によって雄から雌，雌から雄へと性転換する魚類や，孵化するときの温度で性が決まる爬虫類も多い（図）．これらは，形態の細部は遺伝子で規定されているわけではなく，状況に応じて細胞が自律的に組織をつくる能力をもつことを示している．

　タンパク質は，単独で働くより複合体というチームをつくって働く場合が多い（1·4·5参照）．また，チームをつくるタンパク質の種類を変えることにより，異なる機能をもつ複合体も形成する．共存するタンパク質の種類や濃度に応じて，異なる機能をもつ複合体が自律的に構成されるのである．

　遺伝子には，タンパク質のコード領域と，そのタンパク質が働く場所（細胞・組織），時期，発現量を決める転写調節領域があることを学んだ（4·3·1参照）．遺伝子の情報を転写し，転写を調節するのは，細胞核のタンパク質であり，異なる種類のタンパク質の組合せや濃度に応じて，発現する遺伝子が選択され，その発現場所と発現量が決まる．タンパク質が細胞質で合成されると，選別シグナルを認識するタンパク質群が，各々の細胞小器官に移送する（4·3·5参照）．こうして細胞の機能的構造が自律的に形成される．

　細胞の自律性は，解離細胞の再集合実験で確認することができる（5·6·2参照）．組織を単細胞にまで解離しても，細胞の集合体が生命体として機能できるように，それぞれの細胞が適切な位置を占め，組織を再構成する．

　両生類のオーガナイザーの移植実験も，細胞の自律性を示す典型的な例である（5·5·7参照）．移植されたオーガナイザーから分泌される誘導因子を，移植された側の細胞が受け取ると，本来形成すべき組織をつくらず，脳や脊索を

形成する．誘導因子は単なるタンパク質であり，脳や脊索の構造まで規定しているわけではない．アンモニアや酸ですら，誘導因子とよく似た働きをもつ．これらは，誘導因子を受け取った細胞群，あるいはアンモニアや酸を誘導因子と誤認した細胞群が，自律的に分化し組織を作り出したことを示している．

ハエでは，セレクター遺伝子の一つのウルトラバイソラックス *Ubx* の機能が失われると，第三胸節が第二胸節に変わることを学んだ（5・5・3 参照）．細胞は，*Ubx* の指令が来なくても，組織を崩壊させるわけではなく，自律的に生命体としてつじつまが合うように体を構築したといえる．第三胸節が第二胸節に変わったハエも生存可能であり，環境が変化すれば淘汰に耐えて，生き残る可能性もある．

致死的な遺伝子変異は別として，多くは，遺伝子にランダムに変異が入っても，細胞や生体にランダムな表現型をもたらすわけではなく，タンパク質や細胞は生命体として機能できるよう自律的に振舞う．ランダムな遺伝子変異からランダムな表現型が生み出されるならば，ほとんどが生存不適応となるであろう．生体がタンパク質と細胞の自律性により作り出されることにより，無駄の多くを排除することができた．そのため，6 億年という短い時間で高度で複雑な動物が進化できたと考えられている．この進化の機構の考え方は，近年急速に進歩した分子細胞生物学，発生生物学を基盤としている．進化を発生生物学的に考える学問領域を**エボデボ Evo/Devo**（進化発生生物学：Evolutionary Developmental Biology）といい，進化研究を推進する中心的役割を担っている．

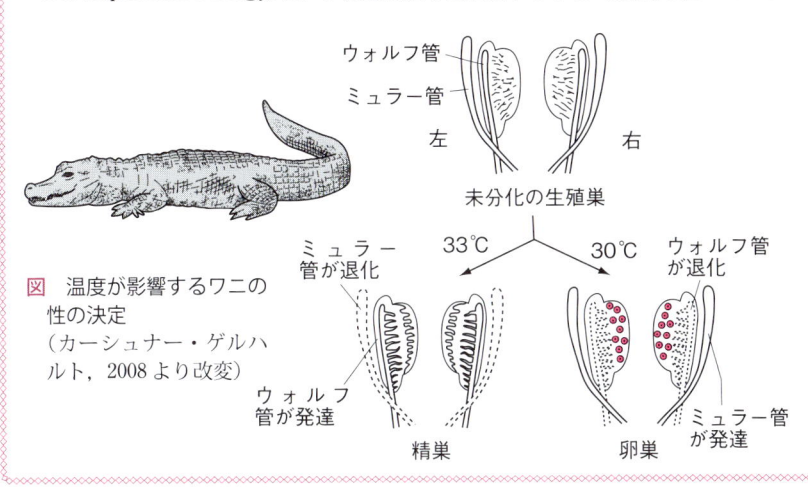

図 温度が影響するワニの性の決定
（カーシュナー・ゲルハルト，2008 より改変）

10章　生物の多様性と進化

10·5·1　進化とセレクター遺伝子

　体づくりの基本プランには，いくつかの基本的なセレクター遺伝子が関わっている（5·5参照）．この遺伝子に支配されるタンパク質分子は，転写，翻訳など遺伝子発現調節やタンパク質機能の調節に働き，これらを通じて細胞の増殖制御，変形，分化，接着性の調節など，実際に形態形成の実行の場に働く．すなわち，タンパク質とタンパク質，タンパク質と遺伝子間の相互作用によって個体発生が進み，具体的な形態や行動など，種の性質がつくられていくのである（5·5参照）．

　これらをいろいろな種で比較してみると，形態的に相同性のある組織の形態形成には共通の遺伝子が使われており，これらの遺伝子を働かせるセレクター遺伝子や，その調節のしくみも共通であることが明らかになってきた．多様な形態と行動を示す動物が，体をつくり上げる設計プランを独自に獲得し，それがたまたま共通であったとは考えられない．進化とは，共通の祖先が獲得した形態形成の基本プランを，種として受け継ぎながら変化させてきたことに他ならない．

10·5·2　Hoxクラスターの再編成と進化

　Hoxクラスター遺伝子のコリニアリティーは旧口動物から新口動物に至るまで広く保存されており，多細胞動物の前後軸の獲得に重要な役割を果たしたと考えられる（5·5·3参照）．一方，脊索動物に属し脊椎動物に近縁のホヤの成体には頭部構造がなく，前後軸も明瞭ではないなど，Hoxクラスター遺伝子の機能の保存性に疑問も残されていた．実際，ホヤよりも遠縁のナメクジウオの方が，前後軸が明瞭で頭部をもつ．棘皮動物のウニも，ハエなどの旧口動物より脊椎動物に近いが，頭部構造をもたず，前後軸も明瞭ではない（図10·17）

　ホヤもウニも，光受容器官（眼）や中枢神経系などの頭部形成にかかわるセレクター遺伝子をもつ．しかし，頭部構造がないのはなぜだろうか．近年，急速に進んださまざまな動物のゲノム解析によって，この疑問が解き明かされてきた．

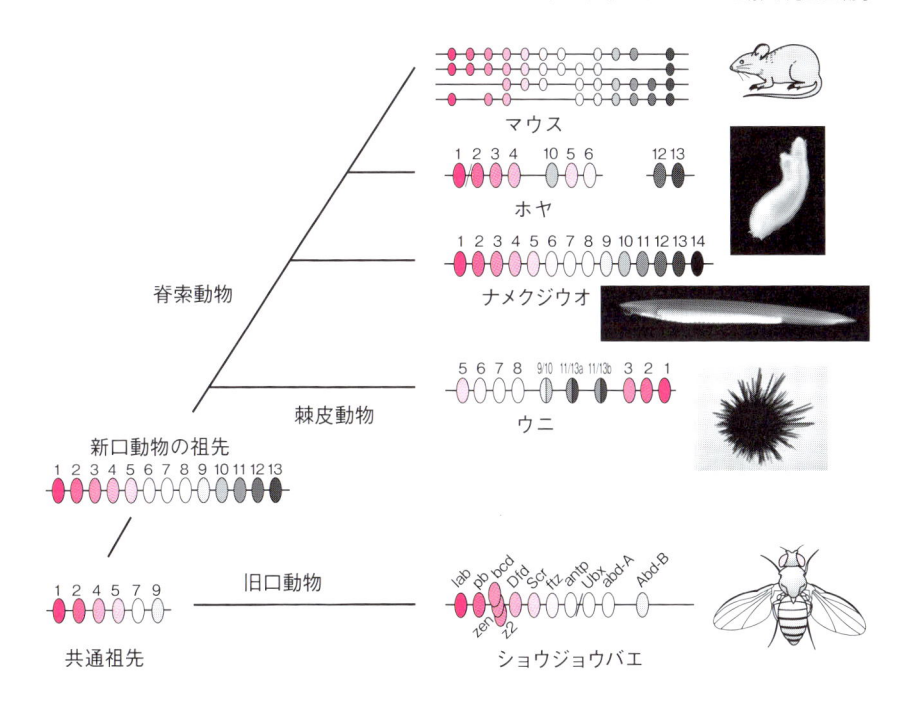

10·5 ダーウィンのジレンマを解く発生生物学

図 10·17 形態を大きく変える Hox クラスターの変動
写真提供：ホヤ（東京大学 吉田 学博士），ナメクジウオ（東京大学 窪川かおる博士）

　ウニでは前部の構造に特徴をあたえるはずの *Hox1*, *Hox2*, *Hox3* が後方に転座・逆位し，体軸に沿った *Hox1*, *Hox2*, *Hox3* の発現が見られない．*Hox4* も欠失している．染色体上の並び順が変化したことにより，発現パターンが変化し，発現領域に相当する（頭部）領域の形成ができなくなったものと考えられる（図 10·17 参照）．ホヤでも，同様に Hox クラスター遺伝子の大規模な再編が起きている．
　フグは，体の中央後部が抜け落ちたような姿の魚である．フグでは Hox クラスターの中央に位置する *Hox7* が欠失しており，*Hox7* の欠失がフグの特異な形態をもたらしたと考えられる．
　ほとんどの四肢動物は首の領域と胸の領域の違いが明瞭で，その境目に前

10章 生物の多様性と進化

ズータイプ
— 第7遺伝子の発現領域（体部）
- 第9遺伝子の発現領域（尾部）

第7遺伝子の3回重複により
第6，第8遺伝子が成立

仮想上の中間動物
— *Antp* (6)
— *Ubx* (7)
— *abdA* (8)
- *AbdB* (9)

甲殻類への進化 / 昆虫類への進化

甲殻類
? — *Antp*
— *Ubx*
— *abdA*
- *AbdB*

発現領域の不分化
→体部体節の同一性の維持

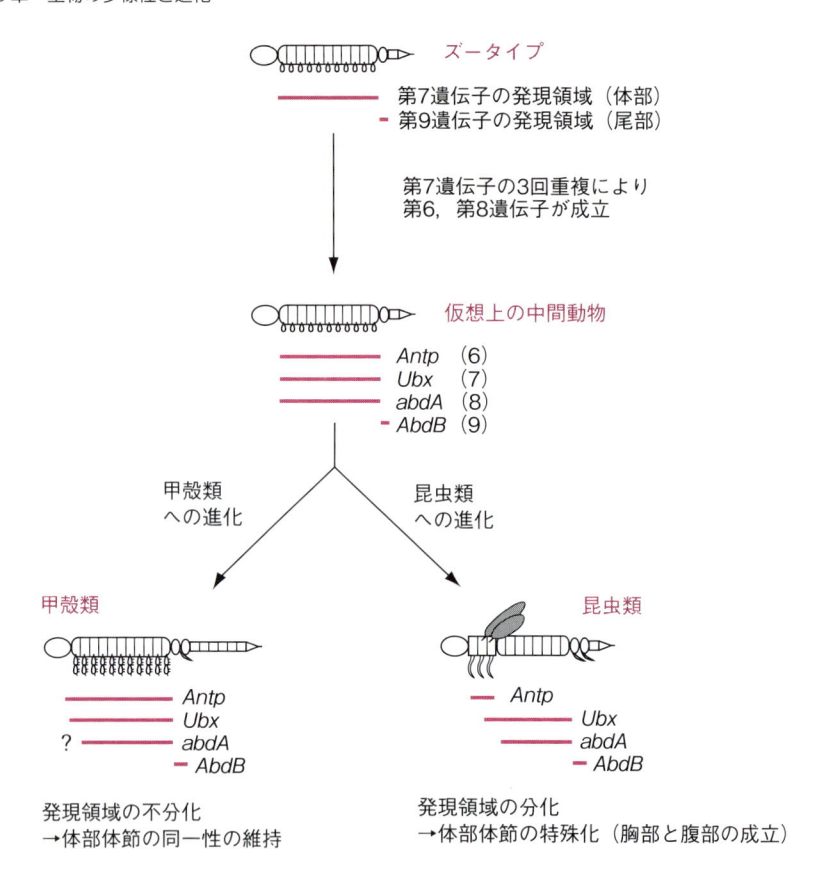

昆虫類
— *Antp*
— *Ubx*
— *abdA*
- *AbdB*

発現領域の分化
→体部体節の特殊化（胸部と腹部の成立）

図 10·18 Hoxクラスター遺伝子の発現領域の変化と節足動物の進化
（Averof and Akam, 1995 より改変）

肢が生じる．一般の四肢動物の *Hoxc6* と *Hoxc8* は胸部で発現しており，その前方が首となる．また，*Hoxc6*・*Hoxc8* の発現領域の前端の境目に肢が生じる．ヘビはトカゲのような四肢動物から進化したとされるが，ヘビでは *Hoxc6*・*Hoxc8* の発現領域が頭部の領域まで広がっている．また，脊椎骨における *Hoxc6*・*Hoxc8* の発現領域の前端の境目が不明瞭である．ヘビは *Hoxc6*・*Hoxc8* の発現領域を前方に移動させ，発現領域の境目をあいまいにすることにより，頭部に続く首と胸の形をほぼ同じにし，肢を捨てることに成功したと考えられる．

節足動物も，ムカデのように体の前から後まで同じような分節からできている動物もいれば，バッタやハエのように節に特徴がある動物もいる．Hox クラスター遺伝子の発現をみると，ムカデでは，前から後まで同じように発現している．一方，分節に特徴がある昆虫では，発現領域が異なる．先カンブリア紀に獲得した Hox クラスターの各遺伝子の転写調節領域の変異が発現領域の差をもたらし，それにより，体の領域に特徴をもたせ，体の構造を複雑化させていったと考えられる（図 10・18）．

　旧口動物と新口動物の共通祖先が獲得した Hox クラスターは，遺伝子重複（10・4・3 参照）により複雑化し，さらにクラスター全体を重複させることにより複雑で高度な機能をもつ脊椎動物を生み出した．一方，Hox クラスターの大規模な再編成によりコリニアリティーを乱すと，ウニやホヤのように前後軸が不明確な動物が生じたと考えられる（図 10・17 参照）．

11 人間と環境

　生物が生きることのできる環境は，物理的にありうる条件の中できわめて限られている．陸域では，大気中の窒素，酸素，二酸化炭素などの濃度，温度，湿度，水域ではこれに加えてイオン濃度，pH，溶存物質などが限定要因となる．降り注ぐ太陽の紫外線を吸収するオゾン層がなければ DNA が障害を受け，4億年前に生物が陸域に進出することはできなかったはずである．地球はその条件を豊かに満たしてきた．しかし，文明を発達させた人類は，その見返りに未曾有の環境危機にさらされている．

11・1　食物連鎖と物質の循環

　すべての動物は，生物体を食べて生きており，その大もとの生物体は緑色植物である．緑色植物は二酸化炭素と水，イオンなど無機物と太陽の光エネルギーから，栄養の基本となるグルコースを生合成している．このような生物を**独立栄養生物**という．

　これに対して，捕食によって他の生物の体を栄養とする生物を**従属栄養生物**という．従属栄養生物は動物に限らない．他の生物の体を分解してエネルギー源としている細菌類，菌類，原生動物類なども従属栄養生物である．自然の中のすべての動物は，食うか食われるかの序列的な関係にある．大型動物を頂点とし，緑色植物を底辺とする序列関係のことを**食物連鎖**という．

　生物の体は炭素，水素，窒素，酸素を中心に構成されている．炭素は従属栄養生物による呼吸により，二酸化炭素として大気に返される．緑色植物が光合成に使用する二酸化炭素は大気に由来し，光合成で植物体に転換された二酸化炭素は，再び捕食や腐敗を通じてさまざまな生物の体を順次構成しながら，再度大気に返される（図11・1）．窒素や酸素も例外ではない．地球規模で営まれ

11·2 生態系

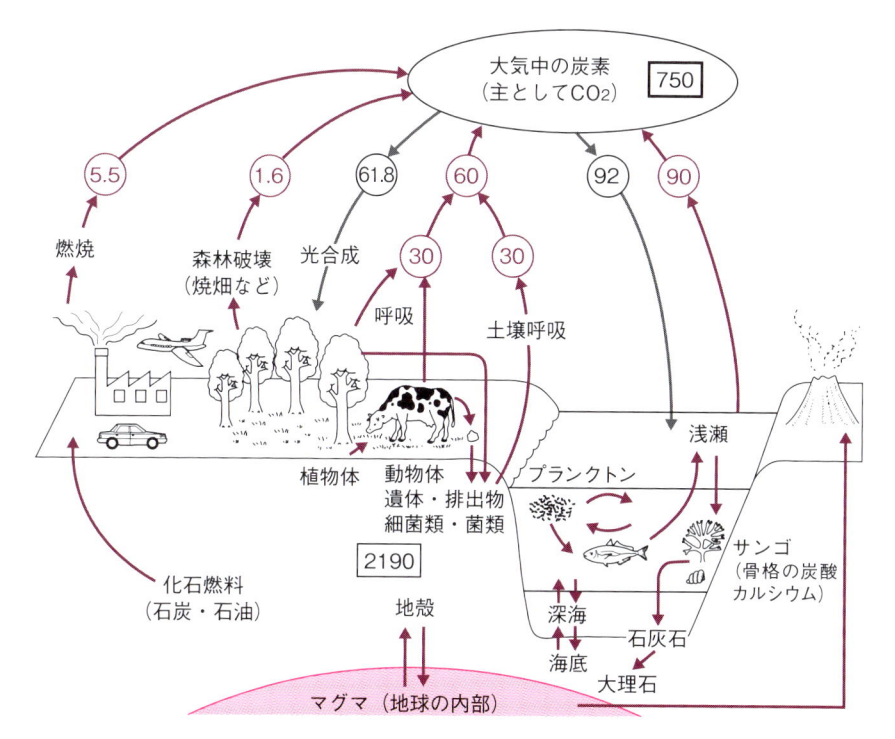

図 11·1 炭素循環
○内は炭素の年間移動量（主として二酸化炭素），□内は保有総量．数値の単位はギガトン（10億トン）．海洋および海底は約40,000と推定される（図中省略）．化石燃料および森林燃焼による大気中の二酸化炭素増加分の約3分の2は海洋に吸収または植物増加分となり，残りが実質的な大気の二酸化炭素増加分となると推計されている．数値は IPCC（気候変動に関する国際パネル）（1995）より．

る炭素や窒素の大循環をそれぞれ**炭素循環**，**窒素循環**という．

11·2 生 態 系

　生物はエサとなる他の生物種群や，生息環境をつくりだす多くの生物種群と共存してはじめて生存できるのであり，単独で存在することはできない．こうした各種の同種個体群の集まりを**生物群集**といい，無機的環境と合わせて**生態系**をなしている．

11・2・1 生態系の自己修復能力

　生態系は短い時間でみると，安定な状態に落ち着く性質をもつ．生態系の構成単位に少しでも変化があると別の同種個体群に影響が及ぶが，この変化は生態系の中で自己修復され，一定性が守られる．相互に関係し合う各同種個体群の生活活動を通じて，全体として個体数のバランスがとられているのである．この安定性の保持能力は生態系の最も基本的な性質である．しかし，文明という強力な環境影響力を獲得した人類は，自然がこの 200 万年間に経験しなかった大きく急激な変化を生態系に与えてきた．生態系の修復を試みているが，部分的には可能であっても完全に元に戻すことはできない．未知の要素が大きくて，一度壊された生態系が人類に及ぼす影響は予測不可能だからである．

11・2・2 遷移と極相

　植物の生育条件は大気や土壌のような比較的安定した環境因子によって規定されるので，群集を構成するいくつもの同種個体群（植物群落）が時間的，空間的に全体として一定の方向へ推移していくことが認められる．これを**遷移**という．

　温帯地域の場合，裸地ができると繁殖力が強いヒメムカシヨモギやアレチノギクがまず生え，続いてススキやヨモギなどが侵入する．こうして形成された草本群落に，数年するとアカマツやヤマハギ，コナラなどの木本の陽性植物が侵入し，低木林が形成される．アカマツやコナラなどの陽樹が密生し始めると，太陽光が地面にほとんど届かなくなり，草本やヤマハギなどの低木が枯れる．アカマツが成長しさらに密生すると，十分な太陽光を必要とするアカマツの幼木が育たなくなり，成長は遅いが弱い太陽光でも成長できるシイやカシなどの陰樹が育ってくる．地面の下では陽樹と陰樹のせめぎ合いが始まり，陽樹が衰弱し始め，陰樹に太陽光を阻まれた陽樹は死滅する．さらに遷移が進むと，シイ，カシ，クスノキなどの陰樹が森を埋め尽くし，それ以上変化しない極相に至る．極相に至る経緯と極相を構成する植物は気候によって異なる．

　山火事や森林の伐採によって極相が破壊されると，再び遷移が始まる．しかし，種子や根が残っている場合は，ゼロからのスタートではなく遷移が急速に

進む．これを**二次遷移**という．各地で見られる雑木林はほとんどが二次林である．

松枯れの原因にも遷移が深く関与している．マツは荒地に比較的早く進入する植物であり，後から入ってくる広葉樹が茂り腐葉土で覆われると衰弱する．松枯れは自然の摂理であり，マツクイムシやマツノザイセンチュウだけをねらい打つ施策は非生物学的である．彼らは弱ったマツや死んだマツに穴をあけたり，食べたりすることにより，木を細かく砕き，分解，浄化を促進して土と大気に還元する大切な働きをしており，農薬散布は生態系を破壊する行為に他ならない．

11·3　追いつめられた地球環境

近代社会の環境問題には，いくつかの段階がある．第一は 1960 年代に社会問題化した一般的な公害である．第二はダイオキシンなどの特殊な毒性物質，発がん性物質の環境汚染である．近年これらと異なる第三の局面を迎えた．その特徴は，影響が広範囲であり，影響が致死性や急性毒性ではなくかなり後になってから現れ，動物の行動を含む幅広い生物的活動に及ぶことである．早急に対策を講じなければ，近い将来にも地球が人間を含む多くの生物の存在を許す環境でなくなる恐れがある．原因は，人間社会の繁栄をもたらした社会のしくみに深く関わっている．

11·3·1　オゾン層の破壊と紫外線直射

太古の海から生物が上陸した必要条件が**オゾン層**にあった．20 億年前から 10 億年以上の時間をかけて大気中に蓄積した酸素の一部が，紫外線の光化学反応でオゾンに変わり，地球全面を覆っている．オゾン層は DNA に有害な**紫外線**を遮断する働きがある．ところが，近年，オゾン層に大きな変動が起きている．特に，南極付近にオゾン層の大きな破れ穴（オゾンホール）が生じ，これが年々拡大してきた（図 11·2）．主原因はかつてエアコンや冷蔵庫などの冷媒として汎用されてきたフロンガスの廃棄である（p.41 コラム参照）．現在では，フロンに替わる冷媒が開発され，オゾンホールが徐々に縮小しているが，危険な状態は続いている．便利ではあるが人工化合物は，地球をめぐる大気の状態にまで影響を与えかねない．化合物の開発には慎重な安全確認が必要である．

11 章　人間と環境

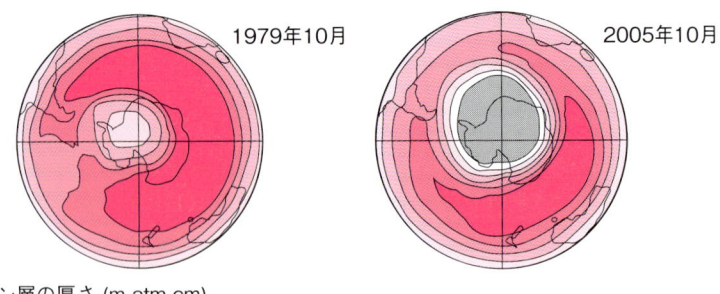

オゾン層の厚さ (m atm-cm)
■：220以下，　□：220〜250，　□：250〜280，　■：280〜310，
■：310〜340，　■：340〜370，　■：370以上
0℃，1気圧での上空大気中の全オゾン量（370とは0.37cmの厚みを意味する）

図 11・2　南極上空のオゾンホールの拡大

11・3・2　エネルギーと地球温暖化

　生物圏の酸素と二酸化炭素の量比は，独立栄養生物の光合成と従属栄養生物の呼吸のバランス（図 11・1）により一定に保たれてきた．ところが物質文明の非生物的な二酸化炭素の排出は，植物の光合成による処理量を越え，地球表面の二酸化炭素量が急速に増えはじめたのである．

　大気中の二酸化炭素やメタン，フロンなどのガスは地表面からの赤外線を吸収する働きがあり，地球表面の気温を上昇させる．これを**温室効果**という．1997 年の地球平均気温は今世紀最高を記録し，過去 100 年間に 0.3 〜 0.6 ℃の気温上昇がある（図 11・3）．このまま放置すると 2100 年には年間平均気温は 2 ℃上昇し，極地や氷河の氷が融けて海面が 50 cm 上昇すると試算されている．

　地球温暖化が生態系におよぼす影響は甚大である．生態系の特性から判断して，その影響は徐々に現れるのではなく，急激に訪れると予想される．たとえば大気大循環モデルによる計算では，大気中の CO_2 濃度が 280 ppm（産業革命前）の 4 倍を越えると地球規模の海洋循環が止まり回復しない．これは地球全体の気候の激変をもたらし，食料資源，生活環境に対する影響は想像を絶する．近年，甚大な被害をもたらしている巨大台風・ハリケーンや集中豪雨は，大気の熱運動エネルギーが増したことに加え，空気中に含まれる水分含量

11・3 追いつめられた地球環境

大気中のCO₂濃度の変動（過去1200年間）

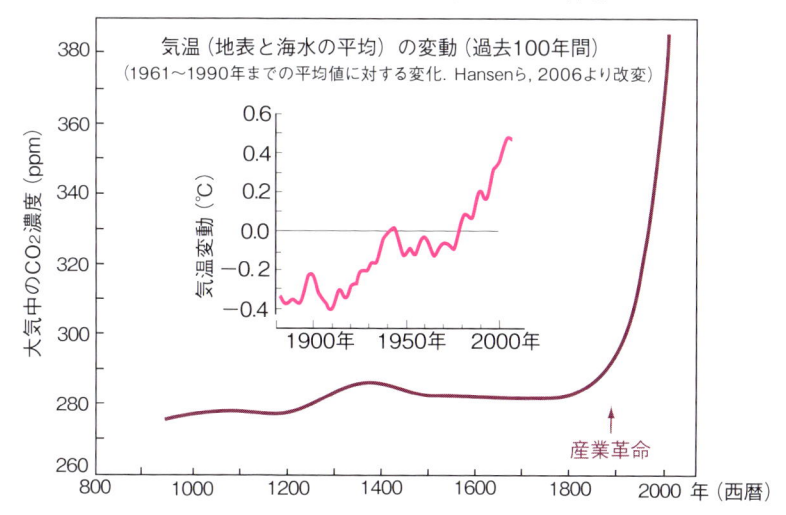

永久凍土に閉じこめられた大気のCO₂濃度を測定したもの．1958年以降は，これとハワイマウナロア観測所の直接測定データ（よく一致）を加えている．産業革命，石炭，石油の利用の開始などが鋭敏に反映されている．（IPCC資料1996と気象庁のホームページhttp://www.data.kishou.go.jp/obs-env/ghghp/21co2.htmlを参考に作図）

図 11・3 地球の温暖化（大気中のCO₂濃度と気温の変動）

が多くなったことが原因の一つにあげられる．1m³の空間に存在できる水蒸気の質量をgで表したものを**飽和水蒸気量**といい，空気中に含まれる水分含量は，温度が高くなると大きくなる（図11・4）．熱中症も身近な大きな問題である．2010年現在のCO₂濃度は約390ppmであるが，このレベルを維持するにはただちに温室効果ガスの排出を50～70％削減する必要があるといわれている．1997年，地球温暖化防止京都会議が開かれ，西暦2010年までに各国が6種の温室効果ガスの排出

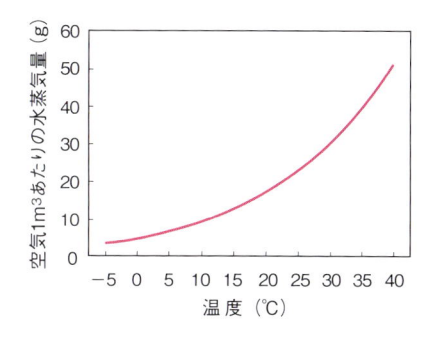

図 11・4 飽和水蒸気量を表す曲線

を1990年のレベルの5.2％削減することが決定された．さらに，2009年のニューヨークで開かれた国連気候変動サミットにおいて，日本は2020年までに1990年比で25％削減の目標を宣言し，自然エネルギーなどを利用した脱石油，省エネルギー技術の開発を積極的に進めている．しかし，発展途上国の二酸化炭素排出は増え続けており，悲観的材料が多い．

11・3・3 環境ホルモン（内分泌撹乱物質）

環境ホルモンとは，狭義にはエストロゲンに類似の作用（エストロゲン様作用）がある環境中に存在する多くの物質の総称である．これがヒトの健康な内分泌活動を撹乱すると，特に胎児で主として生殖に関わる形態形成が深刻な影響を受けることがわかっている．エストロゲン様の環境ホルモンは，生殖機能に関係した構造の形成と機能を乱すのである．すでに多くの環境ホルモンが生態的に濃縮され，多くの生物種の生殖活動に絶滅を含む深刻な影響を与えてい

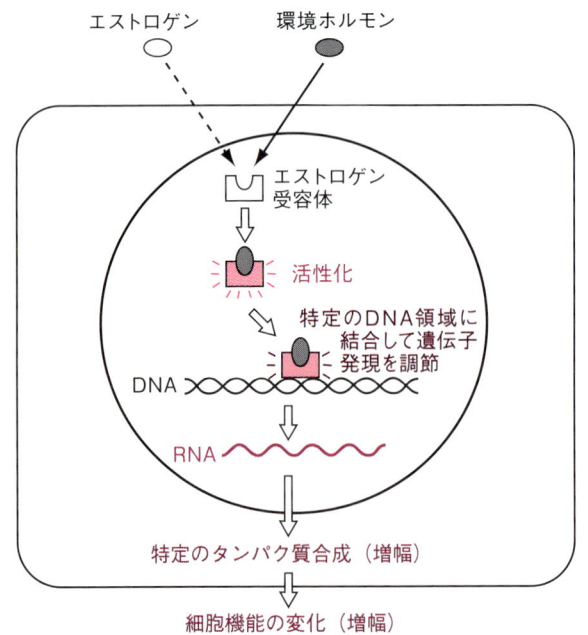

図 11・5 環境ホルモンの作用

ることが明らかになってきた.

　ホルモンは極微量で効果があり，標的となる組織細胞だけに強い生理的影響を与える．女性ホルモンの一種のエストロゲンはヒトの体内に存在し，いくつもの重要な生理的調節作用を担っている．エストロゲンとエストロゲン受容体は，酵素と基質，抗原と抗体のように，鍵と鍵穴の関係で結合して作用を示す（図11・5）．しかし，結合の特異性は必ずしも完全ではない．環境ホルモンとして知られる物質群は，合鍵の性質をもつのである．

　ジエチルスチルベストロール（DES）は，合成エストロゲンで強いエストロゲン作用があり，女性ホルモンであるエストロゲンに流産抑制作用があるとのあまり根拠がない推定のもとに，多くの健康な母親がこれを薬として服用した．これをのんだ母親が生んだ女の子に腟がんが高発症することが後になってわかり，1971年に流産防止の名目での使用は禁止された．

　合成殺虫剤 DDT は，農薬として，また日本ではノミ，シラミの殺虫などの保健衛生対策として多量に使用された．DDT が自然分解されるには100年以上かかり，食物連鎖によって濃縮される．したがってヒトを含む大型動物に大きな影響を与える可能性がある．DDT にエストロゲン作用があることが1950年には知られており，ヨーロッパ，アメリカ，日本などでは使用を禁止されているが，東南アジア，南米，アフリカなどではまだ多量に使用されている．

　PCB 類は，熱に強く安定な絶縁剤として多くの電気製品に使用され，医学生物学者は顕微鏡の油浸油として使用してきた．このいくつかにエストロゲン様作用があり，発がん性もある．油に溶けやすいので食物連鎖によって生物体内に高濃度に濃縮される．2500万倍まで濃縮された報告もある．北極のアザラシやシロクマにも高濃度で存在している．多くの国で製造と使用が禁止されるようになった．現在は，大量の PCB を無毒化する技術が確立されていないため，安全なところに保管されている状況が続いている．

　ダイオキシンは，自然界でも物質が燃焼する際にわずかに発生するが，大部分は塩化ビニルなど塩素を含む合成樹脂を焼却するときに発生した．平成9年にダイオキシンを発生しない高温焼却が義務付けられ，発生は激減したが，焚

き火など燃焼温度が低い条件では，合成樹脂を燃やすとダイオキシンが発生するので注意が必要である．ダイオキシンは200種類以上もの化合物の総称であり，生殖に関するホルモンの伝達を異常にしたり，奇形やがんを誘発したりする．自然界ではほとんど分解されず，食物連鎖によって蓄積される．

　ノニルフェノールは，細胞培養用プラスチック容器に酸化防止剤として添加されていて，1991年，研究者が予期しないエストロゲン作用を示す未知物質として発見した．プラスチック製品に広く使用されている．また工業用の合成洗剤が河川で生物分解されて生成されることがわかっている．

　ビスフェノールAは食器，哺乳ビン，ペットボトルなどに使われてきたポリカーボネート樹脂に熱を加えると出てくる．ある種の歯科用の歯の詰め物にもポリカーボネート樹脂が使われており，わずかずつではあるが滲出する．環境庁による河川の調査で日本全国の河川および魚の体内から検出されている．

　クメストロールは，大豆などに含まれる植物性エストロゲンで，豆腐や味噌，豆乳などにも含まれ，これを幼児に多量に与えることは危険だという考えがある．ただしこれらは，日本では恐らく問題なく古くから食用とされており，さらなる研究が必要である．

　体が形づくられる間には，ある特定の組織で特定の発生時期にだけ特定の遺伝子が働く（5・5参照）．これらの遺伝子の発現調節にホルモンは大きく関わっている．また成体が性行動のような特別の行動を起こす時，その時にだけ特定のホルモンが作用している．環境ホルモンは必要でないときに作用してしまうのである．一般の毒性物質は普遍的に細胞や機能を破壊するので，異常を起こすより細胞や個体を殺してしまう．しかし，環境ホルモンは特異的な形態の形成や特異的な機能だけを乱すので，影響を受けた個体のその他の部分はまったく正常である．どちらが危険だろうか．

　多くの動物の場合，ホルモンによって調節されるのは生殖器官の構造や機能ばかりでなく，多くの行動も調節されている．ヒトの場合，幼児期にホルモンが作用すると精神構造の発達に影響があり，成人後の人間としてのあり方にも影響する可能性も議論されている．また，エストロゲン以外の多くのホルモン

に関しても，ヒトの活動の結果生じた多くの微量化学物質が環境ホルモンとして作用する恐れを十分考慮せねばならない．

11・3・4 遺伝子改変生物

　進化の歴史の中で，多くの生物は環境化学物質や感染源との戦いによって生息場所と生活様式を獲得してきた．したがって，ヒトも集団として環境感染源に対抗するしくみをある程度備えており，低比率ではあるが HIV（エイズを発症させるウイルス）に対してさえ感染や発病しない人々がいる．

　近年，研究や治療を目的としてさまざまな細菌やウイルスに人工的に合成した遺伝子が組み込まれている．また，生産性の高い食品をつくることを目的に家畜やトマト，トウモロコシなどの農産物に遺伝子が導入されている．遺伝子操作技術により遺伝子改変微生物や動植物がつくられているのである．これらの人工微生物や動植物を環境に放出することは，生命の歴史の中でまったく未知の経験であり，ヒトだけでなく，生態系を構成するすべての生物種にとって，大きな脅威となる可能性がある．人間の力によって突然出現した新しい形質をもつ生物が，生態系にどのような影響を及ぼすのかまったく予測できない．

　多細胞生物の分化した細胞の染色体には遺伝子発現を抑制する機構が働いており，特定の遺伝子以外のほとんどの遺伝子は不活性な状態にある．したがって，人体や家畜，野菜の染色体に組み込んだ遺伝子は，周囲の染色体の影響を受けて抑制されてしまう．そこで，導入遺伝子を強制的に発現させるために，がんの原因にもなるウイルスの強力な転写調節領域を用いる場合が多い．危険性が指摘されているにもかかわらず，遺伝子治療を成功させるためにも，**遺伝子改変動植物**を効率的に作出するためにも避けることができないとして，ウイルス遺伝子の使用が見過ごされてきた．正常な遺伝子を使った遺伝子導入法の確立が急がれる．

　しかし，こうした対応策だけでなく，科学的，人間学的な基礎研究を強力に推進し，これをふまえて，生物にとって，そして人間にとって環境とはいかにあるべきかを検証した強い判断と施策の実行が避けられない状況にあると考えられる．

参考書案内

中村桂子,松原謙一 監訳:「細胞の分子生物学(第5版)」ニュートンプレス(2010)
　　B. Albert, *et al*.: "Molecular Biology of The Cell; 5th Revised edition". Garland Publishing, Inc. New York (2007)
中村桂子 監訳:「ワトソン 遺伝子の分子生物学(第5版)」東京電機大学出版局(2006)
S. F. Gilbert: "Developmental Biology". Sinauer Associates, Inc. U.S.A. (2010)
石川　統　編:「生物学(第2版)」東京化学同人(2008)
石原勝敏　著:「図解 発生生物学」裳華房(1998)
田宮信雄,八木達彦　訳:「コーンスタンプ 生化学(第5版)」東京化学同人(1988)
井出利憲　著:「分子生物学講義中継　Part 1～3」羊土社(2002, 2003)
太田次郎　著:「教養の生物(三訂版)」裳華房(1996)
中内光昭　著:「DNAがわかる本(岩波ジュニア新書)」岩波書店(1997)
赤坂甲治　著:「ゲノムサイエンスのための 遺伝子科学入門」裳華房(2002)
NHK「人体」プロジェクト:「NHKスペシャル　驚異の小宇宙・人体Ⅲ　遺伝子・DNA」日本放送出版協会(1999)
R. A. Wallace, *et al*.: "Biosphere". Scott, Foresman and Company, U. S. A. (1988)
赤坂甲治,大隅典子,八杉貞雄 監訳:「ウィルト 発生生物学」東京化学同人(2006)
藤田敏彦　著:「動物の系統分類と進化(新・生命科学シリーズ)」裳華房(2010)
守　隆夫　著:「動物の性(新・生命科学シリーズ)」裳華房(2010)
本多久夫　著:「形の生物学(NHKブックス)」日本放送出版協会(2010)
中井利昭ほか　編:「遺伝子診断実践ガイド」中外医学社(1995)
烏山　一　編:「キーワードで理解する 免疫学イラストマップ」羊土社(2004)
小安重夫　著:「免疫学はやっぱりおもしろい」羊土社(2008)
多田富雄 監訳:「免疫学イラストレイテッド(原書第5版)」南江堂(2000)
I. M. Roitt, J. Brostoff and D. K. Male (ed.): "Immunology; 6th". Mosby-Year Book Europe Ltd., London (2001)

参考書案内

赤坂甲治　監訳:「ダーウィンのジレンマを解く」みすず書房（2008）
上野直人，野地澄晴　監訳:「DNAから解き明かされる 形づくりと進化の不思議」羊土社（2003）
NHK取材班　著:「NHKサイエンススペシャル5　生命—40億年はるかな旅」，第8集，ヒトがサルと別れた日，第9集，ヒトは何処へいくのか．日本放送出版協会（1995）
サイモン・コンウェイ・モリス　著:「カンブリア紀の怪物たち（講談社現代新書1343）」，講談社（1997）
馬場悠男　訳:「人類の祖先を求めて（別冊日経サイエンス117）」日本経済新聞出版社（1996）
原沢英夫　著:「地球温暖化は進行していた（ニュートン18巻12号）」ニュートンプレス（1998）
井口泰泉　著:「環境ホルモンを考える（岩波科学ライブラリー63）」岩波書店（1998）
森脇和郎，岩槻邦男　編:「生物の多様性と進化（放送大学教材）」（財）放送大学教育振興会（1999）

索 引

欧数字

α-ヘリックス　α-helix　9
β-シート　β-sheet　9
γ-アミノ酪酸
　γ-aminobutyric acid　132
2本鎖切断
　double strand break　104
3′非翻訳領域
　3′ untranslated region　60
8-ヒドロキシグアニン
　8-hydroxyguanine　101
ATP　adenosine triphosphate
　15, 25, 38
BAC
　bacterial artificial chromosom
　113
BMP
　bone morphogenetic protein
　93
B細胞　B cell　154
B細胞受容体
　B cell receptor　155
Ca^{2+}　139
DES　diethylstilbestrol　205
DNA　deoxyribonucleic acid
　15
DNA損傷　DNA damage　101
DNAの構造モデル
　DNA model　49
DNAの配列決定法
　DNA sequencing　50
DNAの複製

DNA replication　51
DNAポリメラーゼ
　DNA polymerase　51
DNAリガーゼ
　DNA ligase　109
e^-　34
ES細胞　embryonic stem cell
　100
H^+　34
Hoxクラスター　Hox cluster
　88
Hoxクラスター遺伝子
　Hox cluster genes　194
iPS　100
MHC　major histocompatibility
　complex　156
Na^+, K^+-ポンプ
　Na^+, K^+-pump　20
PCB　polychlorinated biphenyl
　205
PCR　polymerase chain reaction
　108
RNA　ribonucleic acid　15
RNA分解酵素　ribonuclease
　149
RNAポリメラーゼ
　RNA polymerase　55
TATAボックス　TATA box　55
T管　T tubule　139
T細胞　T cell　154
T細胞受容体　T cell receptor
　154
X染色体　X-chromosome

72
Y染色体　Y-chromosome
　72
Z膜　Z membrane　139

あ

アウストラロピテクス属
　Australopithecus　179
アクチンフィラメント
　actin filament　136
アセチルCoA　acetyl-CoA
　31, 35
アセチルコリン　acetylcholine
　126, 132
アドレナリン　adrenalin　125,
　126
アニマルキャップ　animal cap
　92
アニマルキャップアッセイ
　animal cap assay　92
アファール猿人
　Australopithecus afarensis
　180
アポトーシス　apoptosis　105
アミノアシルtRNA合成酵素
　aminoacyl-tRNA synthetase
　59
アンチコドン　anticodon　59
アンモニア　ammonia　43

い

イオンチャネル　ion channel
　20

索引

維管束　vascular bundle　169
維管束植物　vascular plants　169
異所的種分化
　　allopatric speciation　190
遺伝子　gene　46
遺伝子改変動植物
　　transgenic animal/plant　207
遺伝子組換え
　　gene recombination　50
遺伝子診断　genetic diagnosis　107
遺伝子治療　gene therapy　108
遺伝子導入　gene transfer　116
遺伝子ライブラリー
　　gene library　112
遺伝病　hereditary disease　106
インスリン　insulin　128
インテグリン　integrin　143
イントロン　intron　58

う

運動器官　motile organ　120
運動神経　nervus motorius　135

え

栄養芽層　trophoblast　82
液性免疫　humoral immunity　154
エキソン　exon　58
エストロゲン　estrogen　7
エボデボ　Evo/Devo　193
エレクトゥス原人
　　Homo erectus　181
塩基除去修復

base excision repair　102
猿人　ape-man　180
エンハンサー　enhancer　56

お

横紋筋　striated muscle　139
オーガナイザー　organizer　91
岡崎フラグメント
　　Okazaki fragment　53
オゾン層　ozone layer　201
オゾンホール　ozone hole　41
オリゴ糖　oligosaccharides　3
温室効果　greenhouse effect　202

か

科　family　173
解糖　glycolysis　31
解糖系　glycolytic pathway　31
外胚葉　ectoderm　78, 82
海洋汚染　pollution of the sea　41
核移行シグナル
　　nuclear loc(aliz)ation signal　62
核小体　nucleolus　23
獲得免疫　acquired immunity　152
核膜　nuclear membrane　64
核膜孔　nuclear pore　23
学名　scientific name　173
加水分解酵素　hydrolase　24
カスケード　cascade　75
家族性大腸ポリープ症
　　familial adenomatous polyposis coli　108
活性化エネルギー
　　activation energy　26

活性酸素　active oxygen　41, 101
活性中心　active center　27
活動電位　action potential　130
滑面小胞体
　　smooth endoplasmic reticulum　23
カドヘリン　cadherin　99
カルシウムイオン　Ca^{2+}　139
カロテン　carotene　8
がん遺伝子　oncogene　106, 164
感覚器官　sense organ　120
感覚神経　sensory nerve　135
幹細胞　stem cell　100
がん細胞　cancer cell　106
間充織　mesenchyme　83
カンブリアの大爆発
　　cambrian explosion　176
がん抑制遺伝子
　　tumor suppressor gene　106, 164

き

基質　substrate　28
キナーゼ　kinase　75
キネシン　kinesin　144
ギャップ結合　gap junction　97
キャップ構造　cap structure　58
旧口動物　protostomes　83
胸腺　thymus　158
共役　coupling　27
極性　polarity　85
魚類　fishes　176
キラーT細胞　killer T cell　154

211

索引

菌界　Eumycota　171
筋ジストロフィー
　muscular dystrophy　144
筋小胞体
　sarcoplasmic reticulum　139

く

クエン酸回路　citric acid cycle　31
組換え修復
　recombinational repair　104
クメストロール　coumestrol　206
クラススイッチ　class switch　161
グリコーゲン　glycogen　5, 35
グルカゴン　glucagon　126
グルコース　glucose　35
グルココルチコイド
　glucocorticoid　7, 125
クローニング　cloning　113
クローン　clone　94
クロマチン　chromatin　22
クロロフィル　chlorophyll　37

け

血液型　blood group　4
血糖　blood sugar　126
血友病　hemophilia　108
ゲノム　genom(e)　50, 68
原核生物　prokaryotes　168
原人　hominid　180
減数分裂　meiosis　68
原生生物界　protists　171

こ

コード領域　coding region　50
綱　class　173
交感神経　sympathetic nerve　126
抗原　antigen　152
光合成　photosynthesis　38
鉱質コルチコイド
　mineral corticoid　122
合成殺虫剤 DDT　205
酵素　enzyme　26
酵素単位　enzyme unit　29
抗体　antibody　155
好中球　neutrophil(e)　156
興奮性シナプス
　excitatory synapse　132
コケ類　bryophytes　169
古細菌　archaebacteria　171
古生代　Paleozoic era　175
骨格筋　skeletal muscle　137
コドン　codon　58
コリニアリティー　co-linearity　89
ゴルジ体　Golgi body　24
コレステロール　cholesterol　7

さ

細菌類　bacteria　171
細尿管　uriniferous tubule　122
細胞応答　cellular response　75
細胞株　cell line　100
細胞間情報伝達
　intercellular signaling　87
細胞骨格　cytoskeleton　77
細胞質決定因子
　cytoplasmic determinant　85
細胞質ゾル　cytosol　18
細胞質分裂　cytokinesis　65
細胞周期　cell cycle　66
細胞小器官　organelle　18
細胞性免疫
　cell‐mediated immunity　154
細胞分化　cell differentiation　63
サイレンサー　silenser　56
雑種第一代
　first filial generation　47
サブユニット　subunit　13
サラセミア　thalassemia　108
サルコメア　sarcomere　137
酸化ストレス
　oxidation‐stress　150
山林破壊　deforestation　41

し

ジエチルスチルベストロール
　diethylstilbestrol　205
紫外線　ultraviolet rays　101, 201
軸索　axon　128
シグナル伝達因子
　signaling factor　84
シグナル伝達系
　signal transduction system　75
シグナル配列　signal sequence　61
視床下部
　diencephalic hypothalami　122
ジスルフィド（S-S）結合
　disulfide bond　13
自然免疫　natural immunity　152
シダ植物　pteridophytes　169
シナプス　synapse　128
脂肪酸　fatty acid　35
種　species　173

212

索引

終止コドン　termination codon　58
収縮環　contractile ring　142
従属栄養生物　heterotroph　198
樹状突起　dendrite　128
受精　fertilization　73
受精膜　fertilization membrane　74
種名　species name　173
主要組織適合複合体　major histocompatibility complex　156
受容体　receptor　21, 75
純系　inbred line　47
硝酸イオン　nitrate　42
上皮組織　epithelium　150
小胞体　endoplasmic reticulum　23
食細胞　phagocyte　152
食物連鎖　food‐chain　198
自律神経系　autonomic nervous system　120
真核生物　eukaryote　168
神経細胞　nerve cell　128
神経伝達物質　neurotransmitter　128
神経ネットワーク　neural network　100
神経誘導　neural induction　91
人工多能性幹細胞　induced pluripotent stem cells　100
新口動物　deuterostomes　83
親水性　hydrophilic　2
新生代　Cenozoic era　175
腎臓　kidney　122
浸透圧　osmotic pressure　121

す

膵臓　pancreas　126
水素結合　hydrogen bonding　2
スーパーオキシドジスムターゼ　superoxide dismutase　150
スクリーニング　screening　113
ステロイド　steroid　6
スプライシング　splicing　58

せ

制御性 T 細胞　regulatory T cell　154
制限酵素　restriction enzyme　109, 149
精子　spermatozoon　68
静止電位　resting potential　128
脆弱 X 症候群　fragile X syndrome　108
生殖幹細胞　germline stem cell　100
生殖細胞　reproductive cell　68
生殖的隔離　reproductive isolation　189
性染色体　sex chromosome　72
生態系　ecosystem　199
生体防御系　bio-defense system　147
生体膜　biomembrane　19
生物群集　biotic community　199
脊索動物門　Chordata　168, 173
脊髄　medulla spinalis　133

脊椎動物　vertebrates　176
脊椎動物亜門　Vertebrata　173
節足動物　arthropods　176
節足動物門　Arthropoda　168, 174
絶対年代　absolute age　186
接着因子　adhesion factor　21
接着帯　zonula adherens　142
セルロース　cellulose　5
セレクター遺伝子　selector gene　85, 194
遷移　succession　200
全割　holoblastic cleavage　80
全か無（かの法則）　all‐or‐none law　131
前後軸　antero‐posterior axis　85
染色糸　chromonema　63
染色体　chromosome　63
全能性　totipotency　94
選別シグナル　sorting signal　61
繊毛　cilium　145
繊毛運動　ciliary movement　151

そ

双極子　a dipole　1
相同染色体　homologous chromosomes　70
属　genus　173
属名　generic name　173
組織　tissue　21, 95
組織幹細胞　tissue stem cell　100
疎水性　hydrophobic　2
疎水性領域

213

索 引

　　hydrophobic region　19
粗面小胞体
　　rough endoplasmic reticulum
　　23, 61

た

ダーウィン　C. R. Darwin　191
第 1 次性徴
　　primary sexual character　71
ダイオキシン　dioxin　205
体細胞　somatic cell　68
体細胞適応
　　somatic cell adaptation　189
タイト結合　tight junction　97
ダイニン　dynein　144
胎盤　placenta　80
対立遺伝子　allele　47
対立形質　allelic character　47
多型　polymorphism　107
多精拒否
　　prevention of polyspermy　73
多糖類　polysaccharides　3
単鎖切断　single strand break　104
炭素固定
　　carbon dioxide fixation　39
炭素循環　carbon cycle　199
単糖類　monosaccharide　3

ち

チェックポイント機構
　　checkpoint mechanism　68
地球温暖化　global warming　202
窒素固定　nitrogen fixation　45
窒素循環　nitrogen cycle　199
中心体　centrosome　64
中枢神経系

　　central nervous system　133
中性脂質　neutral lipid　6
中生代　Mesozoic era　175
中胚葉　mesoderm　78, 83
中胚葉誘導
　　mesoderm induction　91
チューブリン　tubulin　144
調節的　regulatory　94
跳躍伝導　saltatory conduction　130
直立二足歩行
　　erect bipedalism　179
地理的隔離
　　geographical isolation　190
チロキシン　thyroxine　125

つ

痛風　gout　45
ツールキット　toolkit　85

て

デオキシリボ核酸
　　deoxyribonucleic acid　15
適応行動　adaptive behavior　150
適応放散　adaptive radiation　179, 191
転移 RNA　transfer RNA　58
電子　electron　34
転写　transcription　54
転写因子　transcription factor　55, 84
転写開始複合体
　　transcription initiation complex　55
転写活性化因子
　　transcriptional activator　56
転写調節領域
　　transcription regulatory region　55
転写抑制因子
　　transcriptional repressor　56
デンプン　starch　5
電離放射線　ionizing radiation　101
伝令 RNA　messenger RNA　24

と

動原体　kinetochore　64
同所的種分化
　　sympatric speciation　190
淘汰　selection　190
糖尿病　diabetes　128
独立栄養生物　autotroph　198
糖脂質　glycolipid　6
トポイソメラーゼ
　　topoisomerase　54
トロポニン　troponin　139
トロポミオシン　tropomyosin　139

な

内胚葉　endoderm　78, 82
ナトリウム - カリウム交換ポンプ　128
軟体動物門　Mollusca　174

に

二価染色体
　　bivalent chromosome　70
二次遷移
　　secondary succession　201
ニッチ　niche　191
尿酸　uric acid　43
尿素　urea　43

索　引

ぬ

ヌクレオソーム　nucleosome　23
ヌクレオチド除去修復　nucleotide excision repair　102

ね

熱ショックタンパク質　heat shock protein　148
粘液　mucus　151

の

脳　brain　133
脳下垂体　hypophysis cerebri　126
能動輸送　active transport　20
濃度勾配　86, 87
ノーダル　nodal　93
ノニルフェノール　nonylphenol　206
ノルアドレナリン　noradrenalin　126, 132

は

灰色三日月環　grey crescent　90
配偶子　gamete　68
胚性幹細胞　embryonic stem cell　100
背腹軸　dorso‐ventral axis　85
バクテリア　bacterium　171
バソプレッシン　vasopressin　122
発生　development　63
ハビリス原人　Homo habilis　181

盤割　discoidal cleavage　80
半透膜　semipermeable membrane　121
反応速度　reaction rate　27

ひ

比活性　specific activity　29
被子植物　angiosperms　169
微小管　microtubule　144
ヒストン　histone　22
ビスフェノールA　bisphenol A　206
表割　superficial cleavage　80
表現型　phenotype　48
表層回転　cortical rotation　89
ピリミジン塩基　pyrimidine base　15

ふ

ファージ　phage　110
副交感神経　parasympathetic nerve　126
副腎皮質　adrenal cortex　122
副腎皮質刺激ホルモン　adrenocorticotropic hormone　126
複製フォーク　replication fork　53
プラーク　plaque　113
プライマー　primer　51
プライマーゼ　primase　51
プラスミド　plasmid　110
プリオン　prion　166
プリン塩基　purine base　15
プローブ　probe　113
プロテアソーム　proteasome　148

プロモーター　promoter　55
分岐進化　cladogenesis　185
分子シャペロン　molecular chaperone　148
分子時計　molecular clock　185
分節構造　segmentation　88
分泌性タンパク質　secretory protein　24
分離の法則　law of segregation　48

へ

ベクター　vector　110
ヘリカーゼ　helicase　53
ヘルパーT細胞　helper T cell　154
変性　denaturation　13
鞭毛　flagellum　145

ほ

放射性核種　radionuclide　102
紡錘体　spindle　64
胞胚　blastula　78
飽和水蒸気量　saturated vapor pressure　203
保存配列　conserved sequence　118
ポリA付加シグナル　poly ADP ribosylation signal　58
ホルモン　hormone　120
翻訳　translation　58

ま

膜貫通型タンパク質　transmembrane protein　24
膜電位　membrane potential

215

索引

128
末梢神経系
  peripheral nervous system 133
マロニル CoA　malonyl CoA 35

み

ミエリン鞘　myelin sheath 130
ミオシンフィラメント
  myosin filament　136
水　water　34
ミセル　micelle　7

め

免疫監視
  immunological surveillance 157
免疫寛容
  immunological tolerance 157

も

モータータンパク質

motor protein　136
目　order　173
モザイク的　mozaic　94
門　phylum　173

ゆ

優性形質　dominant character 47
優性の法則　law of dominance 47
有羊膜類　amniote　80
ユビキチン　ubiquitin　148

よ

陽子　proton　34
葉緑体　chloroplast　37
抑制性シナプス
  inhibitory synapse　132

ら

ラギング鎖　lagging strand 53
裸子植物　gymnosperms　169
卵　egg　68
卵割　segmentation　78

ランゲルハンス島
  islets of Langerhans　126
ラン藻類　cyanobacteria　171

り

リーディング鎖
  leading strand　53
リガンド　ligand　75
リソソーム　lysosome　24
リポーター遺伝子
  reporter gene　116
リボ核酸　ribonucleic acid　15
リボソーム　ribosome　23, 58
リボソーム RNA
  ribosomal RNA　23
リン脂質　phospholipid　6

る・れ・ろ

ルーシー　Lucy　180
劣性形質　recessive character 47
ロウ　wax　6

わ

ワクチン　vaccine　163

編著者略歴

赤坂甲治　1951年(昭和26年)東京都出身．静岡大学理学部生物学科卒業，東京大学大学院理学系研究科修了(理博)，東京大学理学部助手，広島大学大学院理学研究科教授を経て，2004年東京大学大学院理学系研究科教授．

丹羽太貫　1943年(昭和18年)兵庫県出身．京都大学理学部動物学科卒業，スタンフォード大学生物物理学科大学院修了(Ph. D.)，京都大学医学部助手，広島大学助教授，同教授，京都大学放射線生物研究センター教授を経て，京都大学名誉教授．

渡辺一雄　1943年(昭和18年)兵庫県出身．京都大学大学院理学研究科修了(理博)，大阪大学微生物病研究所助手，鐘紡(株)鐘紡ガン研究所主任研究員，広島大学教授を経て2006年名誉教授．2003年(独)科学技術振興機構・研究開発戦略センター シニアフェロー，2009年広島都市学園大学特任教授．

新版 生物学と人間

2010年10月20日　第1版1刷発行
2014年2月25日　第2版1刷発行
2017年1月10日　第2版2刷発行

検印省略

定価はカバーに表示してあります．

編　者　　赤　坂　甲　治
発行者　　吉　野　和　浩
　　　　　東京都千代田区四番町8-1
　　　　　電　話　03-3262-9166(代)
　　　　　郵便番号　102-0081
発行所　　株式会社　裳　華　房
印刷所　　株式会社　真　興　社
製本所　　株式会社　松　岳　社

社団法人
自然科学書協会会員

JCOPY 〈(社)出版者著作権管理機構 委託出版物〉
本書の無断複写は著作権法上での例外を除き禁じられています．複写される場合は，そのつど事前に，(社)出版者著作権管理機構(電話03-3513-6969，FAX 03-3513-6979，e-mail: info@jcopy.or.jp)の許諾を得てください．

ISBN 978-4-7853-5221-9

© 赤坂甲治，丹羽太貫，渡辺一雄，2010　　Printed in Japan

生物科学入門（三訂版） 　　石川　統 著　　　　本体2100円＋税	コア講義 生物学 　　田村隆明 著　　　　本体2300円＋税
新版 生物学と人間 　　赤坂甲治 編　　　　本体2300円＋税	ベーシック生物学 　　武村政春 著　　　　本体2900円＋税
ヒトを理解するための 生物学 　　八杉貞雄 著　　　　本体2200円＋税	人間のための 一般生物学 　　武村政春 著　　　　本体2300円＋税
ワークブック ヒトの生物学 　　八杉貞雄 著　　　　本体1800円＋税	図説 生物の世界（三訂版） 　　遠山　益 著　　　　本体2600円＋税
生命科学史 　　遠山　益 著　　　　本体2200円＋税	エントロピーから読み解く 生物学 　　佐藤直樹 著　　　　本体2700円＋税
医療・看護系のための 生物学（改訂版） 　　田村隆明 著　　　　本体2700円＋税	医薬系のための 生物学 　　丸山・松岡 共著　　本体3000円＋税
理工系のための 生物学（改訂版） 　　坂本順司 著　　　　本体2700円＋税	分子からみた 生物学（改訂版） 　　石川　統 著　　　　本体2700円＋税
多様性からみた 生物学 　　岩槻邦男 著　　　　本体2300円＋税	細胞からみた 生物学（改訂版） 　　太田次郎 著　　　　本体2400円＋税
イラスト 基礎からわかる 生化学 　　坂本順司 著　　　　本体3200円＋税	図解 分子細胞生物学 　　浅島・駒崎 共著　　本体5200円＋税
ワークブックで学ぶ ヒトの生化学 　　坂本順司 著　　　　本体1600円＋税	コア講義 分子生物学 　　田村隆明 著　　　　本体1500円＋税
コア講義 生化学 　　田村隆明 著　　　　本体2500円＋税	ライフサイエンスのための 分子生物学入門 　　駒野・酒井 共著　　本体2800円＋税
よくわかる スタンダード生化学 　　有坂文雄 著　　　　本体2600円＋税	コア講義 分子遺伝学 　　田村隆明 著　　　　本体2400円＋税
バイオサイエンスのための 蛋白質科学入門 　　有坂文雄 著　　　　本体3200円＋税	ゲノムサイエンスのための 遺伝子科学入門 　　赤坂甲治 著　　　　本体3000円＋税
しくみからわかる 生命工学 　　田村隆明 著　　　　本体3100円＋税	新 バイオの扉 未来を拓く生物工学の世界 　　髙木 監修・池田 編集代表　本体2600円＋税
微生物学 地球と健康を守る 　　坂本順司 著　　　　本体2500円＋税	しくみと原理で解き明かす 植物生理学 　　佐藤直樹 著　　　　本体2700円＋税

◆ 新・生命科学シリーズ ◆

動物の系統分類と進化 　　藤田敏彦 著　　　　本体2500円＋税	動物行動の分子生物学 　　久保・奥山・上川内・竹内 共著　本体2400円＋税
植物の系統と進化 　　伊藤元己 著　　　　本体2400円＋税	脳 分子・遺伝子・生理 　　石浦・笹川・二井 共著　本体2000円＋税
動物の発生と分化 　　浅島・駒崎 共著　　本体2300円＋税	植物の成長 　　西谷和彦 著　　　　本体2500円＋税
ゼブラフィッシュの発生遺伝学 　　弥益　恭 著　　　　本体2600円＋税	植物の生態 生理機能を中心に 　　寺島一郎 著　　　　本体2800円＋税
動物の形態 進化と発生 　　八杉貞雄 著　　　　本体2200円＋税	動物の生態 脊椎動物の進化生態を中心に 　　松本忠夫 著　　　　本体2400円＋税
動物の性 　　守　隆夫 著　　　　本体2100円＋税	遺伝子操作の基本原理 　　赤坂・大山 共著　　本体2600円＋税
	エピジェネティクス 　　大山・東中川 共著　本体2700円＋税

裳華房ホームページ　http://www.shokabo.co.jp/　　2017年1月現在